普通高等教育电子科学与技术特色专业系列教材

半导体物理学

张宝林 董 鑫 李贤斌 编著

科学出版社

北 京

内 容 简 介

本书主要讲述半导体物理的基本知识。全书共 11 章，主要内容包括半导体的概述、晶体结构、半导体中的电子状态、半导体中载流子的平衡统计分布、半导体的导电性、非平衡载流子、金属和半导体的接触、半导体PN 结、半导体的表面、半导体的光学与光电性质，以及半导体的其他性质。

本书可以作为电子科学与技术、物理学、材料物理等专业的本科生和研究生学习半导体物理的教材或参考书，也可作为相关研究领域的科研人员的参考书。

图书在版编目（CIP）数据

半导体物理学 / 张宝林，董鑫，李贤斌编著. —北京：科学出版社，2020.11

（普通高等教育电子科学与技术特色专业系列教材）

ISBN 978-7-03-066579-9

Ⅰ. ①半… Ⅱ. ①张…②董…③李… Ⅲ. ①半导体物理学-高等学校-教材 Ⅳ. ①O47

中国版本图书馆 CIP 数据核字（2020）第 210261 号

责任编辑：潘斯斯 张丽花/ 责任校对：邹慧卿
责任印制：赵 博 / 封面设计：迷底书装

科 学 出 版 社 出版
北京东黄城根北街 16 号
邮政编码：100717
http://www.sciencep.com
北京中石油彩色印刷有限责任公司印刷
科学出版社发行 各地新华书店经销
*
2020 年 11 月第 一 版 开本：787×1092 1/16
2025 年 1 月第五次印刷 印张：17 3/4
字数：418 000
定价：69.00 元
（如有印装质量问题，我社负责调换）

丛 书 序

材料、能源和信息是 21 世纪的三大支柱产业，电子科学与技术是电子工程和电子信息技术发展的基础学科。目前，许多发达国家，如美国、德国、日本、英国、法国等，都竞相将电子科学与技术相关领域纳入了国家发展计划。我国对微电子技术和光电子技术等方向的研究也给予了高度重视，在多项国家级战略性科技计划中，如 "863 计划"、"973 计划"、国家科技攻关计划、国家重大科技专项等，都有大量立项。在近几年发布的国务院《2006—2020 年国家信息化发展战略》、《国家中长期科学和技术发展规划纲要(2006—2020 年)》中，对我国的集成电路(特别是中央处理器芯片)、新一代信息功能材料及器件、高清晰度大屏幕平板显示、激光技术等关键领域都提出了明确目标。

电子科学与技术主要研究制造电子、光电子的各种材料及元器件，以及集成电路、集成电子系统和光电子系统，并研究开发相应的设计和制造技术。它涵盖的学科范围很广，是多学科交叉的综合性学科。现在，教育部本科专业目录中，电子科学与技术专业涵盖了微电子技术、光电子技术、物理电子技术、电子材料与元器件及电磁场与微波等专业方向。随着学科的交叉发展和产业的整合，各专业方向已彼此渗透交融。如何拓宽专业方向？如何体现专业特色？是当前我国高校电子科学与技术专业在办学方面所迫切需要探讨的问题。教育部电子科学与技术专业教学指导分委员会起草的《普通高等学校电子科学与技术本科指导性专业规范》，对本专业的核心知识领域和知识单元的覆盖范围作了规定，旨在引导高等学校电子科学与技术专业在办学方向与人才培养方面探索新的模式，不断提高教学质量，增强高校教学的创新能力，更好地培养知识、能力、素质全面协调发展的，适合我国电子科学与技术各领域不同层次发展需求的有用人才。

教育部为了推进"质量工程"，自 2007 年 10 月开始，先后三批遴选了国家级特色专业建设点。目前，有三十余个院系被批准为电子科学与技术国家级特色专业建设点。在教材建设方面，2008 年 10 月，教育部高教司在《关于加强"质量工程"本科特色专业建设的指导性意见》中指示："教材建设要反映教学内容改革的成果，积极推进教材、教学参考资料和教学课件三位一体的立体化教材建设，选用高质量教材，编写新教材。"为了适应新形势下对电子科学与技术领域人才培养的需求，本届电子科学与技术教学指导分委员会经过广泛深入调研，依托电子科学与技术专业国家级、省级特色专业建设点，与科学出版社共同组织出版本套《普通高等教育电子科学与技术特色专业系列教材》，旨在贯彻专业规范和教学基本要求，总结和推广各特色专业建设点的教学经验和教学成果，以提高我国电子科学与技术专业本科教学的整体水平。

本套丛书在组织编写中，重点考虑了以下几方面的特色：

1．体现专业特色，贯彻专业规范和教学基本要求。依托"国家级、省级特色专业建设点"，汇总优秀教学成果，将特色专业建设的内容、国内外科研教学的成果、电子科学与技术方向的专业规范与教学基本要求结合起来，教材内容安排围绕专业规范，体现核心知识单元与知识点。

2. 按照分类指导原则，满足多层面的需求。 针对同一类课程，根据不同的教学层次(普通院校、重点院校或研究型大学、应用型大学)和学时要求(多学时、少学时)，涵盖不同范围的拓展知识单元，编写适合不同层次需求的教材。注重与先修课程、后续课程的有机衔接，每本教材在重视系统性和完整性的基础上，尽量减少内容重复。

3. 传承精品，吐故纳新。 本套丛书吸纳了科学出版社 2004 年出版的《高等院校电子科学与技术专业系列教材》中受到高校师生欢迎的精品教材。在保证前一版教材准确诠释基本概念、基本理论的基础上，新一版教材更新内容，注重反映本学科领域的最新成果和发展方向，真正使教材能够达到培养"厚基础、宽口径、会设计、可操作、能发展"人才的目的。

4. 拓宽专业基础，面向工程应用，加强实践环节。 适当拓宽专业基础知识的范围，以增强学生的适应性；面向工程应用，突出工科特色，反映新技术、新工艺；注重实践环节的设置，以促进学生的实际动手能力和创新能力的培养。

5. 注重立体化建设。 本套丛书除了主教材外，还将逐步配套学习辅导书、教师参考书和多媒体课件等，为任课教师提供丰富的配套教学资源，方便教师教学，同时帮助学生复习与自学，使教材更加易教易学。

本套丛书的编写汇聚了全国高校的优势资源，突出了多层次与适应性、综合性与多样性、前沿性与先进性、理论与实践的结合。在教材的组织和出版过程中得到了相关高校教务处及学院的帮助，在此表示衷心的感谢。

根据电子科学与技术专业发展战略的要求，我们将对本套丛书不断更新，以保持教材的先进性和适用性。热忱欢迎全国同行以及关注电子科学与技术领域教育及发展前景的广大有识之士对我们的工作提出宝贵意见和建议！

教育部高等学校电子科学与技术专业

教学指导分委员会主任

哈尔滨工业大学教授

前　言

　　半导体物理学是研究半导体的物理现象、物理规律、物理性质和理论的科学。高等学校本科生开设半导体物理学课程的目的是为学生后续学习半导体器件、微电子器件和光电子器件等课程准备必备的基础知识。半导体物理学也是从事电子科学与技术相关专业的工程技术人员和科研人员必备的基础知识。

　　本书编者根据多年来的半导体物理教学经验，结合学校的学科特点，并参考不同类型的高等院校半导体物理学课程教学情况编著了本书。本书既包括了一般教学中涉及的基本内容，也适当地加入了一些相关专题内容。本书中还包含一定量的知识延伸，为教师讲授与学生阅读提供参考。

　　本书每节开头明确提出教学要求。教学要求列出了本节的重点内容以及应该掌握的程度。教师可以根据教学要求确定讲授的内容和教学重点，学生可以根据教学要求检查自己的学习质量。书中安排了例题与课后习题，其目的在于帮助学生对所学知识加深理解与熟练应用。

　　本书采用国际单位制，物理符号与表达力求与现有的相关著作尽量统一。

　　本书是在孟宪章、康昌鹤 1993 年在吉林大学出版社出版的《半导体物理学》的基础上编著的，也参考了半导体物理方面的其他著作。在此表示衷心的感谢！

　　作者在编写本书的过程中和孟庆巨教授、陈占国教授进行了很多有益的讨论。他们在本书的内容选取和组织上提出了许多宝贵意见，给予了很大帮助，在此一并表示感谢！

　　限于作者的水平，本书难免有许多不足之处。希望得到有关方面的专家和读者的指正。

编　者

2020 年 6 月

目　　录

第 *1* 章

半导体的概述

教学要求

　　了解半导体的简要分类；了解典型半导体的关键性质及其应用。

　　人类对半导体材料的认识是从 18 世纪电现象被发现后开始的。根据物质的导电性差异，人们把物质分为良导体、绝缘体和介于两者之间的半导体。人们对一些半导体如硒、碲、氧化物和硫化物的特性做了观测和研究，归结起来半导体具有以下主要特性[1-8]：电阻率具有负的温度系数；电阻率为 $10^{-3} \sim 10^9\ \Omega \cdot cm$；通常具有较高的热电势；具有整流效应；对光具有敏感性，能产生光生伏特效应或光电导效应；具有两种不同导电类型的载流子等。半导体材料种类繁多，可以从不同角度加以分类：如果按其功能及应用，可分为微电子半导体、光电半导体、热电半导体、微波半导体、气敏半导体等；如果按化学组成，则可分为元素半导体、化合物半导体、有机半导体等；如果按照维度区分，又可分为体材料半导体、纳米尺度半导体。本章作为半导体物理教材的入门章节，将简要地介绍各种典型的半导体的特性及应用[9,10]。

1.1　元素半导体

　　元素半导体是以单一元素组成的半导体。元素半导体种类不多，在元素周期表中介于金属和非金属元素之间具有半导体和半金属特性元素有 12 种。其中 C、P、Se 具有绝缘体与半导体两种形态；B、Si、Ge、Te 具有半导性；Sn、As、Sb 具有半导体与金属两种形态。P 的熔点与沸点太低，I 的蒸汽压太高、容易分解，所以它们的实用价值不大。As、Sb、Sn 的稳定态是金属，半导体是不稳定形态。B、C、Te 也因制备工艺上的困难和性能方面的局限性而未被利用。因此，这 12 种元素半导体中只有 Si、Ge、Sn 这 3 种元素已得到利用，其中 Si、Ge 仍是所有元素半导体材料中应用最广泛的两种材料。

　　Si 和 Ge 都是元素周期表中Ⅳ族元素，分别具有银白色和灰色金属光泽，其晶体硬而脆。二者熔体密度比固体密度大，故熔化后会体积收缩。锗的金属性更强，锗的室温本征电阻率约为 $46\ \Omega \cdot cm$，而硅的室温本征电阻率约为 $2.3 \times 10^5\ \Omega \cdot cm$，二者晶体结构均为金刚石结构。硅和锗的主要物理性质如表 1.1 所示。硅和锗单晶主要采用直拉法、区熔法或外延法制备，用于制作各种晶体管、整流器、太阳能电池板、单晶芯片、二极管、三极管、复合半导体器件、微波射频器件、高频管、低频管、功率管、MOS 管、集成电路等方面。其中硅为半导体工业中应用最为广泛的材料。图 1.1 为硅晶圆片和制作集成器件后的硅晶圆片。

表 1.1　硅和锗的主要物理性质

性质	符号	硅	锗	单位
原子序数	Z	14	32	—
原子量	W	28.08	72.60	—
原子密度	—	2.329	5.323	g/cm^3
晶体结构	—	金刚石型	金刚石型	—
晶格常数	a	0.5431	0.5658	nm
熔点	T_m	1685	1210	K
沸点	T_b	3538	3106	K
热导率	χ	1.56	0.60	$W/(cm \cdot K)$
热线膨胀系数	α_L	2.6	6.0	$10^{-6} \cdot K^{-1}$
比热容	C_p	0.71	0.32	$J/(g \cdot K)$
相对介电常数	ε	11.9	16.2	—
电子扩散系数	D_n	34.6	100.0	cm^2/s
空穴扩散系数	D_p	12.3	48.7	cm^2/s

 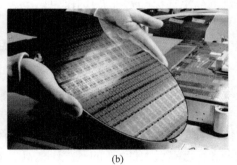

(a)　　　　　　　　　　　　　(b)

图 1.1　硅晶圆片和制作集成器件后的硅晶圆片

1.2　化合物半导体

化合物半导体或复合半导体通常由两种或更多元素的原子构成，一般常见的为两种元素组合的化合物半导体，即二元化合物半导体。二元化合物半导体通常包括Ⅲ-Ⅴ族化合物半导体(由三主族 B、Al、Ga、In 和五主族元素 N、P、As、Sb 构成)；Ⅱ-Ⅵ族化合物半导体(一般由二副族 Zn、Cd、Hg 和六主族元素 O、S、Se、Te 构成)；Ⅰ-Ⅶ族(由一副族元素 Cu、Ag、Au 和七主族元素 Cl、Br、I 构成)；Ⅴ-Ⅵ族(由五主族元素 As、Sb、Bi 和六主族元素 S、Se、Te 构成)；过渡族元素 Cu、Zn、Sc、Ti、V、Cr、Mn、Fe、Co、Ni 的氧化物；某些稀土族元素如 Sc、Y、Sm、Eu、Yb、Tm 与五主族元素 N、As 或六主族元素 S、Se、Te 形成的化合物。事实上，除这些二元系化合物外还有它们与元素半导体或其他二元化合物之间的固溶体构成的半导体,固溶体半导体可形成多元(三元或四元)化合物,实现丰富多彩的功能,特别是在光电半导体中具有广泛的应用。本节主要介绍常用的二元系化合物半导体。

1. Ⅲ-Ⅴ族化合物半导体

Ⅲ-Ⅴ族化合物半导体是由周期表中三主族元素和五主族元素组成的。在Ⅲ-Ⅴ族化合物半导体中,以 Ga 为阳离子的 Ga 系化合物应用最为广泛,如 GaAs、GaN 和 GaP 被广泛地应用在光电子器件中。GaAs 的禁带宽度比 Si 稍大,但电子迁移率比 Si 大 5 倍多,并且还兼具元素半导体 Ge、Si 所不具备的其他特性,如具有直接带隙特性,因而是目前最重要的化合物半导体材料之一,被用来制作微波集成电路、红外线发光二极管、半导体激光器和太阳能电池等元件。GaP 适合用于制作红光和绿光的发光二极管。GaN 的禁带宽度大,适宜做蓝光器件材料,过去由于制备上的困难,发展较慢,直到日本科学家赤崎勇、天野浩、中村修二基于 GaN 研制发明蓝光发光二极管后,GaN 的材料和器件制备才迅速发展起来,成为当今化合物半导体材料的研究和工业应用的热点,它使得全色显示变成现实,也因此这三位日本科学家荣获 2014 年诺贝尔物理学奖。其他Ⅲ-Ⅴ族化合物,如在 B、Al、In 系半导体中,B 的化合物 BN、BP、BAs 制备都很困难,除 BN 外其他研究不多。Al 化合物一般不够稳定,AlP、AlAs 在室温下就与水反应而分解;而 AlN 禁带宽度大,约为 6 eV,因而可应用于深紫外光电子器件。AlSb 的禁带宽度为 1.6 eV,因此可以作为吸收太阳光谱波段的理想材料而被用于太阳能电池。In 的化合物一般都具有较大的电子迁移率,可用来做霍尔器件。InSb 是研究比较成熟的化合物半导体材料之一,主要用于红外光电器件和超低温下工作的半导体器件。InAs 具有窄禁带宽度,室温下约为 0.3 eV,可以用于红外探测和太赫兹辐射源。InP 由于具有超高的电子迁移率,因而常用于制作高速电子器件;由于 InP 的晶格常数匹配性,InP 也常用于太阳能电池的研制,它和 GaAs 一样也是重要的Ⅲ-Ⅴ族化合物半导体材料。GaSb 由于具有窄禁带宽度特性,因而也在红外光电器件方面有着重要应用。上述这些常用的Ⅲ-Ⅴ族半导体主要有两类晶体结构,大部分为闪锌矿结构(zinc blende structure),如 GaAs、GaP、GaSb、BN、BP、BAs、AlP、AlAs、AlSb、InSb、 InAs、InP;也有纤锌矿结构(wurtzite structure),如 GaN、AlN 等。另外,也有一些特殊晶体结构,如 BN 也具有与石墨类似的六方结构(hexagonal structure)。

2. Ⅱ-Ⅵ族化合物半导体

Ⅱ-Ⅵ族化合物半导体是由二副族元素 Zn、Cd、Hg 和六主族元素 S、Se、Te 形成的化合物,该类二元化合物的晶体结构分为两类,一类是闪锌矿结构,如 ZnSe、HgSe、ZnTe、CdTe、HgTe 等;另一类除具有闪锌矿结构外还具有纤锌矿结构,兼具两种晶体结构类型,包括 ZnS、CdS、HgS、CdSe 等。与Ⅲ-Ⅴ族化合物半导体材料相比,Ⅱ-Ⅵ族化合物中离子键成分较大,且能带结构一般为直接跃迁型,因而Ⅱ-Ⅵ族化合物半导体材料主要用在光电器件领域。宽禁带的Ⅱ-Ⅵ族材料 ZnS、ZnSe、CdS 和 ZnTe 都是重要的蓝-绿光半导体器件材料,用这些材料及其固溶体已制出蓝光发光管和电注入蓝光激光器。CdS、CdSe 等是熟知的制备太阳能电池的半导体材料。以 HgTe 和 $Hg_{1-x}Cd_xTe$ 为代表的窄带 II-VI 族化合物也在红外探测方面有广泛的应用。

1.3   氧化物半导体

氧化物半导体是由金属元素与氧形成的化合物，具有半导体特性的一类氧化物。近年来，随着传感技术的发展和传感器件的应用，氧化物半导体材料的研究工作越来越引起人们的关注。

氧化物半导体与元素半导体材料相比，结构上多为离子晶体，禁带宽度一般都较大（大于 3eV），迁移率较小，属于绝缘体，通常称为陶瓷材料。但通过掺杂或造成晶格缺陷可以在氧化物材料的禁带中形成附加能级，从而提供载流子，由此改变材料的电学性质。这一过程称作金属氧化物的半导化，即陶瓷的半导化，经过半导化的氧化物材料具有了半导体的性能。氧化物半导体的化学性质也比较复杂，可因化学计量比的微小偏差，在晶体中产生施主和受主导电机构，而这种化学计量比的偏差对外界环境气氛和温度是敏感的。这时氧化物半导体的电学性质与环境气氛有关，例如，电导率随氧化气氛而增加的称为氧化型半导体，是 P 型半导体；电导率随还原气氛而增加的称为还原型半导体，是 N 型半导体。因此，常利用氧化物半导体电导率随环境变化敏感的特性来制作气敏传感、热敏传感和湿敏传感器件。

由于金属和氧之间的电负性差别大，化学键离子性强，破坏这样一个离子键要比共价键容易，使它含有的点缺陷浓度较大，所以化学计量比偏离对材料的电学性质影响也大。如化学计量比缺氧时（或金属过剩时），则此氧化物半导体材料即呈现 N 型，此时氧空位或间隙金属离子形成施主能级而提供电子，属于此类半导体材料的有 ZnO、CdO、CuO、TiO_2、Fe_2O_3 等。与之相反则呈 P 型，此时金属空位或阴离子间隙将形成能级而提供空穴（空穴为半导体特有的一种载流子类型），属于此类半导体材料的有 Cu_2O、NiO、CoO、FeO、Cr_2O_5、Mn_2O_3 等。

氧化物半导体材料在敏感器件应用方面占有重要地位。下面简要介绍氧化物半导体在气敏材料、热敏材料和湿敏材料中的应用。

1. 氧化物气敏半导体

气敏元件是对可燃、易爆、有毒等气体的检测、监控、报警防灾等的敏感元件。氧化物半导体敏感元件灵敏度高、结构简单、使用方便、价格便宜，因而发展迅速。

当氧化物气敏元件周围环境中某种气体浓度达到一定值时，气敏元件的电阻率会发生很大的变化（升高或降低），氧化物半导体气敏元件就是利用这种现象制备的。当环境气体在半导体表面产生化学吸附时，会引起半导体表面产生表面电荷层，使表面附近载流子浓度发生变化，因此，气敏元件的电导率随之变化。常用的氧化物半导体气敏元件材料是 ZnO、SnO_2、$\alpha\text{-}Fe_2O_3$ 等。

2. 氧化物热敏半导体

热敏电阻是对热敏感的元件,它是利用温度变化引起元件电阻变化的原理制作的。一般半导体会同时含有电子、空穴两种导电载流子,以电子导电为主的半导体称为 N 型半导体,而以空穴导电为主的半导体称为 P 型半导体,若半导体材料的电子和空穴的浓度分别为 n 和 p,迁移率分别为 μ_n 和 μ_p,其电导率为 $\sigma = q \cdot (n\mu_n + p\mu_p)$。

这里因为 n、p、μ_n 和 μ_p 都是温度的函数,所以 σ 也是温度的函数,由此可以推算温度 T,这就是半导体热敏电阻的工作原理。

3. 氧化物湿敏半导体

对湿度进行电学测量的器件为湿敏元件。当湿度增加时,湿敏元件电阻率变化各有不同,电阻率减小的称为负电阻特性湿敏元件,电阻率增高的称为正电阻特性湿敏元件。

湿敏半导体多数是易于吸附水汽的多孔性氧化物半导体陶瓷,这种半导体陶瓷结构疏松,晶粒体电阻较低,故其晶界电阻往往比体内高得多。吸附水分子后其晶界电阻呈现显著的变化,表现为宏观的湿敏特性。

水是一种强极性电介质,在它的氢原子附近有很强的正电场,即具有很大的电子亲和力,可直接从半导体内捕获电子,因此水分子吸附形成的表面态起到受主作用。所以在 P 型半导体表面形成积累层,而在 N 型半导体表面形成反型层,它们均产生空穴积累,这些空穴不像体内电子要跃过大量势垒,因此容易在表面迁移。结果当湿度增大时,P 型和 N 型半导体表面电导率都升高,电阻率下降。这就是负特性湿敏元件的工作原理。

正特性湿敏材料多为过渡金属氧化物中非饱和过渡金属氧化物,属于 N 型半导体陶瓷,如 Fe_3O_4。在它们的禁带中存在一个未填满的能级,使部分电子在其中自由运动。当吸附的水分子在半导体表面形成的受主能级捕获电子时,电子主要来源于禁带中的这些能级而不是来自价带。因此,N 型半导体陶瓷的表面电子减少,电阻率升高,从而具有正的感湿特性。

非单晶氧化物可用纯金属高温下直接氧化或通过低温化学反应(如金属氯化物与水的复分解反应)来制备。氧化物单晶的制备有焰熔法、熔体生长法、水热生长法和气相反应生长法等。氧化物半导体 ZnO、CdO、SnO_2 等常用于制造气敏元件;Fe_2O_3、Cr_2O_3、Al_2O_3 等常用于制造湿敏元件;SnO_2 膜也用于制作透明电极等。

1.4　有机半导体

有机半导体是具有半导体性质的有机材料,包括分子晶体、有机络合物和高分子聚合物等,例如,蒽、紫蒽酮、聚乙炔、聚苯乙炔、苯胺等,以及醌的聚合物等。

1. 分子晶体

在分子晶体半导体的结构中,分子单元内有强共价键,但其分子之间则以很弱的范德瓦耳斯力堆叠成分子晶体结构,所以分子之间距离大、分子轨道重叠弱、分子间电子交换少。有机分子晶体半导体的禁带宽度等于其晶体中电子电离能和晶体中电子亲和势之差。

2. 有机络合物

有机半导体中的有机络合物也称为施主受主络合物(DA 络合物)或称为电子转移络合物(CT 络合物)，是由一个具有低电离能(电子施主)的化合物和一个具有高电子亲和势(电子受主)的化合物结合而成的。电子可在分子之间转移，材料的电导率可以大大增加。

3. 高分子聚合物

在高分子聚合物中，共轭聚合物也具有半导体性质。共轭聚合物是指用来构成聚合物链的重复单元是由具有 sp^2 键和 π 键的原子组成的聚合物。在共轭聚合物中，从 sp^2 杂化形成的 σ 键提供一个强键，这个键保持分子完整性。在分子内部临近格点上未杂化的 p 轨道交叠形成完全离域的 π 成键和 π*反键分子轨道，或者说形成 π 价带和 π*导带，临近分子间 π 轨道交叠可允许三维电荷转移。因此，这种共轭聚合物具有半导体乃至金属特性。

有机半导体在光电器件中被广泛应用，如有机发光二极管、有机太阳能电池、有机场效应晶体管、光敏电阻、光电成像装置、热电元件、电化学晶体管等。

其中有机发光二极管(OLED)最为著名，也称为有机电致发光器件。20 世纪 80 年代来自美国柯达公司的华人科学家邓青云博士获得了第一个 OLED 专利，它是由非常薄的有机材料涂层和玻璃基板组成的，当有电流流过时，有机发光材料就发出光，从此 OLED 获得划时代的进步。目前 OLED 的应用主要在中、小屏幕显示器，近年来，OLED 有很大的进展，在全色高分辨率超薄显示器和大屏幕显示器以及白光照明、可穿戴电子器件等领域展现出诱人前景。

1.5   磁性半导体

磁性半导体是一种同时体现铁磁性(或类似效应)和半导体特性的半导体。一般需要含有磁性离子，如 Eu、Mn、Cr 等。磁性半导体的典型代表有 EuS 和一些合金，如 $Cd_{1-x}Mn_xTe$。如在 $Cd_{1-x}Mn_xTe$ 中，根据合金磁性离子成分多少，磁性半导体合金会表现出不同的磁学特性，如铁磁性和反铁磁性。

具有低浓度磁性离子的磁性半导体合金材料称为稀磁半导体材料，也称为半磁半导体，是近年来迅速发展的半导体材料之一。

稀磁半导体是通过掺杂磁性元素而产生的，一般对非磁性的半导体用具有 $3d$ 电子的过渡族磁性阳离子进行掺杂，即用磁性阳离子代替半导体中的非磁性阳离子从而使半导体具有磁性，常加入的磁性阳离子有二价的 Mn^{2+}、Co^{2+}、Fe^{2+}等。目前，研究较多的稀磁半导体材料有 $Hg_{1-x}Mn_xTe$、$Cd_{1-x}Mn_xTe$、$Zn_{1-x}Mn_xTe$ 等。含有磁性元素的稀磁半导体由于磁性离子的 $3d$ 电子与半导体中导带类 s 电子和价带类 p 电子之间具有很强的 sp-d 自旋交换相互作用，使能带结构发生调整，从而造成这类材料较普通半导体会出现一系列新特性，如巨法拉第旋转、巨塞曼效应、自旋共振隧穿、自旋霍尔效应等。这使其在电子器件领域中获得新的应用，如制作高效荧光的光学平面显示器件、光调制器、光隔离器、探测器、纤维光学磁敏元件、场效应晶体管等。磁性半导体也产生了一个新的学科：自旋电子学(spintronics)。自旋电子学旨在利用电子自旋及其磁矩而非传统的电子电荷为基础，研发新一代电子器件和应用。自旋电子学的一个重要应用是自旋场效应晶体管(Spin-FET)，也称为自旋偏振(极化)半导体场效应晶体管，这是一种半导体自旋电子器件。它利用门电压来控制自旋轨道耦合的大小或者其他可控参量，进而控制自旋进动频率来实现开关状态，包括著名的 Datta-Das Spin-FET[11]。

稀磁半导体的体材料主要用布里奇曼晶体生长法制备，其薄膜材料的制备用热壁外延(HWE)、分子束外延(MBE)、金属有机化学气相沉积(MOCVD)法等。

1.6　低维半导体

维度是空间理论的基本概念，组成空间的每一个要素(如长、宽、高)称为一维。通常来讲，空间是三维的，理想平面是二维的，直线则是一维的，而理想的点是零维的。低维半导体材料也称为纳米半导体材料或量子工程半导体材料。通常低维半导体指三维体材料以外的二维半导体量子阱或超晶格材料、具有一层或少层原子厚度的二维半导体、一维半导体量子线材料、零维的半导体量子点材料等。

但按照载流子在低维结构材料中受限制维度来分类，则一维受限制的是量子阱、超晶格材料、二维材料，二维受限制的是量子线材料，三维受限制的是量子点材料。

低维结构半导体材料是一种人工改性的新型半导体材料，具有与三维体半导体材料完全不同的优异性能。随着材料维度的降低(或限制维度的增加)和材料结构特征尺寸的减小，量子尺寸效应、量子隧穿效应、量子干涉效应、表面、界面效应都越来越明显地表现出来。

最近十年，在低维半导体材料中，二维半导体材料因拥有独特的物理性质，可应用于不同的技术领域，因此成了当前纳米交叉学科的研究热点。发展二维半导体科学技术使人们能在原子、分子或者纳米的尺度水平上制造性能优越的电子、光电子器件及生物传感器件。典型的二维半导体材料一般源于其母体层状晶体结构：同一层内原子以共价键或离子键相结合，而层与层之间以作用较弱的范德瓦耳斯力相结合。图 1.2 列出了几种典型的二维层状半导体的结构、电子能带及相应的光电子器件适用的波长范围(与禁带宽度对应)[12]。

1. 石墨烯

石墨烯(graphene)是目前研究最为广泛的二维材料[13]。石墨烯的碳原子排列与石墨的单原子层相同，是碳原子以 sp^2 杂化轨道呈蜂巢晶格排列构成的单层二维晶体。图 1.2 给出石墨烯原子结构示意图和石墨烯能带示意图。石墨烯被认为是平面多环芳香烃原子晶体，它一直被认为是假设性结构，无法单独稳定存在。直至 2004 年，英国曼彻斯特大学物理学家安德烈·海姆和康斯坦丁·诺沃肖洛夫在实验中成功地从石墨分离出石墨烯，从而证实它可以单独存在，两人也因为在二维石墨烯材料的开创性实验共同获得 2010 年诺贝尔物理学奖。

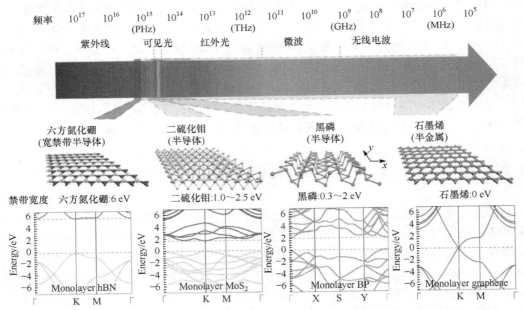

图 1.2 典型的二维半导体结构、能带图、适用光波段：氮化硼(hBN)、二硫化钼(MoS_2)、黑磷(black phosphorus)、石墨烯(graphene)

注：能带图的虚线标注了它们禁带宽度的范围

石墨烯是目前世界上最薄却也是最坚硬的纳米材料之一，它几乎完全透明；导热系数高达 53 W/(cm·℃)，高于碳纳米管和金刚石，常温下其电子迁移率超过 15000 cm^2/(V·s)，又比碳纳米管或硅晶体高，而电阻率仅为 10^{-6} Ω·cm，比铜或银更低，为目前世上电阻率最小的材料之一。因其电阻率极低，电子速度极快，因此被期待可用来发展更薄、工作速度更快的新一代电子元件或晶体管。由于石墨烯是一种透明的良导体，它也适合用来制造透明触控屏幕，甚至是太阳能电池。

石墨烯虽然具有一定半导体特性，然而零带隙的特点制约了其在纳电子器件特别是光电子器件的进展，因而具有带隙的二维半导体材料成为过去 10 年备受关注的研究热点。

2. 氮化硼

二维氮化硼半导体(BN)。氮化硼材料中有一种六方相结构，即六方氮化硼(hBN)，它呈白色，具有类似于石墨烯的层状结构特征和晶格参数，如图 1.2 所示，被称为白色石墨烯。六方氮化硼每层是由 B 原子和 N 原子交替排列组成的无限延伸的六边蜂窝网格。在每一层内，B 和 N 原子之间以很强的 sp^2 共价键结合起来，层间则通过弱范德瓦尔斯力堆叠连接。二维六方氮化硼可理解为在体六方氮化硼中取出的单层或少层的半导体。

二维氮化硼独特的电子结构特征使得它在光电领域具有很好的应用前景，得到了科研界的广泛关注。

3. 二硫化钼

二维二硫化钼半导体(MoS_2)。二硫化钼是一种典型的过渡金属二维层状化合物，层与层之间由范德瓦耳斯力相连接，其单层则由三个 S/Mo/S 亚原子层以共价键方式连接而构成。MoS_2 具有优异的半导体特性，当其由体相材料变为超薄的二维结构材料时，MoS_2 的禁带宽度随着其层数下降而增加，到单层时，不但其禁带宽度增加，而且电子能带结构也由间接带隙能带变为直接带隙能带(更容易发生光跃迁)，因此单层二硫化钼相比石墨烯，在光电子器件方面表现出更为优异的特性。另外，MoS_2 在场效应晶体管甚至集成电路的应用中也显示出潜力。

4. 黑磷

二维黑磷半导体(black phosphorus，BP)。黑磷是磷的一种同素异形体，是由单层的磷原子堆叠而成的二维晶体。黑磷与石墨烯最大不同的是，黑磷做成纳米厚度的二维晶体后，具有非常好的半导体性质。黑磷的直接带隙将增强黑磷和光的直接耦合，让黑磷成为未来光电器件(如光电传感器)的一个备选材料，另外它也可能用于将来的集成电路制造中[14]。

1.7　非晶半导体

与晶体半导体相比，非晶半导体是一类原子排列不具有周期性(不具长程有序性，只保留短程有序)的半导体材料，也称为无定形半导体。如将熔化的半导体快速冷却而获得的玻璃态固体；利用蒸发、溅射、化学气相沉积等方法也可以获得非晶半导体薄膜。非晶半导体材料所包括的范围很广泛，对于研究较多的非晶半导体，按其特性的不同可以分为两大类：一类是具有四面体局域构型的硅系或类硅系的非晶半导体或硅基非晶合金；另一类是硫系非晶半导体。

1. 四面体结构的非晶半导体

这类半导体主要含有Ⅳ族半导体，如非晶硅和非晶锗。另外也包含了Ⅲ-Ⅴ族半导体，如非晶 GaAs、非晶 GaP、非晶 InP、非晶 GaSb 等。这类非晶有一个共同特点就是它们保持了晶体相中原子最近邻的四配位特性。非晶硅太阳能电池是目前非晶硅材料应用最广泛的领域，也是太阳能电池的理想半导体材料。根据美国再生能源国家实验室总结的太阳能电池效率图，目前(氢化)非晶硅太阳能电池的光电转换效率已经超过 14%。另外，非晶硅薄膜晶体管也是用于制造有源矩阵显示面板的重要技术之一。

2. 硫系非晶半导体

硫系非晶半导体即含有硫系元素如 S、Se、Te 的半导体材料，它们常以非晶态形式出现，常见的如二元硫系半导体 As_2S_3、As_2Se_3、Sb_2Te_3、Sb_2Se_3 等；三元硫系半导体 $GeTe\text{-}Sb_2Te_3$、$As_2Se_3\text{-}As_2Te_3$ 等；甚至是四元硫系半导体 $Tl_2Se_3\text{-}As_2Te_3$。硫系半导体在电子技术上具有重要应用。1968 年美国科学家 Ovshinsky[15]在硫系非晶态半导体中发现了开关和存储效应，这一发现展现了非晶态半导体的应用前景，成为非晶态半导体发展史上一个重要的里程碑。相关技术也被称为相变存储技术(phase change memory technology)，在电或激光脉冲作用下硫系半导体的非晶相与晶相间进行可逆切换，从而实现二进制数据存储功能。早在 1980～2000 年流行的光盘存储大多是基于硫系非晶半导体的相变存储技术。之后，半导体学界和工业界开始关注相变存储技术面向电信号存储的应用，如 2014 年中国科学院和吉林大学联合报道了一种硫系半导体 $Ti_{0.4}Sb_2Te_3$，其数据存储时间可降低到 10ns 以下，从而实现快速非易失性的电信号存储功能[16]，这为国内相变信息存储芯片的开发提供了材料设计方案。2015 年英特尔公司发布的 3D X-Point 技术和当前市场在售的傲腾内存(intel optane memory)芯片也被认为是源于硫系半导体(GeSbTe)的相变存储技术。另外，硫系半导体的多级信号非易失性存储特性可用于开发人工智能硬件，如类脑计算芯片等。

1.8　半导体的应用

半导体是电子信息科学发展的物质基础，半导体材料的发展与半导体器件的发展密切相关，半导体器件的需求是材料发展的动力，而材料的质量提高和新材料的出现则可以优化器件性能并促进新器件的研制，因此半导体科学在信息技术领域占有极其重要的地位。

除前面简述的部分应用外，窄带隙半导体由于禁带宽度较小(<0.5 eV)，因而对外界条件的影响比较灵敏，适用于制作敏感器件和探测器件，它广泛地应用于红外光电探测、窄带可调激光器、红外二维成像显示器、霍尔器件、磁阻器件、热电和热瓷器件等。

另外，在 1.7 节中提到的非晶半导体材料在制作器件方面应用广泛。硅非晶半导体材料主要应用于太阳能电池、场效应器件、敏感元件、电子开关、静电复印、摄像管、光电子印刷中的光敏器件等；硫系玻璃半导体应用于阈值开关、大容量图像存储器、可逆光存储器、非易失性电子存储、激光印刷、静电复印、摄像管光敏器件等。

在半导体产业中，一般将 Si 和 Ge 等称为第一代半导体材料，它们就是前面讲到的元素半导体材料；将 GaAs、InP、GaP 等称为第二代半导体材料；而将宽禁带半导体，如 SiC、ZnO、GaN、金刚石等称为第三代半导体材料。相比第一、二代半导体材料，第三代半导体材料有很多重要的优点。例如，禁带宽度大、击穿电压高、热导率大、电子饱和漂移速度快、介电常数小、抗辐射能力强、化学稳定性良好等。这些优良的性能使其在光电器件、大功率高温电子器件等方面备受业界青睐。

半导体材料广泛地应用于整流器、振荡器、发光器、放大器、测光器、检波器等元件或设备。半导体器件是利用半导体材料的特殊导电性来完成特定功能的电子器件。半导体材料已广泛地用于家电、通信、工业制造、航空、航天等领域。如今大部分的电子产品，如计算机、移动电话、数字录音机、移动智能终端、平板电脑、导航仪、人工智能芯片、车载电脑系统、显示设备、太阳能面板的核心电子单元都和各类半导体有着极为密切的关系，图 1.3 列举了半导体的一些应用。

(a) 以半导体为核心材料的集成电路

(b) 硅太阳能电池面板

(c) 有机半导体材料制成的OLED大尺寸显示屏

(d) 新兴柔性可穿戴电子器件

(e) 无机半导体激光器模组

(f) 第三代半导体材料GaN制成的蓝光LED

图 1.3　半导体材料的应用举例

第2章

晶 体 结 构

本章的内容在"结晶学""固体物理学""材料科学基础"等课程中已经做了详细的介绍,所以本章仅做简单介绍。

固体可分为两大类,即晶体与非晶体。晶体是由原子(或离子、分子等)按一定规则重复排列形成的,并具有规则的多面体外形;非晶体则不具有规则的对称性。晶体是固体物理学研究的主要对象,晶体的宏观结构是具有规则而对称的多面体外形,如图 2.1 所示。本章将简单介绍原子排列长程有序晶体的内部结构的周期性、晶体的对称性、倒格子及常见半导体的晶体结构。

2.1 晶体结构的周期性

教学要求

基元、晶格、原胞等相关概念。

如图 2.1 中 k 方向所示,构成晶体的基元(指原子、离子、分子或原子团)做有规则的重复排列便构成了晶体。把构成晶体空间结构的质点的重心(几何点)称为格点(也称为节点);构成晶体格点的集合称为空间点阵。单一的空间点阵并不表示具体的晶体结构,而只有当点阵的节点位置上放入了某种基元才能成为某种物质的晶体结构,即晶体结构为点阵与基元的结合体。

晶格是为了方便描述以及研究晶体结构而抽象出来的一种几何结构。图 2.2 为二维晶格。

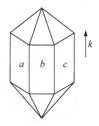

图 2.1 晶体的外形

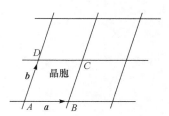

图 2.2 二维晶格

以图 2.2 为例,$ABCD$ 为一个基本单位,如果它的基矢为 a,b 时,可用平移矢量 R 表示所有点的位置,即

$$R = pa + qb \quad (p,q \text{ 为整数})\tag{2.1}$$

在三维情况下，平移矢量为

$$R = pa + qb + sc \quad (p, q, s \text{ 为整数})$$ (2.2)

由平移矢量 R 形成的有规则排列的空间点阵为晶格，以 R 指定的点为格点。通常将每平移一定的距离称为晶格的周期。一般来说，各方向上的周期是各不相同的。由于晶格周期性，在晶格中选取的这样的单元 ABCD 称为原胞，每个原胞只含有一个格点。原胞的形状可以用与其平行的六面体的三边之长 a，b，c 及夹角 α，β，γ 来表示，如图 2.3 所示。

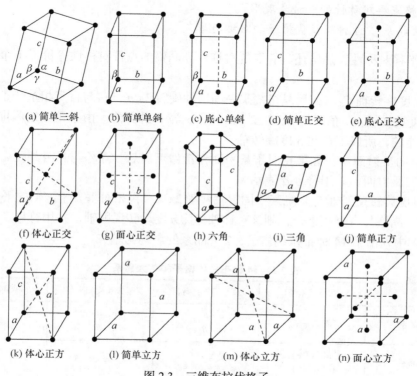

(a) 简单三斜   (b) 简单单斜   (c) 底心单斜   (d) 简单正交   (e) 底心正交

(f) 体心正交   (g) 面心正交   (h) 六角   (i) 三角   (j) 简单正方

(k) 体心正方   (l) 简单立方   (m) 体心立方   (n) 面心立方

图 2.3 三维布拉伐格子

按坐标系的特点可以将晶胞分为 7 个晶系，14 种布拉伐格子。7 个晶系分别为三斜晶系(a)；单斜晶系(b，c)；正交晶系(d，e，f，g)；三方晶系(i)；四方晶系(j，k)；六方晶系(h)；立方晶系(l，m，n)。

原胞的选取是任意的，如图 2.4 所示。在一个平面晶格中，可以选图中的 1，2，3 或 4 作为原胞。

原胞和晶胞都可以用来描述晶体的周期性，但二者之间也有区别。在固体物理学中，只强调晶格的周期性，其最小重复单元为原胞，例如，金刚石型结构的原胞为棱长 $\frac{\sqrt{2}}{2} a$ 的菱立方，含有两个原子；而在结晶学中除强调晶格的周期性

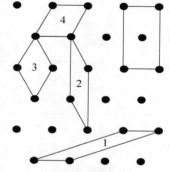

图 2.4 原胞选取的任意性

外，还要强调原子分布的对称性，例如，同为金刚石型结构，其晶胞为棱长为 a 的正立方体，含有 8 个原子。

2.2　晶体的对称性

教学要求

1. 晶格点群对称性的三种表现形式。
2. 7 大晶系、14 种布拉伐格子的名称与基矢。

除了平移对称性，晶格还具有点群对称性。晶格的点群对称性等价于 1 个晶胞的点群对称。

(1) n 度旋转轴 C_n。如果晶格绕某一固定轴旋转 $2\pi/n$，它与自身相重合，则该对称轴称为 n 度旋转轴。n 值只存在 1，2，3，4，6 等 5 种可能。由于正五角形排列填满空间是不可能的，所以不存在 5 度旋转轴。

(2) 镜向反射面 σ。如果相对于某平面作镜像反射后，晶格与自身相重合，则该平面称为镜向反射面，并用符号 σ 表示。

(3) n 度旋转反射轴 S_n。绕某一固定轴转动 $2\pi/n$，再相对垂直于该轴的平面 σ_h 做镜像反射后，晶格与自身相重合，则该对称轴称为 n 度旋转反射轴，并用符号 S_n 表示。

表 2.1 中列出了 14 种布拉伐格子，7 大晶系的名称与基矢。

表 2.1　14 种布拉伐格子和 7 大晶系

晶系	布拉伐格子	原胞基矢量特征	基矢长度和夹角	点群对称性
三斜晶系	简单三斜	$a \neq b \neq c$ $\alpha \neq \beta \neq \gamma$	a，b，c α，β，γ	C_4
单斜晶系	简单单斜 底心单斜	$a \neq b \neq c$ $\alpha = \gamma = 90° \neq \beta$	a，b，c，β	C_{2h}
正交晶系	简单正交 底心正交 体心正交 面心正交	$a \neq b \neq c$ $\alpha = \beta = \gamma = 90°$	a，b，c	D_{2h}
四方晶系	简单四方 体心四方	$a = b \neq c$ $\alpha = \beta = \gamma = 90°$	a，c	D_{4h}
立方晶系	简单立方 体心立方 面心立方	$a = b = c$ $\alpha = \beta = \gamma = 90°$	a	O_h
三方晶系	三方	$a = b = c$ $\alpha = \beta = \gamma < 120°, \neq 90°$	a，α	D_{3d}
六方晶系	六方	$a = b \neq c$ $\alpha = \beta = 90°$，$\gamma = 120°$	a，c	D_{6h}

2.3 晶列与晶面

掌握晶向与晶面的关系。

2.3.1 晶列

常见的晶体通常是各向异性的,在研究或描述晶体的性质或内部发生的某些过程时,常常要指明晶体中的某个方向或某个方位的晶面。因此,需要建立一套标志方向的参量。

将通过晶格中任意两个格点所连接的一条直线称为晶列,晶列的取向称为晶向,描写晶向的一组数据,称为晶列指数(或晶向指数)。通过一个格点可以有无数个晶列。

如图 2.5 所示,由于晶格存在周期性,通过其他任一格点均可引出与原晶列平行的晶列,这些相互平行的晶列将覆盖晶体内的全部格点。晶列具有如下的特点。

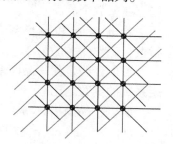

图 2.5 晶列的选取

(1) 平行的晶列组成晶列族,晶列族将覆盖所有的格点。

(2) 由于晶格具有周期性,晶列上的格点会按照一定的周期分布,该周期与晶向有关。

(3) 晶列族中的每一个晶列上,格点分布的取向和周期都是相同的。

(4) 在同一平面内,相邻晶列之间的距离相等。

2.3.2 晶列指数

通过式(2.2)可知,晶格内任一格点的平移矢量 $R = pa + qb + sc$,其中 a,b,c 为原胞的基矢量;p,q,s 为任意整数。将 p,q,s 化简为互质数 p',q',s' 后,记作 $[p', q', s']$。$[p', q', s']$ 称为该晶列的晶列指数。若遇到负数,则在该数字的上方加一条横线。例如,$[1\bar{3}1]$ 表示 $p' = 1$,$q' = -3$,$s' = 1$。

2.3.3 晶面

在晶格中,通过任意三个不在同一直线上的格点做一个平面,称为晶面,将描述晶面方位的一组数据,称为晶面指数。晶面具有如下特点。

(1) 相互平行的晶面系将覆盖全部格点。晶体中的任一格点必然落在晶面系的某一个晶面上。

(2) 晶面上格点的分布具有周期性。

(3) 同一晶面族中的每一晶面上,格点分布的情况相同。

(4) 同一晶面系中相邻晶面的间距相等。

有两种方法可以表明晶面的方向:一是通过晶面的法线方向,即通过法线方向与三个坐标轴的夹角表示；二是通过晶面在三个坐标轴上的截距表示。

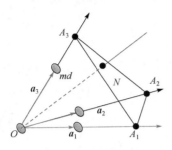

图 2.6　晶面的选取

如图 2.6 所示，取一格点为顶点，原胞的三个基矢 a_1, a_2, a_3 分别为坐标系的三个轴，设某一晶面的法线 ON 与晶面 $A_1A_2A_3$ 相交于 N，ON 的长度为 md(其中 d 为该晶面系相邻晶面间的距离，m 为任意整数)，该晶面法线方向的单位矢量用 n 表示，则晶面 $A_1A_2A_3$ 的方程为 $x \cdot n = md$。

设 a_1, a_2, a_3 的末端上的格点分别在距离原点为 m_1d、m_2d 和 m_3d 的不同晶面上(m_1、m_2 和 m_3 均为整数)，那么：

(1) 所有的格点都包容在一个晶面系中。这使得给定的晶面系中必有一个晶面通过坐标系的原点；基矢 a_1, a_2, a_3 末端上的格点也一定落在该晶面系的晶面上。

(2) 同一个晶面系中的晶面平行且相邻晶面的间距相等。在原点与基矢的末端间只能存在整数个晶面。

若 m_1、m_2 和 m_3 已知，则晶面在空间的方位即可确定。将 m_1、m_2 和 m_3 定义为晶面指数，记作($m_1\ m_2\ m_3$)。

可以证明，任一晶面系的晶面指数，等于晶系中任一晶面在三个基矢坐标轴上截距系数的倒数之比。

所以，晶面指数($m_1\ m_2\ m_3$)表示的意义如下所示。

(1) 基矢 a_1, a_2, a_3 被平行的晶面等间距的分割成 $|m_1|$，$|m_2|$，$|m_3|$ 等份。

(2) 以 a_1, a_2, a_3 为各轴的长度单位所求得的晶面指数是在坐标轴上的截距倒数的互质比。

(3) 晶面的法线与基矢夹角的方向余弦的比值。在实际应用中常用的是以晶胞的基矢 a, b, c 为坐标轴来表示的晶面指数，这种指数称为密勒指数，用(hkl)表示，方法与上述的相同。

例如，某一晶面在 a, b, c 三轴的截距为 4,1,2，其倒数之比为 $\frac{1}{4} : \frac{1}{1} : \frac{1}{2} = 1 : 4 : 2$，则该晶面系的密勒指数为(142)。

2.4　倒　格　子

与真实空间相对应，在倒易空间中也存在着一套相应的点阵，称为倒易点阵。倒易点阵能够描述晶体的 X 射线衍射、晶体中传播的晶格振动或电子运动等特征。在扫描隧道显微镜问世以前，由于人们无法直接观测到正格子，只能通过电子衍射、X 射线衍射等手段所获得的倒空间信息间接地获得正空间的信息。倒格子与正格子之间可以相互转换。假设正格子基矢为 a_1, a_2, a_3 时对应的基矢为 b_1, b_2, b_3，有如下关系：

$$\begin{cases} b_1 \cdot a_1 = b_2 \cdot a_2 = b_3 \cdot a_3 = 2\pi \\ b_1 \cdot a_2 = b_1 \cdot a_3 = b_2 \cdot a_3 = b_2 \cdot a_1 = b_3 \cdot a_1 = b_3 \cdot a_2 = 0 \end{cases} \tag{2.3}$$

$$\begin{cases} \boldsymbol{b}_1 = 2\pi \dfrac{\boldsymbol{a}_2 \times \boldsymbol{a}_3}{\boldsymbol{a}_1 \cdot \boldsymbol{a}_2 \times \boldsymbol{a}_3} \\[2mm] \boldsymbol{b}_2 = 2\pi \dfrac{\boldsymbol{a}_3 \times \boldsymbol{a}_1}{\boldsymbol{a}_1 \cdot \boldsymbol{a}_2 \times \boldsymbol{a}_3} \\[2mm] \boldsymbol{b}_3 = 2\pi \dfrac{\boldsymbol{a}_1 \times \boldsymbol{a}_2}{\boldsymbol{a}_1 \cdot \boldsymbol{a}_2 \times \boldsymbol{a}_3} \end{cases} \tag{2.4}$$

由上述三个倒格矢 $\boldsymbol{b}_1,\boldsymbol{b}_2,\boldsymbol{b}_3$ 平移而形成的晶格称为倒格子。当倒格子中的任意格点作为原点时，从原点到其他倒格子之间的矢量称为倒格矢，并用 $\boldsymbol{G}$ 表示，即

$$\boldsymbol{G} = n_1\boldsymbol{b}_1 + n_2\boldsymbol{b}_2 + n_3\boldsymbol{b}_3 \tag{2.5}$$

式中，n_1,n_2,n_3 为任意整数。则相应的正格矢 $\boldsymbol{R}$ 可表示为

$$\boldsymbol{R} = m_1\boldsymbol{a}_1 + m_2\boldsymbol{a}_2 + m_3\boldsymbol{a}_3 \tag{2.6}$$

式中，m_1,m_2,m_3 为任意整数。

倒格矢 $\boldsymbol{G}$ 与正格矢 $\boldsymbol{R}$ 之间存在如下关系：

$$\boldsymbol{G} \cdot \boldsymbol{R} = 2\pi(n_1 m_1 + n_2 m_2 + n_3 m_3) = 2\pi \times 整数 \tag{2.7}$$

或者

$$\exp(\mathrm{i}\boldsymbol{G} \cdot \boldsymbol{R}) = 1 \tag{2.8}$$

因此，只要知道了倒格子就可以求出正格子，反之亦然。

例题　计算边长为 a 的面心立方格子的倒格子。

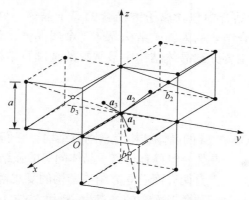

图 2.7　面心立方格子的倒格子为体心立方格子

如图 2.7 所示，选择 x,y,z 轴，其各方向的单位矢量为 $\boldsymbol{i},\boldsymbol{j},\boldsymbol{k}$ 时，从原点 o 指向三个相邻面心的矢量 $\boldsymbol{a}_1,\boldsymbol{a}_2,\boldsymbol{a}_3$ 为

$$\boldsymbol{a}_1 = \frac{a}{2}(\boldsymbol{i}+\boldsymbol{j}),\ \boldsymbol{a}_2 = \frac{a}{2}(\boldsymbol{j}+\boldsymbol{k}),\ \boldsymbol{a}_3 = \frac{a}{2}(\boldsymbol{k}+\boldsymbol{i}) \tag{2.9}$$

把式(2.9)代入式(2.4)中，可得到如下的倒格矢：

$$b_1 = \frac{2\pi}{a}(\boldsymbol{i} + \boldsymbol{j} - \boldsymbol{k})$$

$$b_2 = \frac{2\pi}{a}(-\boldsymbol{i} + \boldsymbol{j} + \boldsymbol{k}) \qquad (2.10)$$

$$b_3 = \frac{2\pi}{a}(\boldsymbol{i} - \boldsymbol{j} + \boldsymbol{k})$$

如图 2.7 所示，倒格矢与边长为 $4\pi/a$ 的体心立方格子的三个基矢完全一致。根据同样的计算，体心立方结构的倒格子为面心立方结构。

2.5　典型晶体结构

教学要求

金刚石型结构、闪锌矿型结构与纤锌矿结构晶胞原子的空间立体分布。

晶体结构与组成晶体的原子有很大关系。由于不同原子的电负性不同，原子与原子结合时会发生电荷转移。电负性是反映原子获取电子的能力，是判断化学键强弱的一种依据。

与半导体晶体结构相关的另一个概念是"轨道杂化"，是原子中不同轨道的电子在结合成晶体时为了降低总能量而导致轨道相互混杂的一种现象。从量子力学来看，就是波函数叠加的一种现象。

在晶体结构的化学结合中包含离子键结合的离子晶体、共价键结合的共价键晶体、共价键与离子键混合结合的闪锌矿结构晶体、金属晶体、分子晶体，以及氢键结合的晶体等。本章中将主要介绍晶体结构中最常见的金刚石结构、闪锌矿结构与纤锌矿结构。

2.5.1　金刚石结构

典型的元素半导体 Ge 和 Si 的晶体结构为金刚石结构。它们虽然是中性原子结合的

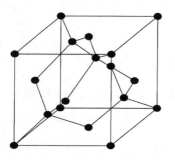

图 2.8　金刚石晶体结构

晶体，但具有与离子晶体同等的强结合力。金刚石结构实际上是两套面心立方结构套构的复式格子，如图 2.8 所示。位于顶角及面心的格点为一套面心立方格子，位于对角线距离顶角 $\frac{1}{4}$ 对角线处的四个原子为另一套面心立方格子。两套格子沿对角线相距 $\frac{1}{4}$ 对角线长度。由于一个面心立方格子中的原子数为 4 个，金刚石结构的晶胞中共有 8 个原子。因此，一个格点或基元分别包含两个 Si 原子或 Ge 原子。

共价键具有方向性和饱和性的特点，导致金刚石结构具有共价晶体共有的硬度高、脆性大的特点。

2.5.2 闪锌矿结构

与金刚石结构相似，闪锌矿结构也是一种由面心立方构成的复式格子，不同的是两套格子中的原子种类不同。大部分Ⅲ-Ⅴ族与Ⅱ-Ⅵ族化合物半导体都属于这种类型。例如，ZnS 中(图 2.9)，一套格子为 Zn 原子，而另一套格子为 S 原子。闪锌矿结构为立方晶系的面心立方格子，阴离子位于立方面心格子的格点位置，阳离子分布于立方体内阴离子构成的正四面体的中心。阳离子的配位数是 4，阴离子的配位数也是 4。

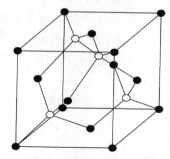

图 2.9 闪锌矿晶体结构

与金刚石结构类似，闪锌矿结构晶体同样具有硬度高、脆性大的特点。但与金刚石结构不同的是，两种原子的电负性不同，导致这种结构中既有轨道杂化，又有原子间的电荷转移；原子间的键为离子键与共价键组成的混合键。此外，该结构的电子云的分布不具有金刚石结构的对称性，而是偏向阴离子。这种结构中离子键成分与共价键成分的比值在很大程度上决定了化合物的半导体性质。一般来说，如果离子键的成分大，则化合物的禁带宽度大，半导体特性不明显；相反，则禁带宽度小，半导体特性明显。

2.5.3 纤锌矿结构

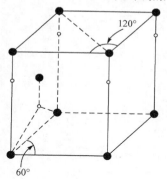

图 2.10 纤锌矿晶体结构

纤锌矿是闪锌矿加热到 1020℃时的六方对称型变体。纤锌矿和闪锌矿的结构相似，也是以正四面体结构为基础；但它的双原子层的重复顺序是 ABAB，而不是闪锌矿结构的 ABCABC，因此它具有六方对称性而不是立方对称性。其晶体结构如图 2.10 所示。纤锌矿结构可以看成由两个用不同原子构成的六角密排晶胞沿旋转对称轴(c 轴)移动一个原子间距套构而成的。六方对称型晶格的晶格常数有两个，一个是六方体的底边长 a，另一个是六方体的高 c。

晶体的许多性质，如硬度、熔点等与晶格的结构有很大的关系，而原子之间的结合方式在很大程度上决定了晶体的结构。上述的三种结构是半导体材料中最常见的。

习　题

1. 由 A、B 两种化学元素的原子组成的二维晶体，其原子排列如题图 2.1 所示。
①画出布拉伐格子。
②画出单胞和原胞中包含的格点数和原子数。

2. 证明体心立方格子和面心立方格子互为正、倒格子。

3. 钙钛矿结构的原子排列如题图 2.2 所示。在立方体的顶角上是 Ba，Ti 位于体心，面心上是 O。
①画出它的布拉伐格子，并简单说明为什么该晶体的布拉伐格子是这种形式。

②指出每个原胞中包含的原子数。

4. 硅晶体的晶格常数为 5.43Å，试计算：

①硅原子与最近邻以及次近邻原子之间的距离；

②晶体中的硅原子密度；

③(110)晶面原子的面密度。

5. 平面正三角形(题图 2.3)晶格，相邻原子间距是 a，试求出正格子基矢和倒格子基矢。

提示：求 b_1 和 b_2 时，可以假设 a_3 为垂直于平面的单位矢量。

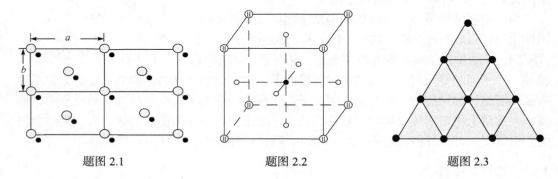

题图 2.1　　　　　　　题图 2.2　　　　　　　题图 2.3

第*3*章

半导体中的电子状态

半导体的物理性质与半导体中的电子状态有关，电子能量值和波函数是电子状态的主要物理参数，主要受电子运动所处的势场影响，这个势场是由晶体中原子周期性排列形成的，因而具有晶格周期性。这些电子状态也称为量子态(电子态)。由于势场环境不同，晶体中的电子所受库仑作用同孤立原子中的电子不同，也和自由电子不同。孤立原子中的电子只受原子核和其他电子势场的作用，能量是一系列分立的能级。完全自由的电子不受任何外力的作用，在恒定的势场中运动，能量是连续的。晶体中的电子在周期性势场中运动，它们的能量值是一系列由密集的能级组成的能带。能带与能带之间的能量间隙称为禁带。确定半导体中的电子状态是以单电子近似为基础的，这种理论得出的电子能量值组成能带，所以通常称为能带理论。

本章将分析半导体能带理论的基本知识，讨论半导体能带的形成及其特点。

3.1 晶体中的能带

教学要求

1. 电子的共有化运动。
2. 晶体能带的形成及其特点。
3. 导带和价带。
4. 单电子近似。
5. 布洛赫定理。
6. 布里渊区。
7. *E-k* 关系和能带结构。

本节将以两种不同的方式，说明晶体中电子的运动状态和能级，重点是阐述晶体中的能带。首先是定性地说明晶体中电子的共有化运动和能带的形成；其次是利用简化的周期势场模型得出晶体中电子的波函数和能量谱值，说明能带理论的主要结论。

3.1.1 能带的形成

晶体是由大量的原子有规则地周期性排列构成的。在孤立原子中，电子是在内外各层轨道上运动，每层轨道对应于确定的能量。当原子和原子相互接近形成晶体时，不同原子的内外各层轨道将发生不同程度的交叠。由于电子轨道的重叠，原来属于某一原子的电子不再局限于这个原子，而是可以转移到相邻的原子上去，它们不仅受到这个原子的作用，也受到其他原子的作用。电子在相邻原子之间转移，进而可以在整个晶体中运动。晶体中电子的这种运动，称为电子的共有化运动。显然，外层电子轨道重叠大，电子的共有化特性显著。电子在原子之间的转移不是任意的，电子只能在能量相同的轨道之间转移，引起相对应的共有化运动。图 3.1 是表明这种运动的示意图。

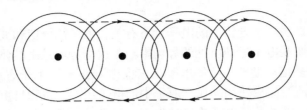

图 3.1   晶体中电子的运动

在晶体中，电子作共有化运动，会受到其他原子的库仑作用，使它们的能量发生变化。例如，考虑一些相同的原子，当它们之间的距离很大时，可以忽略它们之间的相互作用，每个原子都可以看成孤立的，它们有完全相同的分立能级，如图 3.2 所示。

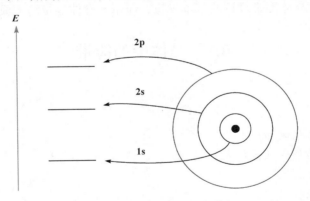

图 3.2   孤立原子中电子的能级

如果把这些原子看成一个系统，则每一个电子能级都是简并的，简并度为这些原子的数量 (忽略原子能级自身的简并度)。当这些原子靠近时，由于它们之间的相互库仑作用，电子能量发生变化，形成新能级，使简并解除。简并能级分裂成具有不同能量的一些能级组成的能带，如图 3.3 所示。原子之间的距离越小，它们之间的相互作用越强，能带的宽度也越大。

原子分立能级和能带之间并不一定都存在图 3.3 所示的一一对应的关系。当共有化运动很强时，能带可能很宽而发生带间的重叠，碳原子组成的金刚石就属于这种情况(图3.4)。在单个碳原子中，考虑原子能级简并度(s 能级简并度为 1，p 能级简并度为 3)，则有 1 个 1s 电子态，1 个 2s 电子态，3 个 2p 电子态等。一个碳原子中有六个电子，它们填充电子态的情况是$(1s)^2$、$(2s)^2$、$(2p)^2$。在这六个电子中，有两个内层电子，四个外层价电子。原子形成晶体时，内层电子态的变化不大，对晶体性质的影响不显著，因此，我们只考虑价电子状态的变化。

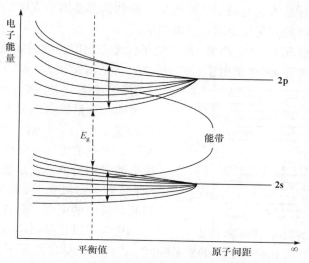

图 3.3　八个原子构成的系统能带的形成示意图

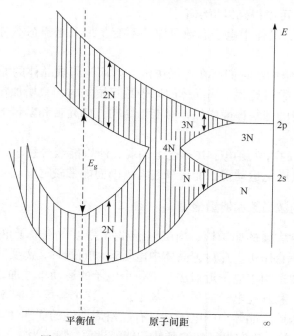

图 3.4　金刚石的能带随原子间距的变化

　　设想 N 个碳原子结合，构成金刚石结构。在原子间的距离较远时，它们之间的相互作用可以忽略不计，N 个原子中的每一个原子，其能级都与孤立原子的能级相同。所以 N 个 2s 电子态相应于一个 2s 能级，$3N$ 个 2p 电子态相应于一个 2p 能级。当原子间的距离减小时，能级发生分裂形成能带，这两个能带分别包含 N 和 $3N$ 个电子态。随着原子间距离的不断减小，先是这两个能带重叠起来，构成包含 $4N$ 个电子态的能带；然后又分成上下两个能带，不过它们不再与 2s 和 2p 能级相对应，而是各有 2N 个电子态的新能带了，实际的金刚石晶体正是属于这种情况。硅和锗都是周期表中的 IV 族元素，它们组成晶体时，形成能带的情况与金刚石是类似的。

在温度极低的情况下，如 T=0K 时，电子优先占据能量低的能级(电子态)。原来 N 个孤立的碳原子，共有 4N 个价电子。其中，2N 个在 2s 能级，2N 个在 2p 能级。结合成金刚石结构后，这 4N 个形成共价键的电子，完全填满能量较低的能带，而上面的能量较高的能带无电子占据，完全空着，如图 3.5 所示。则把被价键束缚着的价电子所占据的这个能带称为价带，是价电子的能量分布范围；若在一定温度下，价带电子获得热能量，挣脱开价键的束缚，跃迁至上面的空带能级上，成为可以在晶体中自由运动的电子，这

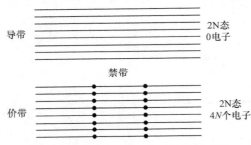

图 3.5　金刚石结构价电子能带示意图

个空带称为导带。导带和价带之间的能量间隙，在理想晶体的情况下，不存在电子能级，称作禁带。

通过以上分析，可以得到以下结论。

(1) 形成能带后，晶体中电子态数目保持不变，每个电子态不再属于个别原子，而是延展于整个晶体。

(2) 电子的能带结构由它们所在势场决定，因而与组成晶体的原子结构和晶体结构有关，同晶体中原子数目无关。当晶体中原子数目增加时，只增加每个能带中的电子态数，使能带中子能级的密集程度增加，对能带结构，如允带和禁带的宽度及相对位置无影响。

(3) 处于低能级的内壳层电子共有化运动弱，所以能级分裂小，能带较窄；处于高能级的外壳层电子共有化运动强，能级分裂大，因而能带较宽。

3.1.2　晶体中电子的波函数和能量谱值

晶体是一个包含大量的原子核、内层电子和外层电子(价电子)的多体体系，各个粒子之间都存在相互库仑作用。在讨论晶体中电子运动问题时，需要降低求解体系薛定谔方程的计算量。通常采用单电子近似法，把每个电子的运动单独加以考虑，认为每个电子是在原子核的势场和其他电子的平均势场中运动。这个势场与晶格具有相同的周期性，称为周期性势场。因此，晶体中的电子在具有晶格周期性的周期性势场中运动。讨论晶体中的电子状态，也就是确定电子的波函数和能量谱值，归结为求解单电子薛定谔方程。在一维情况下，这个方程可以写成

$$\left[-\frac{\hbar^2}{2m}\frac{\mathrm{d}^2}{\mathrm{d}x^2}+V(x)\right]\psi(x)=E\psi(x) \tag{3.1}$$

式中，$V(x)$ 是与晶格具有相同周期性的势函数；$\psi(x)$ 是本征函数；E 是能量的本征值。

1. 周期性势场

图 3.6(a)是一个孤立原子的势场，纵坐标代表势能 V，横坐标表示电子和原子核的距离。图 3.6(b)表示原子等间距地排列成一维晶体后，各原子势场(虚线)叠加形成的势场(实线)，即一维晶体中的势场。可以看出，这个势场与晶格具有相同的周期性。用 x 表示电子的坐标，则有

$$V(x+na)=V(x) \tag{3.2}$$

式中，a 是晶格常数；n 是任意整数。

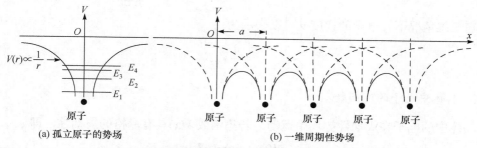

(a) 孤立原子的势场　　　　　(b) 一维周期性势场

图 3.6　原子周期排列形成的一维周期性势场的示意图

2. 自由电子的波函数和能量谱值

自由电子是在恒定势场中运动的，令 $V=0$，则式(3.1)简化为

$$-\frac{\hbar^2}{2m}\frac{\mathrm{d}^2\psi}{\mathrm{d}x^2}=E\psi(x) \tag{3.3}$$

式(3.3)是决定自由电子运动状态的薛定谔方程。

令 $k=\dfrac{\sqrt{2mE}}{\hbar}>0$，式(3.3)的解为平面波：

$$\psi(x)=A\mathrm{e}^{ikx} \tag{3.4}$$

设一维晶格长为 L，对式(3.4)归一化，$\displaystyle\int_0^L|\psi(x)|^2\mathrm{d}x=1$，可得 $A=\dfrac{1}{\sqrt{L}}$，则

$$\psi(x)=\frac{1}{\sqrt{L}}\mathrm{e}^{ikx} \tag{3.5}$$

式中，k 是平面波的波数，$k=2\pi/\lambda$，为能表示平面波的传播方向，把 k 记为矢量，称为波矢量，方向与波面法向平行，代表波的传播方向。

在波矢量为 k 的状态中，电子的能量 E 取确定的值，将式(3.5)代入式(3.3)，得到

$$E(k)=\frac{\hbar^2 k^2}{2m} \tag{3.6}$$

当 k 变化时，能量 E 是连续变化的，如图 3.7 所示。

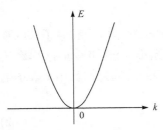

图 3.7　自由电子 E 与 k 的关系

k 所标志的状态，电子的动量 p 也有确定值，为

$$p = \hbar k \tag{3.7}$$

电子的速度 v 可以表示为

$$v = \frac{p}{m} = \frac{\hbar k}{m} \tag{3.8}$$

利用式(3.6)，也可以把它表示为

$$v = \frac{1}{\hbar} \frac{\mathrm{d}E}{\mathrm{d}k} \tag{3.9}$$

在三维情况下，电子的速度 v 可以表示为

$$v = \frac{1}{\hbar} \nabla_k E \tag{3.10}$$

3. 晶体中电子的波函数

晶体中的电子在周期性势场中运动，若势函数 $V(x)$ 具有晶格的周期性，即

$$V(x + na) = V(x)$$

可以证明，式(3.1)的解具有下面的形式：

$$\psi(x) = \mathrm{e}^{ikx} u_k(x) \tag{3.11}$$

式中，$u_k(x)$ 为具有晶格周期性的函数，即

$$u_k(x + na) = u_k(x) \tag{3.12}$$

式(3.11)给出的函数称为布洛赫(Bloch)函数或布洛赫波。在周期性势场中运动的电子的波函数具式(3.11)的形式，这个结论称为布洛赫定理。

式(3.11)表明，晶体中电子的波函数是一个平面波因子和一个周期性函数的乘积。与自由电子的波函数相似，平面波因子 e^{ikx} 描述电子在晶体中做共有化运动，可以扩展到整个晶体之中。

式(3.11)也可以写成

$$\psi(x + na) = \mathrm{e}^{ikna} \psi(x) \tag{3.13}$$

由式(3.13)可得

$$\left| \psi(x + na) \right|^2 = \left| \psi(x) \right|^2 \tag{3.14}$$

式(3.14)说明，电子在各个原胞的对应点上出现的概率相同。因子 $u_k(x)$ 取值在各原胞之中是周期性重复的，它描述电子在每个原胞中的运动。

因此，晶体中的电子既有在每个原胞中围绕原子运动的性质，又有做共有化运动的性质。

由式(3.11)可以看出，与自由电子类似，对于晶体中的电子也可以用波矢量 k 来描述能量取确定值的状态，所以 k 也起着一个量子数的作用，但是在两种情况下，用 k 描述

电子状态是有差别的。

首先,对于自由电子,波矢量为 k 的状态具有确定的动量 $\hbar k$;但对于晶体中的电子,波矢量为 k 的状态并不具有确定的动量,波矢量 k 与普朗克常量 $\hbar$ 的乘积,是一个具有动量量纲的量,如果写成

$$p = \hbar k \tag{3.15}$$

通常称 p 为准动量或晶体动量,在下面将看到,在讨论电子在外场作用下状态变化时,晶体中电子的准动量与自由电子的动量具有类似的性质。其次,对于自由电子,其动量与波矢量 k 成正比,所以 k 的取值可以遍及整个 k 空间;而对于晶体中的电子,可以限制 k 的取值范围。

由式(3.13)可以看出,一维晶格中,任意两个原胞的对应点(它们的坐标相差一个格矢 na)的电子波函数,只差一个模量为 1 的常数因子 e^{ikna} 。由于在这个因子中出现的是波矢量 k,所以就用 k 来标志这个电子态,考虑两个波矢量 k 和 k',它们之间相差倒格矢的整数倍:

$$k' = k + m\frac{2\pi}{a} \tag{3.16}$$

式中,m 为任意整数,由于

$$e^{i\left(k+m\frac{2\pi}{a}\right)na} = e^{ikna} \tag{3.17}$$

所以,式(3.13)也可以写为

$$\psi(x+na) = e^{i\left(k+m\frac{2\pi}{a}\right)na}\psi(x) \tag{3.18}$$

由式(3.13)和式(3.18)可以看出,同样一个状态 $\psi(x)$,可以称其为波矢量为 k 的状态,也可以称其为波矢量为 $k+m(2\pi/a)$ 的状态,也就是说,相差一个倒格矢 $m(2\pi/a)$ 的两个 k 值代表同一个状态。这些 k 值分别处于倒格子中不同倒原胞的等价点上。因此,讨论清楚一个倒原胞内的波矢 k 所代表的状态,就可以清楚整个晶体中所有状态的性质。一维晶格的倒原胞长度为 $2\pi/a$,通常取相对于倒格子原点对称的 $2\pi/a$ 区域:

$$-\frac{\pi}{a} \leqslant k < \frac{\pi}{a} \tag{3.19}$$

这个区域就是一维晶格的第一布里渊区,则在一个布里渊区里的波矢 k 就可以表示晶体中所有的电子状态。

4. 布里渊区

布里渊区是在倒空间中划分的一些周期性重复单元。在倒空间中,作原点与所有倒格点之间的中垂面,这些平面把倒空间划分成一些区域,其中距原点最近的区域称为第一布里渊区。距原点次近的若干区域组成第二布里渊区,以此类推。这些中垂面是布里渊区的分界面,则中垂面方程为布里渊区的边界方程。如图 3.8 所示,在倒空间中,中垂面上的任一波矢 k 在 $\boldsymbol{K}_n/K_n$ 方向上的投影为 $\boldsymbol{K}_n/2$,布里渊区的边界方程为

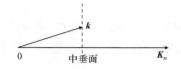

图 3.8 倒空间划分布里渊区的中垂面

$$k \cdot \frac{K_n}{K_n} = \frac{K_n}{2}$$

图 3.9 所示为一维晶格的布里渊区示意图，距原点最近的 $2\pi/a$ 范围为第一布里渊区，次近的 $2\pi/a$ 范围为第二布里渊区，以及 $2\pi/a$ 范围的第三布里渊区。

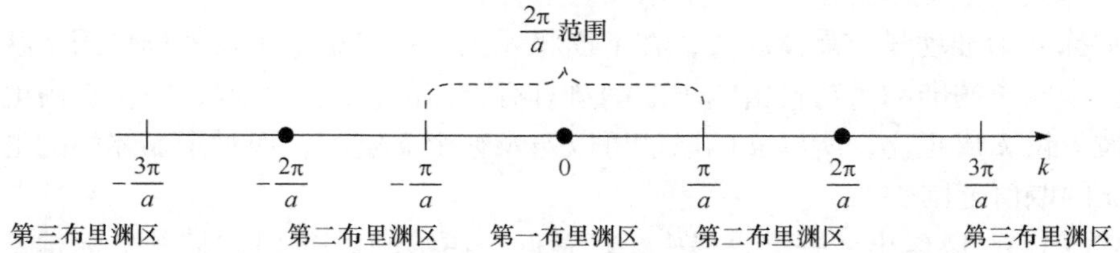

$$\frac{2\pi}{a} 范围$$

$-\frac{3\pi}{a}$ $-\frac{2\pi}{a}$ $-\frac{\pi}{a}$ 0 $\frac{\pi}{a}$ $\frac{2\pi}{a}$ $\frac{3\pi}{a}$ k

第三布里渊区   第二布里渊区   第一布里渊区   第二布里渊区   第三布里渊区

图 3.9 一维晶格的布里渊区

第一布里渊区 $-\dfrac{\pi}{a} \leqslant k < \dfrac{\pi}{a}$

第二布里渊区 $-\dfrac{2\pi}{a} \leqslant k < -\dfrac{\pi}{a}$, $\dfrac{\pi}{a} \leqslant k < \dfrac{2\pi}{a}$

第三布里渊区 $-\dfrac{3\pi}{a} \leqslant k < -\dfrac{2\pi}{a}$, $\dfrac{2\pi}{a} \leqslant k < \dfrac{3\pi}{a}$

布里渊区边界处的波矢 $k = n\pi/a$，n 为整数，这些波矢 k 满足式(3.16)，为等价波矢，代表同一电子状态。

布里渊区具有以下特性。

(1) 每一个布里渊区的体积都相等，而且等于一个倒原胞的体积。

(2) 每个布里渊区的各个部分经过平移适当的倒格矢 K_n 后，可使一个布里渊区与另一个布里渊区相重合。

(3) 每个布里渊区都是以原点为中心而对称地分布着，具有正格子和倒格子的点群对称性。

(4) 周期性相同的晶体，布里渊区也相同。

5. 晶体中电子的能量谱值

给出晶体中势函数 $V(x)$ 的具体表示式，求解单电子薛定谔方程(式(3.1))，就可以求出电子的能量谱值。但是在一般情况下，势函数 $V(x)$ 很复杂，因此只能用近似方法求解。下面利用一种简单的一维周期性势场模型，求出式(3.1)解析形式的解，说明周期性势场中电子能量谱值的一般特性。

1) 势函数

克龙尼克-潘纳(Kronig-Penney)提出一个晶体势场的简单模型，如图 3.10 所示，它是由周期排列的方形势阱和势垒组成的。势阱和势垒的宽度分别为 a 和 b，势垒的高度为 V_0，势函数的周期是 $(a+b)$。这种一维周期场的简单模型，既便于用代数形式表示，又能反映周期性势场的主要特点。

2) 薛定谔方程的解

把式(3.1)写为

$$\frac{\mathrm{d}^2\psi}{\mathrm{d}x^2} + \frac{2m}{\hbar^2}(E-V)\psi = 0 \qquad (3.20)$$

在式(3.20)中代入式(3.11)，可得 $u(x)$ 满足的方程：

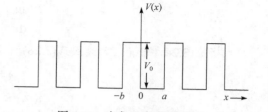

图 3.10　克龙尼克-潘纳势场

$$\frac{\mathrm{d}^2u}{\mathrm{d}x^2} + 2ik\frac{\mathrm{d}u}{\mathrm{d}x} + \left[\frac{2m}{\hbar^2}(E-V) - k^2\right]u = 0 \qquad (3.21)$$

在 $0 \leqslant x < a$ 的势阱区域中，$V(x)=0$，令

$$\frac{2mE}{\hbar^2} = \alpha^2 \qquad (3.22)$$

把式(3.21)写成

$$\frac{\mathrm{d}^2u_1}{\mathrm{d}x^2} + 2ik\frac{\mathrm{d}u_1}{\mathrm{d}x} + (\alpha^2 - k^2)u_1 = 0 \qquad (3.23)$$

它的解为

$$u_1(x) = Ae^{i(\alpha-k)x} + Be^{-i(\alpha+k)x} \qquad (3.24)$$

式中，A 和 B 是任意常数。

在 $-b \leqslant x < 0$ 的势垒区域中，$V(x)=V_0$。考虑 $E < V_0$ 的解，令

$$\frac{2m}{\hbar^2}(V_0 - E) = \beta^2 \qquad (3.25)$$

把式(3.21)写成

$$\frac{\mathrm{d}^2u_2}{\mathrm{d}x^2} + 2ik\frac{\mathrm{d}u_2}{\mathrm{d}x} - (\beta^2 + k^2)u_2 = 0 \qquad (3.26)$$

其解为

$$u_2(x) = Ce^{(\beta-ik)x} + De^{-(\beta+ik)x} \qquad (3.27)$$

式中，C 和 D 是任意常数。

在 $x=0$ 处，两个区域的 u 和 $\mathrm{d}u/\mathrm{d}x$ 应该连续，即

$$u_1(0) = u_2(0) \qquad (3.28)$$

$$\frac{\mathrm{d}u_1}{\mathrm{d}x}\Big|_{x=0} = \frac{\mathrm{d}u_2}{\mathrm{d}x}\Big|_{x=0} \qquad (3.29)$$

由于 $u(x)$ 是以 $(a+b)$ 为周期的周期性函数，所以 $u_1(a) = u_1(-b)$。另外，在 $x = -b$ 处函数 $u(x)$ 应该连续，即有 $u_1(-b) = u_2(-b)$。因此

$$u_1(a) = u_2(-b) \qquad (3.30)$$

同理可得

$$\frac{\mathrm{d}u_1}{\mathrm{d}x}\Big|_{x=a} = \frac{\mathrm{d}u_2}{\mathrm{d}x}\Big|_{x=-b} \tag{3.31}$$

将式(3.24)和式(3.27)代入式(3.28)~式(3.31)中，则有

$$A + B = C + D \tag{3.32}$$

$$\mathrm{i}(\alpha-k)A - \mathrm{i}(\alpha+k)B$$
$$= (\beta-\mathrm{i}k)C - (\beta+\mathrm{i}k)D \tag{3.33}$$

$$\exp[\mathrm{i}(\alpha-k)a]A + \exp[-\mathrm{i}(\alpha+k)a]B$$
$$= \exp[-(\beta-\mathrm{i}k)b]C + \exp[(\beta+\mathrm{i}k)b]D \tag{3.34}$$

$$\mathrm{i}(\alpha-k)\exp[\mathrm{i}(\alpha-k)a]A - \mathrm{i}(\alpha+k)\exp[-\mathrm{i}(\alpha+k)a]B$$
$$= (\beta-\mathrm{i}k)\exp[-(\beta-\mathrm{i}k)b]C - (\beta+\mathrm{i}k)\exp[(\beta+\mathrm{i}k)b]D \tag{3.35}$$

为了确定常数 A、B、C、D，需要求解由式(3.32)~式(3.35)组成的线性齐次方程组。

3) 电子能量 E 与 k 的关系

要使常数 A、B、C、D 有非零解，齐次方程组的系数行列式必须为零。由这个条件可以得出

$$\frac{\beta^2-\alpha^2}{2\alpha\beta}\sinh\beta b\sin\alpha a + \cosh\beta b\cos\alpha a = \cos k(a+b) \tag{3.36}$$

由于 α 和 β 是能量 E 的函数，所以式(3.36)决定了 E 与 k 的关系。为了能清楚地看出这种函数关系的特点，我们来简化式(3.36)。假设 $V_0 \to \infty$，$b \to 0$，但保持 V_0b 是有限值。令

$$\frac{\beta^2 ba}{2} = P$$

则有

$$\beta b = \sqrt{\frac{2Pb}{a}} \ll 1, \sinh\beta b \approx \beta b, \cosh\beta b \approx 1$$

于是，式(3.36)简化为

$$P\frac{\sin\alpha a}{\alpha a} + \cos\alpha a = \cos ka \tag{3.37}$$

式(3.37)的左边是 αa 的函数，用图形表示可以得到图 3.11 所示的曲线。由于

$$-1 \leqslant \cos ka \leqslant 1$$

所以，只有式(3.37)左边的函数值在-1 和+1 之间(图 3.11 中用粗线画出的)αa 值，才存在满足式(3.37)的解。利用

$$\alpha^2 = \frac{2mE}{\hbar^2}$$

可以由 α 求出能量 E。我们看到，用粗线表示的 αa 值对应允许的能量值，在它们之间的 αa 值不能满足式(3.37)，因而不存在与其对应的允许能量值。

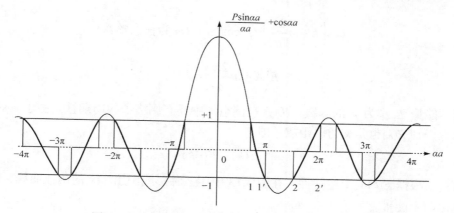

图 3.11　$P = 3\pi/2$ 时，$(P/\alpha a)\sin\alpha a + \cos\alpha a$ 与 αa 的关系

如果 k 在 $0 \leqslant k \leqslant \pi/a$ 范围内变化，则式(3.37)右边的 $\cos ka$ 在 1 和 -1 之间变化，在图 3.11 中 αa 在 $11'$ 区间内变化。同样，k 在 $\pi/a \leqslant k \leqslant 2\pi/a$ 之间变化时，αa 则在 $22'$ 范围内变化。以此类推，可以求出允许的能量 E 与 k 的函数曲线，如图 3.12(a)所示。图 3.12(a)中虚线为自由电子的 E-k 曲线。

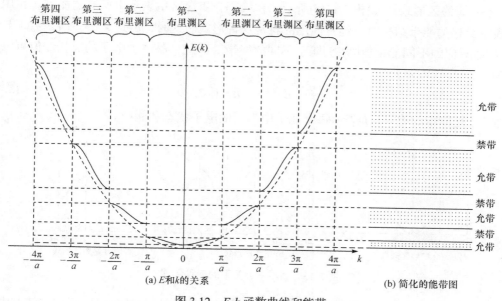

(a) E 和 k 的关系　　(b) 简化的能带图

图 3.12　E-k 函数曲线和能带

综上所述，可以得出下面的结论。

第一，由图 3.12 可以看出，晶体中电子的能量谱值形成能带，各能带之间的区域，不存在允许的能量值，称为禁带。第一个能带对应的 k 值为 $-\pi/a \sim \pi/a$ (第一布里渊区)；第二个能带对应的 k 值为 $-2\pi/a \sim -\pi/a$ 以及 $\pi/a \sim 2\pi/a$ (第二布里渊区)，其余类推。

第二，E 与 k 之间的函数关系是从式(3.37)得到的，由于

$$\cos\left(k + m\frac{2\pi}{a}\right)a = \cos ka \quad (m\ \text{为任意整数})$$

所以
$$E\left(k + m\frac{2\pi}{a}\right) = E(k) \tag{3.38}$$

这表明，能量 E 作为 k 的函数 $E(k)$，在倒空间中具有倒格子的周期性。由于 $\cos ka$ 是 k 的偶函数，则 $E(k)$ 也是 k 的偶函数，即

$$E(k) = E(-k) \tag{3.39}$$

最后，根据 $E(k)$ 的上述特性，在图 3.13 中用三种形式画出 $E(k)$ 的函数曲线，图 3.13 中只画出两个能带。

(1) 扩展区形式：如图 3.13(a) 所示，对于能量最低的一个能带，把 k 限制在第一布里渊区内变动，对于第二个能带把 k 限制在第二布里渊区内变动，以此类推。在这种形式中，E 是 k 的单值函数，不同的能带表示在不同的布里渊区中。

(2) 重复区形式：如图 3.13(b) 所示，把每一个能带都按照式(3.38)周期性地重复。这时，E 是 k 的多值函数，在每一个布里渊区中表示出所有的能带。

(3) 简约区形式：如图 3.13(c) 所示，在第一布里渊区中表示出所有的能带。在用图形表示晶格的能带结构时，经常使用的就是这种形式。这时，E 是 k 的多值函数，与每个 k 值对应的不同能量值(状态)属于不同的能带。因此，晶体中电子的能量谱值可以表示为

$$E = E_n(k), \quad n = 1,\ 2,\ \cdots \tag{3.40}$$

式中，n 是能带的编号；k 表示每个能带中不同的电子状态和能级。

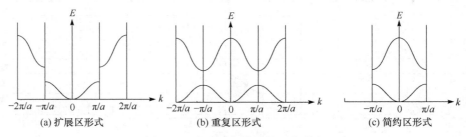

(a) 扩展区形式   (b) 重复区形式   (c) 简约区形式

图 3.13   表示 E-k 关系的三种形式

实际的晶体大小是有限的，在晶体边界处，周期性势场被破坏，因而在求解有限晶体中电子的波动方程时，需考虑一定的边界条件。通常采用玻恩-冯卡门的周期性边界条件，认为无限晶体是由有限晶体重复排列构成的，电子的运动以有限晶体为周期在空间中周期性地重复。

因而，对于一个边长分别为 L_x、L_y、L_z 的长方形晶体，设其为立方格子，周期性边界条件为

$$\begin{cases} \psi(x+L_x)=\psi(x) \\ \psi(y+L_y)=\psi(y) \\ \psi(z+L_z)=\psi(z) \end{cases} \tag{3.41}$$

则波矢 k 的三个分量为

$$\begin{cases} k_x=\dfrac{2\pi n_1}{L_x},\ n_1=0,\pm 1,\pm 2,\cdots \\[2mm] k_y=\dfrac{2\pi n_2}{L_y},\ n_2=0,\pm 1,\pm 2,\cdots \\[2mm] k_z=\dfrac{2\pi n_3}{L_z},\ n_3=0,\pm 1,\pm 2,\cdots \end{cases} \tag{3.42}$$

由式(3.42)可知，波矢 k 只能取分立的值，具有量子数的作用，可以描述晶体中的电子状态。

由式(3.42)可以证明，若晶体中的原胞数为 N，则每一个布里渊区中有 N 个 k 值，每个 k 值对应于一个能量状态(能级)，即有 N 个电子状态。

在倒空间中，每个倒原胞对应于一个布里渊区。

3.2　在外力作用下晶体中电子的运动

教学要求

1. 电子在倒空间中的平均速度。
2. 在外力作用下，电子状态的变化。
3. 晶体中的电子的加速度与外力的关系。
4. 有效质量及引入有效质量的意义。
5. 有效质量与能带结构的关系。
6. 有效质量在倒空间中的变化关系。

晶体中的电子在周期性势场中运动，受到外力作用(如电场、磁场的作用)时，可以近似当作经典粒子处理。下面将介绍这种准经典运动的一些基本概念和规律。

3.2.1　电子的运动速度

根据量子理论，对于波矢量为 k 的自由电子，其平均速度由式(3.10)给出。在讨论量子力学和经典力学的联系时，可以把波矢量与 k 相邻近的德布罗意波叠加起来，组成与 k 对应的波包。波包中心移动的速度(群速度)与电子的平均速度相同，即在一定限度内，波包的运动具有粒子运动的特点。

在晶体中可以用布洛赫波代替德布罗意波组成波包，在一维情况下，电子的波函数

可以写为

$$\psi_k(x,t) = \exp\left[i\left(kx - \frac{E}{\hbar}t\right)\right]u_k(x) \tag{3.43}$$

由波矢量在 k_0 附近的布洛赫波组成的波包可由下面的积分表示：

$$\psi(x,t) = \int_{k_0-\Delta k}^{k_0+\Delta k} \exp\left[i\left(kx - \frac{E}{\hbar}t\right)\right]u_k(x)dk \tag{3.44}$$

令 $k = k_0 + \xi$ ， ξ 很小，则 k 很接近 k_0，将 $E(k)$ 进行泰勒级数展开，精确到一次项，有

$$E(k) \approx E(k_0) + \left(\frac{dE}{dk}\right)_0 \xi$$

$$u_k(x) \approx u_{k0}(x)$$

把以上两式代入式(3.44)，得到

$$\psi(x,t) = \exp\left[i\left(k_0 x - \frac{E(k_0)}{\hbar}t\right)\right]u_{k_0}(x) \times \int_{-\Delta k}^{\Delta k} \exp\left[i\left(x - \frac{1}{\hbar}\left(\frac{dE}{dk}\right)_0 t\right)\xi\right]d\xi$$

$$= \exp\left[i\left(k_0 x - \frac{E(k_0)}{\hbar}t\right)\right]u_{k_0}(x) \times \frac{\sin\left[\left(x - \frac{1}{\hbar}\left(\frac{dE}{dk}\right)_0 t\right)\Delta k\right]}{\left(x - \frac{1}{\hbar}\left(\frac{dE}{dk}\right)_0 t\right)\Delta k}(2\Delta k) \tag{3.45}$$

相应的概率分布为

$$|\psi(x,t)|^2 \propto |u_{k_0}(x)|^2 \left\{\frac{\sin\left[\left(x - \frac{1}{\hbar}\left(\frac{dE}{dk}\right)_0 t\right)\Delta k\right]}{\left(x - \frac{1}{\hbar}\left(\frac{dE}{dk}\right)_0 t\right)\Delta k}\right\}^2 \tag{3.46}$$

$|\psi(x,t)|^2$ 随 $x - (dE/dk)_0 t/\hbar$ 的变化情况如图 3.14 所示，图 3.14 中略去了 $|u_{k_0}(x)|^2$ 对 $|\psi(x,t)|^2$ 的调制。

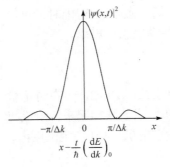

图 3.14 波包

由式 (3.46) 或图 3.14 可以看出， $|\psi(x,t)|^2$ 在 $x - (dE/dk)_0 t/\hbar = \pm\pi/\Delta k$ 处下降为零，即波包主要集中在 Δx 范围，且有

$$\Delta x = \frac{2\pi}{\Delta k} \tag{3.47}$$

波包中心的位置为

$$x = \frac{1}{\hbar}\left(\frac{dE}{dk}\right)_0 t$$

则波包中心移动速度为

$$v(k_0) = \frac{1}{\hbar}\left(\frac{dE}{dk}\right)_0 \tag{3.48}$$

如果把波包看成一个准粒子，则式(3.48)就是粒子的运动速度。

为了得到较稳定的波包，Δk 必须很小。由于 k 在布里渊区的范围内变动，这个区的线度为 $2\pi/a$（$a \approx$ 原胞的线度），所以，必须要求

$$\Delta k \ll \frac{2\pi}{a} \tag{3.49}$$

根据式(3.49)和式(3.47)，得到 $\Delta x \gg a$，即波包的空间扩展范围 Δx 必须远大于原胞。因此，在实际问题中，只有在这个限度内才能把晶体中的电子看成准经典的粒子。

在三维情况下，式(3.48)可写为

$$v(k) = \frac{1}{\hbar}\nabla_k E(k) \tag{3.50}$$

我们将认为，式(3.50)是把处于状态 k 的电子看作准经典粒子时的运动速度。实际上，可以证明它等于处在 k 状态电子速度的平均值。

作为一个简单例子，看一下图 3.13 的 $E(k)$ 曲线。能带顶和能带底是 $E(k)$ 的极值，斜率 dE/dk 为零，所以在带顶和带底电子速度为零，在能带中 $d^2E/dk^2 = 0$ 处，速度的数值最大，这种情况和自由电子的速度随能量的增加而单调增大显然是不同的。

最后，我们把电子的平均速度与电子运动对宏观电流密度的贡献联系起来。根据量子理论，处于状态 $\psi_k(r)$ 中的电子所引起的电流密度等于电子电荷乘以概率流密度，而这个电子在宏观范围内所引起的电流密度 j_k，可以用它在晶体各处所引起的电流密度的平均值来表示。由此导出

$$j_k = \frac{(-q)}{V}v(k) \tag{3.51}$$

式中，V 是晶体的体积；q 是电子电荷的数值。即电流密度等于运动的电荷密度乘以传导速度。

3.2.2 在外力作用下电子状态的变化

如果有外力作用在电子上，由于外力对电子做功，必将使电子的能量有相应的变化。电子的能量是状态 k 的函数，所以在外力作用下晶体中电子的状态 k 要发生变化。根据功能原理，在单位时间内，外力 F 对电子所做的功应等于电子能量的增加率，即

$$\frac{dE(k)}{dt} = v \cdot F \tag{3.52}$$

将速度的表示(式(3.50))代入式(3.52)，则有

$$\nabla_k E \cdot \frac{dk}{dt} = \frac{1}{\hbar}\nabla_k E \cdot F$$

由上式可得

$$\hbar \frac{\mathrm{d}k}{\mathrm{d}t} = \frac{\mathrm{d}p}{\mathrm{d}t} = F \tag{3.53}$$

式(3.53)是有外力作用时电子状态变化的基本公式，它和牛顿第二定律具有相似的形式，只是用准动量 $p = \hbar k$ 取代了经典力学中的动量。

应该指出，上面导出式(3.53)的方法，仅对于外电场所引起的状态变化才是合适的。但是，可以用其他方法证明，在有磁场存在的情况下，式(3.53)仍然是适用的。

3.2.3   电子的加速度和有效质量

由式(3.50)和式(3.53)可以直接得出晶体中电子的加速度

$$\boldsymbol{a} = \frac{\mathrm{d}\boldsymbol{v}(\boldsymbol{k})}{\mathrm{d}t} = \frac{\mathrm{d}}{\mathrm{d}t}\left(\frac{1}{\hbar}\nabla_k E(\boldsymbol{k})\right) = \frac{1}{\hbar}\nabla_k \frac{\mathrm{d}E(\boldsymbol{k})}{\mathrm{d}t} = \frac{1}{\hbar^2}\nabla_k\nabla_k E \cdot \boldsymbol{F} \tag{3.54}$$

若用分量表示，则有

$$\frac{\mathrm{d}\nu_i}{\mathrm{d}t} = \sum_j \frac{1}{\hbar^2}\frac{\partial^2 E}{\partial k_i \partial k_j} F_j, \ i,j = 1,2,3 \tag{3.55}$$

式(3.55)表明，在一般情况下，加速度的每个分量与外力的三个分量之间存在线性函数关系，这种关系由九个系数 $\left(1/\hbar^2\right)\left(\partial^2 E/\partial k_i \partial k_j\right)$ 所决定，它们构成一个二级张量，称为有效质量倒数张量。如果选择能量椭球的三个主轴为坐标轴，则只有 $i = j$ 的分量不为零，这时式(3.55)可以写为

$$m_i \frac{\mathrm{d}\nu_i}{\mathrm{d}t} = F_i, \ i = 1,2,3 \tag{3.56}$$

式中

$$m_i = \hbar^2 \bigg/ \frac{\partial^2 E}{\partial k_i^2} \tag{3.57}$$

式(3.57)在主轴坐标系中定义了有效质量张量：

$$\begin{vmatrix} m_1 & 0 & 0 \\ 0 & m_2 & 0 \\ 0 & 0 & m_3 \end{vmatrix} = \begin{vmatrix} \hbar^2 \bigg/ \dfrac{\partial^2 E}{\partial k_1^2} & 0 & 0 \\ 0 & \hbar^2 \bigg/ \dfrac{\partial^2 E}{\partial k_2^2} & 0 \\ 0 & 0 & \hbar^2 \bigg/ \dfrac{\partial^2 E}{\partial k_3^2} \end{vmatrix} \tag{3.58}$$

式中，m_1, m_2, m_3 是沿着三个主轴方向上的有效质量。

在一般情况下，m_1, m_2, m_3 是不相等的。于是，由电子的运动方程(式(3.56))可以看出，加速度和外力的方向是不同的。只有当外力的方向是沿能量椭球的主轴方向时，加速度才与外力的方向一致。相对于具有立方对称性的晶体，在 $k = 0$ 附近有效质量应该是各向同性的，即有单一的电子有效质量 $m_n^* = m_1 = m_2 = m_3$，这里

$$m_n^* = \hbar^2 \bigg/ \frac{\partial^2 E}{\partial k^2}$$
(3.59)

在这种情况下，式(3.56)可以写成

$$m_n^* \frac{\mathrm{d}v}{\mathrm{d}t} = F$$
(3.60)

式(3.60)同自由电子的运动方程的形式完全相同，只是用有效质量代替了电子的质量。

　　根据有效质量的定义，它应该是状态 k 的函数。但是在实际问题中，通常只能涉及能带底和能带顶附近的状态，可以把能量 E 表示成 k 的二次函数，因此有效质量是常数。利用回旋共振实验可以测定有效质量的数值。

　　图 3.15 分别画出电子能量、速度和有效质量随波矢 k 变化的示意图。可以看出，在能带底附近，$\mathrm{d}^2E/\mathrm{d}k^2 > 0$，电子的有效质量是正值；在能带顶附近，$\mathrm{d}^2E/\mathrm{d}k^2 < 0$，电子的有效质量是负值。

　　有效质量在各个方向上不相等，而且还有负的数值，是因为有效质量和电子的惯性质量有不同的含义。在讨论电子在外力作用下的运动时，还必须考虑晶体内部的周期性势场对它的作用。实际上，电子的加速度是两者共同作用的结果。引入有效质量的意义在于它概括了周期性势场对电子运动的影响，可以简单地利用牛顿第二定律直接写出加速度与外力的关系式，为分析电子在外力作用下的规律带来方便。

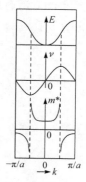

图 3.15　能量、速度和有效质量与波矢的关系

3.3　导带电子和价带空穴

教学要求

1. 电场作用下，布里渊区中电子状态的变化规律。
2. 具有未填满的能带的半导体，在电场作用下才能导电。
3. 金属、半导体和绝缘体的能带结构差异以及对导电性的影响。
4. 空穴的概念以及引入空穴的意义。
5. 空穴的电荷、运动速度和有效质量。

　　固体按导电能力的大小可分为金属、半导体和绝缘体。金属电阻率低，有良好的导电性；绝缘体的电阻率很高，基本上不导电；半导体的电阻率介于两者之间，导电性能随温度变化。能带理论可以成功地解释金属、半导体和绝缘体导电性能的差别，说明半导体导电性能的特点。

3.3.1　能带和部分填充的能带

式(3.39)表明，$E(k)$是k的偶函数，即k状态和$-k$状态具有相同的能量。但根据式(3.50)，在这两个状态中电子的速度却是大小相同而方向相反的，如图3.15所示。

在没有外场存在的热平衡情况下，电子分布函数只是能量E的函数，由于k状态和$-k$状态的能量相同，它们被电子占据的概率相同。在这两个状态中电子的速度大小相等，方向相反，因此它们对电流的贡献相互抵消。在热平衡情况下，无论是满带还是部分填充的能带，电子在状态中的分布都是对称的，如图3.16所示。这时，电子对电流的贡献，彼此两两抵消，晶体中总的电流为零。

下面讨论有外加电场的情况。可以证明，以波矢量k标志的状态在布里渊区中是均匀分布的。当有外电场E存在时，电子在布里渊区中以相同的速度改变状态k。根据式(3.53)，有

$$\frac{dk}{dt} = -\frac{q}{\hbar}E \tag{3.61}$$

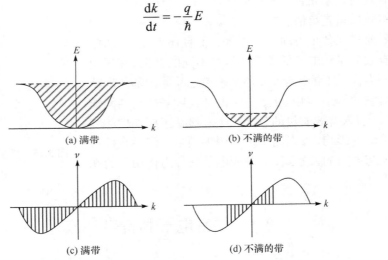

图3.16　无外场时电子在状态中的分布(a)和(b)及对应的速度分布(c)和(d)

对于能带中的状态完全被电子充满的情况，在电场的作用下，所有电子的状态都以相同的速度沿着与电场相反的方向变动，如图3.17所示。在布里渊区边界上的A点和A'点，由于彼此相差一个倒格矢，它们实际上是代表相同的状态，所以从A点流出去的电子，又从A'点流进来，即电场并没有改变电子在布里渊区中的分布，仍与热平衡情况下的分布相同。因此，在电场的作用下，满带中的电子的净电流为零。

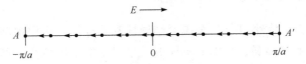

图3.17　在外电场作用下波矢量k变化示意图

对于一部分被电子填充的能带，情况则不同。一方面，电场的作用使电子的状态沿着与电场相反的方向变动，使电子的分布不再是对称的；另一方面，晶格振动和杂质等

对电子的散射作用，又使电子有恢复热平衡分布的趋势。在这两种作用下，电子在布里渊区中将达到一种稳定的分布，如图 3.18(b)所示。这时，与电场方向相反的状态电子多，与电场方向相同的状态电子少，电子产生的电流不能全部抵消，总电流不为零。

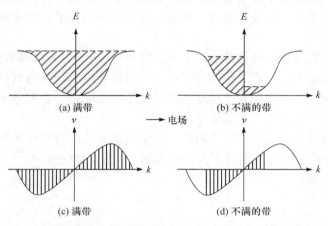

图 3.18　有电场时电子在状态中的分布(a)和(b)及对应的速度分布(c)和(d)

3.3.2　金属、半导体和绝缘体的能带

由上面的分析可以看出，一个晶体是否能够导电，关键在于它是否有不满的能带存在。根据这个结论，很容易阐明金属、半导体和绝缘体的区别。在这些晶体中，电子填充能带的情况如图 3.19 所示。

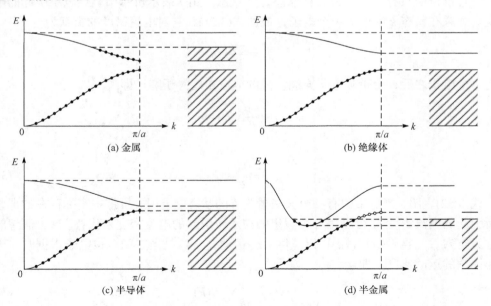

图 3.19　电子填充能带情况的示意图

在金属中，被电子填充的最高能带是不满的，而且能带中的电子密度很高，和原子

密度具有相同的数量级 $\left(\approx 10^{22}\,cm^{-3}\right)$，因此金属有良好的导电性。

对于半导体和绝缘体，在 0 K 时，被电子占据的最高能带是满带。而上面的能带则是空的，满带与空带之间被禁带分开。由于没有不满的能带存在，所以它们不能导电。绝缘体的禁带宽度很大，即使在温度升高时，电子也很难从满带激发到空带中去，所以仍然是不导电的。

半导体的禁带宽度比绝缘体的小。在一定温度下，电子可以从满带激发到空带中去。这时，原来空着的能带，也有了少数电子，它们可以导电，通常称这种能带为导带。原来被价电子充满的能带，因出现空的状态而成为不满的能带，也能导电。这种能带是被价电子占据的能带，所以通常称其为价带。

在金属和半导体之间还存在一类材料，它们的能带之间有很小的重叠，一个能带几乎被电子充满，而另一个能带则差不多是空着的，如图 3.19(d)所示，它们被称为半金属。例如，铋就是半金属。

3.3.3 空穴

当价带顶附近的一些电子被激发到导带后，价带中就留下了一些空状态。为了方便起见，把价带中的每个空状态看成假想的粒子，称这些假想的粒子为空穴。下面在能带理论基础上讨论空穴的属性。

1. 空穴的电荷和运动速度

设想价带中只有波矢量为 k 的状态是空状态。用 j 表示价带中其余电子引起的电流密度。如果在状态 k 中填上一个电子，根据式(3.51)，它对电流密度的贡献为

$$j_k = \frac{-q}{V} v(k)$$

填上这个电子之后，价带被电子充满，总的电流密度等于零，即

$$j + \frac{-q}{V} v(k) = 0$$

于是有

$$j = \frac{+q}{V} v(k) \tag{3.62}$$

式(3.62)表明，当价带中有一个波矢量为 k 的状态空着时，价带中实际存在的那些电子所引起的电流密度 j，可以用一个假想的粒子所引起的电流密度来代替。这个假想的粒子称为空穴，它携带电荷 $(+q)$，以速度 $v(k)$ 运动，$v(k)$ 是当空状态被电子占据时，电子在晶体中的运动速度，即

$$v(k) = \frac{1}{\hbar} \nabla_k E(k) \tag{3.63}$$

2. 空穴的加速度和有效质量

前面已经说明，在外场作用下，电子在布里渊区中以相同的速度改变状态。我们来

考虑价带顶附近有少数空状态存在的情况。虽然空状态中没有电子，不受外场的作用，但是与它们相邻的电子都以相同的速度改变状态，空穴必然被携带着也以同样的速度和方向改变状态。因此，空穴在布里渊区中改变状态的速度与空状态上有电子存在时，这个电子在外场作用下改变状态的速度相同。根据式(3.53)，在电场和磁场作用下，空穴状态变化的速度为

$$\frac{\mathrm{d}k}{\mathrm{d}t} = \frac{-q}{\hbar}(E + v \times B) \tag{3.64}$$

空穴的速度是波矢 k 的函数，在外场作用下，空穴按式(3.64)改变状态 k，所以利用式(3.63)和式(3.64)可以直接得出空穴的加速度：

$$a_p = \frac{\mathrm{d}v(k)}{\mathrm{d}t} = \frac{1}{\hbar^2}\nabla_k\nabla_k E \cdot (-q)(E + v \times B) \tag{3.65}$$

式中，$\frac{1}{\hbar^2}\nabla_k\nabla_k E$ 是与价带中空状态 k 相对应的电子的有效质量倒数张量。如果价带顶在 $k=0$ 处，在其附近的有效质量是各向同性的。则式(3.65)简化为

$$a_p = \frac{-q}{m_n^*}(E + v \times B) \tag{3.66}$$

式中，m_n^* 是由式(3.59)给出的价带顶附近电子的有效质量。因为价带顶是函数 $E(k)$ 的极大值，二次微商小于零，所以电子的有效质量是负的。若引入价带顶附近空穴的有效质量为 m_p^*，令

$$m_p^* = -m_n^* > 0$$

则空穴的加速度表示(式(3.66))可写为

$$a_p = \frac{q}{m_p^*}(E + v \times B) \tag{3.67}$$

如果把空穴看成带正电荷 q，具有正有效质量 m_p^* 的粒子，则式(3.67)表示这样的粒子在外场作用下的加速度。

空穴是价带顶附近的空状态。由于价带几乎是被电子充满的，所以空穴只是极少数。引入空穴概念的意义是利用对价带中少数空穴运动的分析，代替对价带中大量电子运动的分析，可以使问题简化。

在半导体中，起导电作用的除了导带中的电子，还有价带中的空穴。导带中的电子和价带中的空穴，统称为载流子。两种载流子存在是半导体导电性的特点，也是使它呈现出许多奇异特性的基础。

3.4　硅、锗和砷化镓的能带结构

教学要求

1. 简化的能带图的特点、等能面。

2. 布里渊区中重要的对称点和对称方向。

3. Si、Ge 和 GaAs 导带与价带的特点。

4. 直接带隙半导体和间接带隙半导体。

了解能带结构对于认识半导体的各种性质是非常重要的。理论计算和实验研究的进展，已经对一些常见的半导体的能带结构有了较清楚的认识。下面将介绍一些典型半导体的能带结构的主要特征。

能带结构是指倒空间中能量 E 与波矢量 k 之间的函数关系。一般情况下，由于 E 和三维的波矢量 k 的函数关系很复杂，不方便用三维图像表示，所以通常都是在布里渊区中两个主要对称方向上给出 E 与 k 的函数关系。Si、Ge 和 GaAs 的布拉伐格子都是面心立方格子，倒格子是体心立方格子，它们的第一布里渊区是中心在 $k=0$ 对称的十四面体——截角八面体，如图 3.20 所示。最重要的两个对称方向是 <100> 和 <111> 轴。最重要的对称点是它们与布里渊区边界的交点以及布里渊区中心，分别用 X、L 和 Γ 表示。

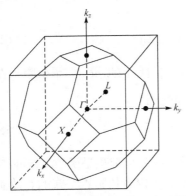

图 3.20　面心立方格子的第一布里渊区

在讨论 Si、Ge 和 GaAs 能带结构的细节之前，我们先说明简化的能带图和等能面图，这是两种从不同侧面表示能带结构的方法。

简化的能带图：以能量为纵坐标画出电子能量的允许值，横坐标通常是没有意义的，在图 3.12(b) 中画出的就是简化的能带图。通常使用的简化能带图如图 3.21 所示，E_C 为导带底能级，E_V 为价带顶能级，两个能级之间的能量差为禁带宽度，也称为带隙。这种表示方法忽略了导带和价带宽度，因为在实际情况中，相比于能带中的量子态数量，能够从价带激发到导带的电子数量很少，电子都占据导带底附近的量子态，导带中的大量量子态都是空态，因此导带宽度不重要；价带中也只有少量空穴，占据价带顶附近的量子态，其他量子态都被电子占据，因此价带宽度也不重要。这种表示方法简单，直观性强，是经常采用的一种方式。例如，在讨论半导体表面问题和半导体接触现象时，用的都是这种能带图，并使横坐标也具有明确的含义。

等能面：由 k 空间中能量相等的点构成的曲面(图 3.22)。这种曲面的形状可以反映 $E(k)$ 所具有的某些特征。对于自由电子，根据式(3.6)可以写出等能面的方程：

$$E(k) = \frac{\hbar^2}{2m}\left(k_x^2 + k_y^2 + k_z^2\right) = 常数 \qquad (3.68)$$

显然，等能面是球形。

对于半导体中的电子，通常涉及的只是能带极值附近的等能面。设导带极小值处的波矢量为 k_0，在其附近把 $E(k_0)$ 展开成 $(k-k_0)$ 的幂级数，并只保留到二次项。由于在极值处 E 对 k 的一次微商等于零，所以展开式中不存在一次项。选择适当的坐标轴，使交叉项的二次微商等于零，则有

$$E(k) = E(k_0) + \frac{1}{2}\left[\left(\frac{\partial^2 E}{\partial k_1^2}\right)_0 (k_1 - k_{01})^2 + \left(\frac{\partial^2 E}{\partial k_2^2}\right)_0 (k_2 - k_{02})^2 + \left(\frac{\partial^2 E}{\partial k_3^2}\right)_0 (k_3 - k_{03})^2\right] \quad (3.69)$$

利用有效质量的定义(式(3.57)),式(3.69)可写为

$$E(k) = E(k_0) + \frac{\hbar^2}{2}\left[\frac{(k_1 - k_{01})^2}{m_1} + \frac{(k_2 - k_{02})^2}{m_2} + \frac{(k_3 - k_{03})^2}{m_3}\right] \quad (3.70)$$

式(3.70)表明等能面是以 k_0 为中心的椭球。

对于极值在 $k=0$,有效质量是各向同性的能带,式(3.70)化简成

$$E(k) = E(0) + \frac{\hbar^2 k^2}{2m_n^*} \quad (3.71)$$

在这种情况下,等能面是球形。

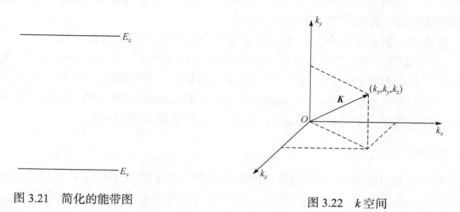

图 3.21 简化的能带图   图 3.22 k 空间

3.4.1 硅和锗的能带结构

图 3.23 给出 Si 和 Ge 的能带结构示意图(导带和价带都是只画出一部分能带)。

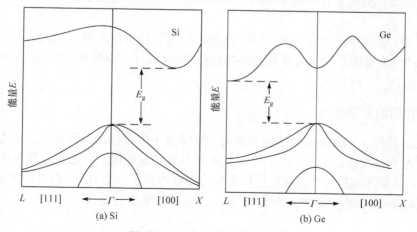

图 3.23 Si 和 Ge 的能带结构

1. 导带

Si 的导带在沿 [100] 方向布里渊区内部的一点上有一个极小值，这个点与布里渊区中心的距离约为 $0.8 k_x$ (k_x 为 k 在 [100] 方向布里渊区边界上的值)。由于硅是具有立方对称性的晶体，所以在六个彼此对称的 <100> 方向上都应有极小值存在，即硅的导带有六个彼此对称的极小值。通常把导带的极小值也称为能谷，所以硅的导带有六个能谷。

根据式(3.70)，在 [100] 方向上的极小值附近，电子能量可以表示成

$$E(k) = E_c + \frac{\hbar^2}{2}\left[\frac{(k_1 - k_{01})^2}{m_1} + \frac{k_2^2 + k_3^2}{m_t} \right] \tag{3.72}$$

式中，E_c 是导带底能级；m_1 为沿 [100] 方向的有效质量，称为纵向有效质量；m_t 是垂直于 [100] 方向的有效质量，称为横向有效质量。由于晶体的立方对称性，与 [100] 方向垂直的两个方向上的有效质量应该相等。由式(3.72)可以看出，Si 的导带极小值附近的等能面是旋转椭球面，旋转主轴为 <100>。

练习题　在 k 空间中，画出硅中导带极小值附近等能面的示意图。

Ge 的导带极小值发生在 [111] 方向的布里渊区边界上，共有八个极小值。但是，相对于原点对称的两个极小值，它们的波矢量之间相差一个倒格矢，这两个波矢量实际上代表的是同一个状态。因此，Ge 的导带只有四个彼此对称的极小值，或者说有四个对称的能谷。极小值附近的等能面是旋转椭球面，旋转主轴是 <111> 轴。

2. 价带

在图 3.23 中画出硅和锗价带中的三个能带。两个带在 $k=0$ 处具有相同的极大值，即它们在 $k=0$ 处是简并的。上面的带 E 随 k 变化的曲率小，空穴的有效质量大，称为重空穴带；下面的带曲率大，空穴的有效质量小，称为轻空穴带。这两个带的等能面是复杂的扭曲面，通常可以近似地用两个球形等能面来代替它们，对应的有效质量分别称为重空穴有效质量和轻空穴有效质量。第三个带是由于自旋轨道耦合分裂出来的，它的极大值也在 $k=0$ 处，但比上述的两个带的极大值低，存在一个能量裂距，这个带的等能面是球面。

Si 和 Ge 的能带结构有一个共同特点就是导带底和价带顶对应的波矢 k 空间的点不同。具有这种类型能带的半导体称为间接带隙半导体。在 300K 时，Si 和 Ge 的禁带宽度分别为 1.12eV 和 0.67eV。

3.4.2　砷化镓的能带结构

图 3.24 给出了 GaAs 能带结构示意图。导带极小值发生在布里渊区的中心 ($k=0$)。在极小值附近的等能面是球形，电子的有效质量是各向同性的，等能面方程为式(3.71)。另外，在 <100> 方向还有极小值存在，其能量比 $k=0$ 的极小值高 0.36eV。在强电场作用下，电子可以由 $k=0$ 的能谷转移到 <100> 能谷，产生转移电子效应。

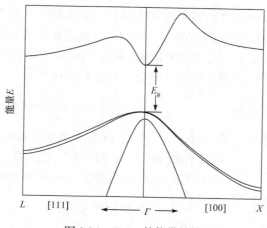

图 3.24　GaAs 的能带结构

GaAs 的价带与 Si 和 Ge 的价带是类似的，有一个重空穴带和一个轻空穴带，它们在 $k=0$ 处有相同的极大值。在 $k=0$ 处还有一个极大值较低的第三个带。

GaAs 的导带底和价带顶发生在 k 空间的同一点，具有这种类型能带的半导体称为直接带隙半导体。在 300K 时，GaAs 的禁带宽度为 1.43eV。

3.5　杂质和缺陷能级

教学要求

1. 施主和施主能级、受主和受主能级。
2. 杂质电离过程和电离能。
3. 杂质补偿、两性杂质。
4. 等电子杂质和等电子陷阱。
5. 浅能级和深能级，以及它们在半导体中的作用。
6. 杂质在具体半导体中是施主还是受主的判断方法。
7. 类氢模型及其适用条件。
8. 缺陷和缺陷能级。

如 3.1 节所述，在完整的晶态半导体中，电子在严格的周期势场中运动，其能量谱值形成能带。价带和导带之间被禁带分开，在禁带中不存在电子状态。能带中电子的波函数是布洛赫函数，电子在晶体中各个原胞的对应点上出现的概率是相同的，即电子可以在整个晶体中运动，通常称这种电子态为扩展态。

但是在实际的半导体材料中，总是不可避免地存在杂质和各种类型的晶格缺陷。特别是在半导体的研究和应用中，常常有意识地加入适当的杂质。这些杂质和缺陷产生的附加势场，可以使电子和空穴束缚在杂质与缺陷的周围，产生局域化的电子态，也称为局域态，在禁带中引入相应的杂质和缺陷能级。

杂质和缺陷对半导体材料的很多物理性质有重要影响，它们在半导体中的作用与其在禁带中引入的能级有密切关系。在这一节中，首先以Ⅳ族元素半导体中的Ⅲ族和Ⅴ族杂质为例，说明施主、受主、施主能级和受主能级的概念，然后介绍Ⅲ-Ⅴ族化合物半导体中的杂质，以及离子性半导体中点缺陷引入的缺陷能级。

3.5.1 硅和锗中的杂质能级

在 Si 和 Ge 中的Ⅲ族元素(如 B、Al、Ga、In)和Ⅴ族元素(如 P、As、Sb)，通常在晶格中占据 Si 或 Ge 的位置，成为替位式杂质。图 3.25 所示为间隙式杂质 A 和替位式杂质 B 在晶格中的位置。

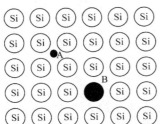

图 3.25　杂质在晶格中的位置
注：A-间隙式杂质，B-替位式杂质

1. 施主杂质和施主能级

如图 3.26(a)所示，在硅晶体中有一个磷原子占据了硅原子的位置。磷原子有五个价电子，其中四个价电子与近邻的四个硅原子形成共价键，还有多余出来的一个电子，未进入共价键，因此磷原子对这个电子的束缚弱，这个电子容易挣脱磷原子的束缚，在晶体中自由运动，成为导带中的电子；而磷原子则变成一价的正离子，形成一个固定不动的正电中心。上述过程称为杂质电离。电子从磷原子中挣脱出来所需要的最小能量，称为杂质电离能，记为 E_I。杂质对未成键的多余电子的束缚越弱，E_I 越小。

能够向导带提供电子的杂质，称为施主杂质。当电子被束缚在施主杂质的周围时，产生局域化的电子态，相应的能级称为施主能级，即束缚在施主杂质上的未成键电子的能量。由于施主电离能 E_I 很小，所以施主能级的位置在导带底之下又与它很靠近，如图 3.26(b)所示。图 3.26 中 E_c、E_v 和 E_D 分别表示导带底、价带顶和施主能级。施主电离能就是导带底和施主能级之间的能量间隔，$E_I = E_c - E_D$。在能带图中，杂质能级通常用间断的横线表示，以说明它所代表的状态的局域性质。

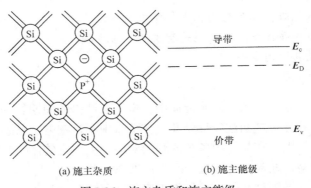

(a) 施主杂质　　　　　　　　(b) 施主能级

图 3.26　施主杂质和施主能级

Ⅴ族元素磷、砷、锑在硅和锗中起施主杂质的作用。在一定温度下，导带电子有两个来源，一个是杂质电离激发到导带的电子，浓度为 n_1，杂质电离所需能量为 E_I；另一个是价带电子本征激发到导带，浓度为 n_2，同时在价带产生浓度为 p 的空穴，$p=n_2$，本征激发所需能量为 E_g；由于施主杂质电离能通常很小，$E_I \ll E_g$。所以，在只有施主杂质的半导体中，温度较低时，价带中的电子激发到导带的很少，$n_1 \gg n_2 = p$，半导体中起导电作用的主要是从施主能级激发到导带的电子。这种主要由电子导电的半导体，称为 N 型半导体。

2. 受主杂质和受主能级

设想硅晶体中有一个硼原子占据了硅原子的位置，硼原子有三个价电子，当它和近邻的四个硅原子形成共价键时，有一个共价键中出现一个电子的空位。这个空位可以从附近的硅原子之间的共价键中夺取一个电子，使那里产生一个空穴(图 3.27(a))，这个空穴可以在晶体中自由运动，成为价带中的空穴；而硼原子接受一个电子后，则变成一价的负离子，形成一个固定不动的负电中心。上述过程也是杂质电离。从一个硅原子之间的共价键中取出一个电子放入硅和硼之间的共价键中去，所需要的能量很小，所以硼原子的电离能很小。

能够从价带中接受电子的杂质，称为受主杂质。当受主杂质接受电子时，在它的周围产生局域化的电子态，相应的能级称为受主能级，即束缚在受主杂质上的成键电子的能量。它的位置在价带顶 E_v 之上又与 E_v 很靠近，如图 3.27(b)所示。受主电离能就是受主能级 E_A 和 E_v 之间的能量间隔，$E_I = E_A - E_v$。

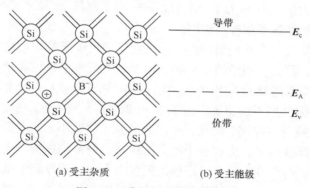

图 3.27 受主杂质和受主能级

上面讲的受主杂质电离的例子也常用另一种表述方法：把中性的受主杂质看成带负电的硼离子在它周围束缚一个带正电的空穴，把受主杂质从价带接受一个电子的电离过程，看成被硼离子束缚着的空穴激发到价带的过程。这种表述方法与施主杂质把束缚的电子激发到导带的过程是完全类似的。

思考题 在价带顶附近有两个空穴，它们分别占据与价带顶距离不同的两个能级，试说明哪一个空穴的能量高？

III族元素硼、铝、镓、铟在硅和锗中起受主杂质作用。在只有受主杂质的半导体中，在温度较低时，起导电作用的主要是价带中的空穴，它们是由受主杂质电离产生的。这种主要由空穴导电的半导体，称为 P 型半导体。

如果半导体中同时含有施主和受主杂质，由于受主能级比施主能级低得多，施主杂质上的电子首先要去填充受主能级，剩余的才能激发到导带；而受主杂质也要首先接受来自施主杂质的电子，剩余的受主杂质才能接受来自价带的电子。施主和受主杂质之间的这种相互抵消的作用，称为杂质补偿。在这种情况下，半导体的导电类型由浓度大的杂质来决定。施主浓度大于受主浓度时，半导体是 N 型；反之，则为 P 型。

3.5.2   Ⅲ-Ⅴ族化合物半导体中的杂质

如上所述，在Ⅳ族元素半导体中，替位取代Ⅳ族原子的Ⅴ族原子成为施主杂质，而Ⅲ族原子成为受主杂质。这个结果说明，在半导体中，杂质原子的价电子数与晶格原子的价电子数之间的关系是决定杂质行为的一个重要因素。按照这种规律，在Ⅲ-Ⅴ族化合物半导体中，取代晶格中Ⅴ族原子的Ⅵ族原子，应该是施主杂质；取代Ⅲ族原子的Ⅱ族原子，应该是受主杂质。实验已经证明，Ⅵ族元素中的硒和碲确实是施主杂质，而ⅡB族元素中的锌和镉是受主杂质。

Ⅳ族原子在Ⅲ-Ⅴ族半导体中的行为比较复杂。如果Ⅳ族原子只取代晶格中的Ⅲ族原子，它们起施主杂质作用；如果只取代Ⅴ族原子，它们就是受主杂质。Ⅳ族原子也可以既取代Ⅲ族原子，又取代Ⅴ族原子，究竟哪一种原子被取代的多，与Ⅳ族原子的浓度和外部条件有关。例如，Si 在 GaAs 中两种晶格原子位置上的分布就与 Si 的浓度有关。实验表明，在 Si 的浓度小于 $10^{18} cm^{-3}$ 时，Si 原子基本上只取代 Ga 原子，起施主杂质的作用；而在 Si 的浓度大于 $10^{18} cm^{-3}$ 时，则有部分 Si 原子取代 As 原子成为受主杂质，这时，对于取代 Ga 原子的 Si 施主起补偿作用。

上面讨论的杂质有一个共同的特点，就是它们的价电子数与被它们取代的晶格原子的价电子数不相等。那么，当杂质原子和晶格原子的价电子数相等时，杂质又起什么作用呢？这种类型的杂质通常称为等电子杂质。GaP 中的 N 就是一个典型的等电子杂质。

N 在 GaP 中占据 P 原子的位置。由于 N 和 P 都是Ⅴ族元素，它们的价电子数相同，所以 N 不能起施主或受主作用。但是，N 比 P 的原子序数小，而电负性比 P 大，因此在 N 取代 P 以后能够俘获电子，形成电子的束缚状态。通常把这种等电子杂质形成的束缚态称为等电子陷阱。由于等电子杂质势场是短程库仑势，被俘获的电子的波函数局限在一个原子的范围内。N 占 P 位形成的等电子陷阱可以束缚激子，通过激子复合发光，可以有效地提高 GaP 发光二极管的发光效率。

3.5.3   类氢模型

在硅和锗中的Ⅲ族和Ⅴ族杂质，它们作为受主和施主，电离能和禁带宽度相比都是非常小的。这些杂质所形成的能级，在禁带中很靠近价带顶或导带底，称这样的杂质能级为浅能级。浅能级杂质电离能小，很容易电离，对能带中的载流子数目有直接影响。下面利用简单的模型近似地计算浅能级杂质的电离能。

如前面所述，取代一个硅或锗原子的Ⅴ族杂质，可以看成一个正离子束缚一个电子。这种杂质的电离能很小，意味着电子被束缚得很弱。处于束缚态的电子，实际上是在一个半径远大于原子间距的范围内运动。可以把正离子对电子的作用，近似地看成晶体中点电荷之间的相互作用。因此，由杂质引起的局域化状态的问题，就可以利用氢原子模型来进行分析了。

氢原子基态电子电离能 E_H 为

$$E_H = \frac{mq^4}{8\varepsilon_0^2 h^2} = 13.6(\text{eV}) \tag{3.73}$$

式中，ε_0 是真空电容率。

氢原子的玻尔半径 a_0 为

$$a_0 = \frac{\varepsilon_0 h^2}{\pi mq^2} = 0.53\,(\text{Å}) \tag{3.74}$$

由于氢原子中电子的运动是自由空间的问题，而杂质附近的电子运动是晶体中的问题，由此产生如下两个差别。

(1) 在氢原子中电子以惯性质量运动；由于周期性势场的影响，半导体中的电子以有效质量运动。

(2) 在半导体中，介质被极化的影响，使得电荷之间的库仑作用减弱为它们在真空中库仑作用的 $1/\varepsilon_r$（ε_r 为半导体的相对介电常数）。

因此，只要在式(3.73)和式(3.74)中，把电子的惯性质量 m 用电子的有效质量 m_n^* 代替，真空电容率 ε_0 用半导体的介电常数 $\varepsilon_0 \varepsilon_r$ 代替，就可以得出杂质的电离能 E_I 和基态轨道半径 a：

$$E_I = \frac{m_n^* q^4}{8\varepsilon_0^2 \varepsilon_r^2 h^2} = \frac{1}{\varepsilon_r^2}\left(\frac{m_n^*}{m}\right)E_H \tag{3.75}$$

$$a = \frac{\varepsilon_0 \varepsilon_r h^2}{\pi m_n^* q^2} = \varepsilon_r\left(\frac{m}{m_n^*}\right)a_0 \tag{3.76}$$

锗和硅的介电常数分别为 16 和 14。如果取它们的电子有效质量为 $0.2m$ 和 $0.4m$，则由式(3.75)求出锗和硅的施主电离能是 0.01eV 和 0.04eV。这个结果与表 3.1 中的电离能的实验值基本上是一致的，锗的计算值与实验符合得更好一些。由式(3.76)还可以算出，锗和硅中电子的基态轨道半径约为 $80a_0$ 和 $30a_0$，即束缚于杂质中心的电子波函数扩展到许多原子间距的范围。在这种情况下，可以用长程作用的库仑场计算杂质电离能。

把硅或锗中的Ⅲ族杂质看成一个负离子束缚一个空穴，可以用同样的方法计算杂质电离能和基态轨道半径，只要在式(3.75)和式(3.76)中，用空穴的有效质量 m_p^* 代替 m_n^* 就可以了。

上述分析浅能级杂质束缚态的方法，通常称为类氢模型。得到的杂质能级，同氢原子中电子的能级分布很类似，称为类氢能级。在类氢模型中，用各向同性的有效质量描述束缚于杂质中心的电子或空穴的运动状态，又完全忽略了杂质本身电子结构的影响，所以它只是实际情况的一个比较粗糙的近似。由表 3.1 可以看出，在硅或锗中各种施主杂质的电离能并不完全相同，各种受主杂质的电离能也不一样，这种差别就是由于实际上各种杂质的势场不同引起的。

表 3.1   Ge 和 Si 中 V 族和 III 族杂质的电离能的实验值   (单位：eV)

V 族施主杂质			
	P	As	Sb
Ge	0.0120	0.0127	0.0096
Si	0.044	0.049	0.039
III 族受主杂质			
	B	Al	Ga	In
Ge	0.01	0.01	0.011	0.011
Si	0.045	0.057	0.065	0.16

3.5.4   深能级

硅和锗中的 III 族和 V 族杂质，III-V 族化合物半导体中的 IIB 族和 VI 族杂质，都在禁带中引入浅能级。实际上，在半导体中还存在另外一类杂质，它们的能级在禁带中心附近，常称这样的能级为深能级。具有深能级的杂质，由于它们的电离能比较大，对热平衡中的载流子数量影响较小。但是，这种杂质对半导体的其他性质却会有显著的影响。例如，它们作为电子和空穴的复合中心，可以缩短非平衡载流子的寿命(参考第 6 章内容)。

各种深能级杂质，其性质和作用是很不相同的。有的杂质可以存在几种不同的电离态。对应于每种电离态，都存在一个能级，因此它们在禁带中引入多重杂质能级，有的杂质既能作为施主，又可以作为受主，常称它们为两性杂质。锗和硅中的金是研究得比较多的一种深能级杂质。下面以锗中的金原子为例进行讨论。

金原子最外层有一个价电子，比锗少三个价电子。在锗中的中性金原子(Au⁰)，有可能分别接受一、二、三个电子而电离成为 Au⁻、Au²⁻、Au³⁻，起受主作用，引入 E_{A1}、E_{A2}、E_{A3} 三个受主能级。中性金原子也可能电离给出它的最外层电子而成为 Au⁺，起施主作用，引入一个施主能级 E_D。金在锗中引入的四个能级，如图 3.28 所示。图 3.28 中 E_i 是禁带中线的位置，E_i 以上的能级，标出的数字是它们离导带底的距离，E_i 以下的能级标出的则是它们离价带顶的距离。

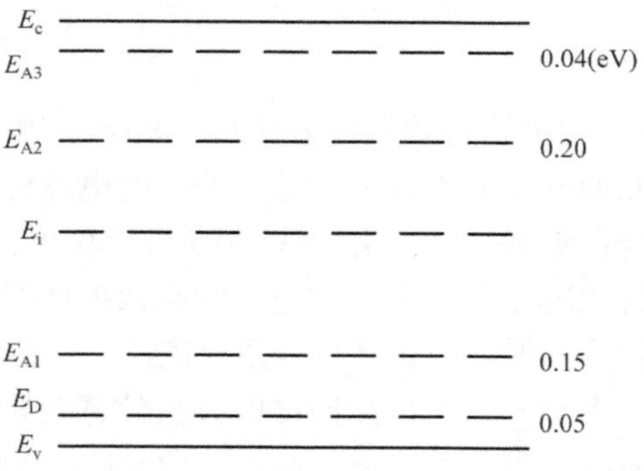

图 3.28   金在锗中的能级

金原子在锗中的带电状态和它们所起的作用，与锗中存在的其他浅能级杂质的种类和数量以及温度等因素有关。例如，锗中同时含有金和浅施主杂质砷，如果砷的浓度小于金的浓度，则砷能级上的电子全部落入金的受主能级，但还不能完全填满它。即金原子形成的深受主对砷原子形成的浅施主起补偿作用。当温度升高时，价带中的电子受热激发还要填充剩余受主能级，使样品为 P 型。

图 3.29 是锗、硅、砷化镓中各种杂质的能级。图 3.29 中虚线表示禁带的中心。在禁带中心以下的能级，能量值是从价带顶算起的，除了用 D 表示的施主能级，都是受主能

级。在禁带中心以上的能级，能量值是从导带底算起的，除了用 A 表示的受主能级，其他都是施主能级。

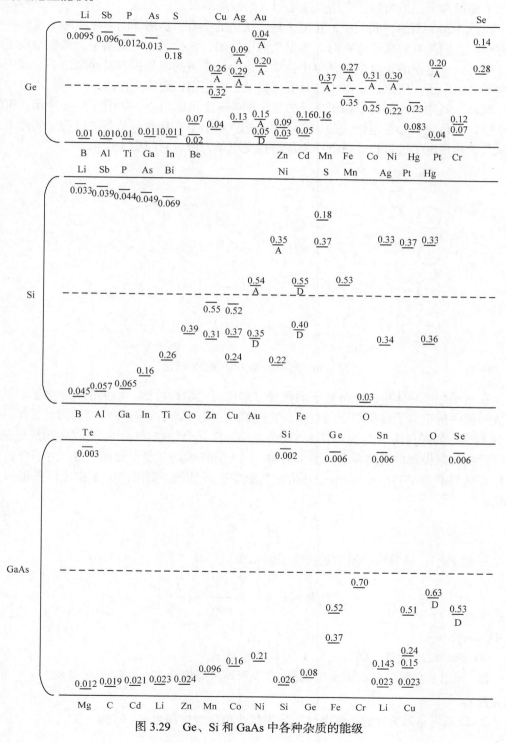

图 3.29　Ge、Si 和 GaAs 中各种杂质的能级

3.5.5 缺陷能级

下面以离子晶体为例，介绍点缺陷引入的缺陷能级。

如图 3.30(a)所示，间隙中的正离子是带正电的中心。负离子的空位实际上也是一个正电中心。因为有负离子存在时，那里是电中性的，缺少了一个负离子，那里呈现正电位。束缚一个电子的正电中心是电中性的，这个被束缚的电子很容易挣脱出去，成为导带中的自由电子。所以，正电中心具有提供电子的作用，起施主作用。

同理，间隙中的负离子和正离子的空位都是一个负电中心，如图 3.30(b)所示。束缚一个空穴的负电中心是电中性的。负电中心把束缚的空穴释放到价带的过程，实际上是它从价带接受电子的过程。负电中心能够接受电子，所以它起受主作用。

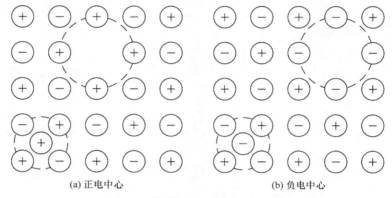

(a) 正电中心   (b) 负电中心

图 3.30　离子晶体中点缺陷的示意图

在离子性半导体中，正负离子的数目常常偏离化学计量比。如果正离子多了，就会造成间隙中的正离子或负离子的空位，它们都是正电中心，起施主作用。因此，半导体是 N 型的。如果负离子多了，半导体则为 P 型。在化合物半导体中，可以利用成分偏离化学计量比来控制材料的导电类型。例如，在 S 分压大的气氛中处理 PbS，由于产生 Pb 空位而获得 P 型 PbS；若在 Pb 分压大的气氛中进行处理，则因产生 S 空位而获得 N 型 PbS。

习　　题

1. 在硅中，导带极小值附近的电子能量可以写成

$$E(k) = E_c + \frac{\hbar^2}{2}\left(\frac{k_x^2 + k_y^2}{m_1} + \frac{k_z^2}{m_2}\right)$$

式中，$m_2 > m_1$。

① 分别画出能量 E 随着 k_x 和 k_z 变化的示意图。

② 画出 k 空间等能面的示意图(要求分别画出等能面与 $k_x - k_y$ 平面以及 $k_x - k_z$ 平面的交线)。

2. 设晶格常数为 a 的一维晶体，导带极小值附近的能量 $E_c(k)$ 为

$$E_c(k) = \frac{\hbar^2 k^2}{3m} + \frac{\hbar^2 (k - k_1)^2}{m}$$

价带极大值附近的能量 $E_v(k)$ 为

$$E_v(k) = \frac{\hbar^2 k_1^2}{6m} - \frac{3\hbar^2 k^2}{m}$$

式中，m 为电子质量，$k_1 = \dfrac{\pi}{a}$，$a = 3.14$ Å。试求：

① 禁带宽度。

② 导带底电子的有效质量。

③ 价带顶空穴的有效质量。

3. 证明：能量为 $E = \dfrac{\hbar^2 k^2}{2m_n^*}$ 的电子，在磁场 $\boldsymbol{B}$ 中的回旋频率 $\omega_c = \dfrac{q\boldsymbol{B}}{m_n^*}$。

4. 某晶体中，电子的能量可以表示为

$$E = \alpha_x k_x^2 + \alpha_y k_y^2 + \alpha_z k_z^2$$

式中，α_x，α_y，α_z 是常数，试写出电子在磁场 $\boldsymbol{B}$ 中的运动方程。

5. 在上题中，如果磁场 $\boldsymbol{B}$ 加在 z 方向，试解运动方程，求出电子绕磁场运动的回旋频率。

6. 砷化镓的电子有效质量为 $0.067\,m$，相对介电常数为 13.2。试求出：

① 浅施主杂质的电离能。

② 施主上电子的基态轨道半径，并把结果与砷化镓的晶格常数作比较。

7. 在一维情况下：

① 利用周期性边界条件证明表示独立状态的 k 值数目等于晶体的原胞数。

② 设电子的能量为 $E = \dfrac{\hbar^2 k^2}{2m_n^*}$，并考虑到电子的自旋可以有两种不同的取向。试证明在单位长度的晶体中单位能量间隔的状态数为

$$N(E) = \frac{2\sqrt{2m_n^*}}{h} E^{-1/2}$$

8. 根据图 3.29 回答以下问题。

① Au 在 Si 中引入几个杂质能级，它们的电离能各是多少？

② 已知 Si 中 Au 的浓度为 N。在下述两种情况下分别指出 Au 的带电状态：掺入浓度为 N_1 的磷（$N_1 > N$）；掺入浓度为 N_2 的硼（$N_2 > N$）。

9. 设硅晶体中电子的纵向有效质量为 m_l，横向有效质量为 m_t。

① 如果外加电场沿[100]方向，试分别写出在[100]和[001]方向能谷中电子的加速度。

② 如果外加电场沿[110]方向，试求出[100]方向能谷中电子的加速度与电场之间的夹角。

第 **4** 章

半导体中载流子的平衡统计分布

实践证明，半导体的导电性受温度及其内部杂质含量的影响极大，这主要是由于半导体中载流子数目随着温度和杂质含量变化导致的。如果需要更加深入地了解半导体中载流子在各种外界条件作用下的运动规律以及产生的效应，就必须知道半导体中的载流子浓度，即半导体单位体积内的载流子的数目。半导体中的载流子分为电子和空穴。在一定的温度下，如果不考虑外界的作用，半导体中的电子与空穴是依赖电子的受热激发作用而产生的：电子从晶格的不断振动中获得能量，可能从低能量的量子态跃迁到高能量的量子态。例如，电子从价带跃迁到导带(本征激发)，形成导带电子与价带空穴。电子与空穴也可以通过杂质电离的方式产生：当电子由施主能级跃迁到导带时产生导带电子；当电子由价带激发到受主能级时产生价带空穴等。另外，由于电子具有使自身处于低能量状态的性质，从而存在着电子自发地从高能态跃迁回低能态的过程，造成载流子不断复合消失而浓度减少。这一过程称为载流子的复合。在一定温度下，这两个相反的过程之间会建立起一种动态的平衡，称为热平衡状态。此时，半导体导带的电子浓度与价带的空穴浓度都将保持一定的值，称为热平衡载流子浓度。当温度变化时，破坏了原来的平衡状态，半导体将重新建立起新的平衡状态，热平衡载流子浓度也将随之发生变化，从而达到另一个稳定的数值。

本章将重点讨论半导体热平衡载流子浓度的计算问题，并从中了解载流子浓度与半导体材料的性质、掺杂状况以及温度的关系。本章将首先讨论电子按允许能量的分布，然后讨论半导体导带或价带的量子态按能量的分布，进而得到具体条件下的半导体热平衡载流子浓度的表达式。

4.1 状 态 密 度

教学要求

1. k 空间状态密度和能量状态密度的概念。
2. 导带与价带状态密度表达式的推导。

在第 3 章中已经证明了在半导体的导带和价带中，存在着很多的能级，但是相邻能级间的距离很小，可以近似认为是连续的。因此可以将能带分为一个一个能量很小的间隔来处理。能带中能量 E 附近每单位能量间隔内的量子态数称为状态密度。只要能够求出状态密度的数值，则允许的量子态按能量分布的状态就明晰了。

4.1.1　倒空间电子态分布

半导体中的电子允许能量状态为波矢量 k，k 取值不是任意的，而是必须受到一定条件的限制。假设晶体的边长为 L，晶格常数为 a，则电子的波函数为 $\phi(x) = U(x)\mathrm{e}^{\mathrm{i}kx}$，根据玻恩-卡曼边界条件，在 $x+L$ 处的波函数应等于 x 处的波函数，即 $\phi(x+L) = U(x+L)\mathrm{e}^{\mathrm{i}k(x+L)}$ 即

$$U(x)\mathrm{e}^{\mathrm{i}kx}\mathrm{e}^{\mathrm{i}kL} = \phi(x) \Rightarrow \mathrm{e}^{\mathrm{i}kL} = 1$$

所以

$$kL = \pm 2n\pi, k = \pm\frac{2n\pi}{L}, n = 0, \pm 1, \pm 2, \cdots \tag{4.1}$$

如果考虑三维空间，则

$$\begin{cases} k_x = 2\pi\dfrac{n_x}{L_x}\,(n_x = 0, \pm 1, \pm 2, \cdots) \\[2mm] k_y = 2\pi\dfrac{n_y}{L_y}\,(n_y = 0, \pm 1, \pm 2, \cdots) \\[2mm] k_z = 2\pi\dfrac{n_z}{L_z}\,(n_z = 0, \pm 1, \pm 2, \cdots) \end{cases} \tag{4.2}$$

式中，n_x，n_y，n_z 是任意整数；$V = L^3$ 是晶体体积。

可以把 k 空间分成许多个小格子，则每一个小格子的体积为 $\dfrac{2\pi}{L_x} \cdot \dfrac{2\pi}{L_y} \cdot \dfrac{2\pi}{L_z}$，因此单位体积的 k 空间内共有

$$2 \times \frac{L_x L_y L_z}{(2\pi)^3} = \frac{2V}{(2\pi)^3} \tag{4.3}$$

种状态，式(4.3)中的系数 2 表示电子可以有两种不同的自旋取向。

在讨论具体问题时，经常使用的是以能量为尺度的状态密度 $N(E)$，即单位体积的晶体中，单位能量间隔的状态数。根据能量 E 与 k 的关系，由 k 空间的状态密度求出导带和价带中的状态密度就是本节要解决的问题。

思考题　半导体处于怎样的状态才能称为处于热平衡状态？其物理意义如何？

4.1.2　导带状态密度

由于导带内电子的数目一般比较少，大多数电子都集中在导带底附近，所以只需要计算导带底附近的状态密度即可。设半导体的导带底不在布里渊区中心，且共有 M 个彼此对称的能谷。对于位于 k_0 处的能谷，在导带底 E_c 附近电子能量 E 与 k 的函数可以用抛物线(自由电子)近似，即

$$E(k) = E_c + \frac{\hbar^2}{2}\left[\frac{(k_x - k_{x0})^2}{m_x} + \frac{(k_y - k_{y0})^2}{m_y} + \frac{(k_z - k_{z0})^2}{m_z}\right] \tag{4.4}$$

式(4.4)表明，k 空间的等能面是一个椭球面，其中 m_x，m_y，m_z 是沿椭球三个主轴方向的有效质量。对于能量 $E_c \sim E_{max}$ 内的电子态，它们的波矢量都包含在这个椭球之中。因此，电子态的数目就等于椭球体积与式(4.3)的乘积，即

$$\frac{2V}{(2\pi)^3} \cdot \frac{4\pi}{3} \left[\frac{2m_x(E-E_c)}{\hbar^2} \right]^{1/2} \cdot \left[\frac{2m_y(E-E_c)}{\hbar^2} \right]^{1/2} \cdot \left[\frac{2m_z(E-E_c)}{\hbar^2} \right]^{1/2}$$

$$= \frac{8\pi}{3} \cdot \frac{(8m_x m_y m_z)^{1/2}}{h^3} V \cdot (E-E_c)^{3/2} \tag{4.5}$$

由于每个能谷中的电子态数目都相同，所以总的电子态数目将是式(4.5)的 M 倍。将式(4.5)乘以 M，再对能量取微分，并除以晶体体积 V，便可得到单位体积的晶体中，能量在 $E \sim E+\mathrm{d}E$ 内的电子态数目

$$N_c(E)\mathrm{d}E = \frac{4\pi M (8m_x m_y m_z)^{1/2}}{h^3} (E-E_c)^{1/2} \mathrm{d}E \tag{4.6}$$

式中，$N_c(E)$ 称为导带的状态密度，令

$$m_{dn} = M^{2/3}(m_x m_y m_z)^{1/3} \tag{4.7}$$

则 $N_c(E)$ 可表示为

$$N_c(E) = \frac{4\pi(2m_{dn})^{3/2}}{h^3} (E-E_c)^{1/2} \tag{4.8}$$

式中，m_{dn} 称为导带电子状态密度有效质量。

对于导带底在布里渊区中心的简单能带结构，$M=1$，等能面为球面，电子的有效质量为 m_n^*，在这种情况下，电子的状态密度有效质量为 m_{dn}，状态密度式(4.8)仍然适用。

式(4.8)表明，导带的状态密度随着电子能量的增加以抛物线关系增大。此外，状态密度也受有效质量的影响，有效质量大的能带，状态密度也大，如图 4.1 所示。

4.1.3　价带状态密度

与导带的状态密度不同，很多的半导体材料，如 Si、Ge 和 GaAs 等，其价带顶都在布里渊区中心，是简并的，即两个能带在 $k=0$ 处合并在一起，一个称为重空穴带，另一个称为轻空穴带。所以价带的状态密度较导带的更为复杂。它们的等能面可以近似地用两个球面来替代：

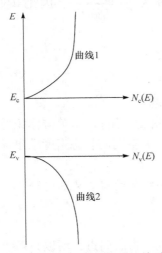

图 4.1　状态密度与能量的关系

$$\begin{cases} E(k) = E_v - \dfrac{\hbar^2 k^2}{2m_h} \\ E(k) = E_v - \dfrac{\hbar^2 k^2}{2m_l} \end{cases} \tag{4.9}$$

式中, m_h 和 m_l 分别是重空穴带和轻空穴带的有效质量; E_v 是价带顶的能量。

在价带顶附近的状态密度, 应该是重空穴带和轻空穴带的状态密度之和。利用上面类似的推导方法, 可以得出价带状态密度

$$N_v(E) = \frac{4\pi(2m_{dp})^{3/2}}{h^3}(E_v - E)^{1/2} \tag{4.10}$$

式中

$$m_{dp}^{3/2} = m_h^{3/2} + m_l^{3/2} \tag{4.11}$$

为价带空穴的状态密度有效质量。图 4.1 中的曲线 2 给出了 $N_v(E)$ 与 E 的关系。

4.2 费米分布函数与费米能级

教学要求

1. 费米分布函数的意义。
2. 费米分布函数与玻尔兹曼分布函数的关系。
3. 费米能级 E_F 的物理意义。

在晶体中, 每立方厘米中存在 $10^{22} \sim 10^{23}$ 数量级的原子, 每个原子均可贡献一个或更多的价电子, 因此, 晶体中存在的电子的数量是十分巨大的。对于数量如此之大的系统, 只能利用统计学的方法研究其电子的能量分布情况。在统计学中, 量子统计方法按照每个量子态中能容纳的粒子数目是否受到限制, 分为两种: 一种是费米-狄拉克统计, 对于自旋量子数为半整数的粒子适用。由这种粒子组成的体系, 每个量子态最多可容纳一个粒子。另一种是玻色-爱因斯坦统计, 对于自旋量子数为整数的粒子适用。由这种粒子组成的体系, 每个量子态中能容纳的粒子数目不受限制。前一类粒子称为费米子, 如电子、质子、中子等; 后一类粒子称为玻色子, 如光子和介子等。电子的自旋量子数为 $\frac{1}{2}$, 所以它们是费米子, 应服从费米-狄拉克统计。

本节将讨论晶体中载流子的费米分布函数与费米能级。

4.2.1 费米分布函数的适用条件

费米分布函数不是在任何条件下都适用的, 必须满足一定的条件。这些条件可以概括为以下几种。

(1) 把半导体中的电子看作近独立的体系, 即认为电子之间的相互作用极其微弱, 它们除了交换能量而达到平衡, 其他的影响均可以忽略。

(2) 电子的运动是服从量子力学规律的, 用量子态描述它们的运动状态。电子的能量是量子化的, 每个能级包含有不同的量子态, 这些量子态是独立的。完整的半导体晶体中的电子能级就是属于这种类型, 每一能级均可认为是双重简并的, 这对应于自旋的两个允许值。一个这样的能级被具有某一自旋的电子占据后, 并不妨碍这个能级被另一

个具有相反自旋的电子占据，但不允许具有相同自旋的另一个电子去占据。

　　(3) 在量子力学中，认为同一个体系中的电子是全同的，不可分辨的。任意两个电子的交换，并不引起新的微观状态。

　　(4) 电子在状态中的分布，要受到泡利不相容原理的限制。每个量子态最多只能容纳一个电子，它们或被一个电子占据，或者是空的。

　　适合上述条件的量子统计，称为费米-狄拉克统计。能带中的电子在能级上的分布，均服从这种统计规律。

4.2.2　费米分布函数与费米能级

　　根据费米-狄拉克统计，在热平衡情况下，一个能量为 E 的量子态被电子占据的概率应为

$$f(E) = \frac{1}{\exp\left(\dfrac{E - E_F}{KT}\right) + 1} \tag{4.12}$$

式中，$f(E)$ 称为费米分布函数。它能够反映出每个量子态被电子占据的概率与能量 E 的变化关系。在这个分布函数中，K 是玻尔兹曼常量，T 是绝对温度，E_F 是一个待定的参数，它具有能量的量纲，称作费米能级。

　　费米能级 E_F 的数值可以由以下条件确定：假设在整个能量范围内状态被占据的数目等于实际存在的电子总数 N。与能量 E 相对应的有 $G(E)$ 个量子态，则有

$$\sum_E G(E) f(E) = N \text{ 或 } \sum_E \frac{G(E)}{\exp\left(\dfrac{E - E_F}{KT}\right) + 1} = N \tag{4.13}$$

　　从式(4.12)中可以发现，对于具体的电子体系，在一定温度下，只要确定了 E_F 的值，电子在能级中的分布情况也就完全确定了。所以，E_F 是反映电子在各个能级中分布情况的参数。由式(4.13)可以发现，E_F 的大小受到量子态分布函数 $G(E)$、电子总数 N 和温度 T 三个因素影响。其中，量子态的分布是由半导体材料本身的能带结构决定的，属于内因。而电子总数是由杂质分布等因素决定的，它与温度 T 属于外因。所以，对于一种确定的半导体，费米能级是随温度和杂质的种类和数量变化而变化的。

　　如果将半导体中的大量电子的整体看成一个热力学系统，费米能级实际上就是这个系统的化学势，即

$$E_F = \mu = \left(\frac{\partial F}{\partial N}\right)_T \tag{4.14}$$

式中，μ 是系统的化学势，F 是系统的自由能，处于热平衡状态的系统有统一的化学势，所以处于热平衡状态的电子系统具有统一的费米能级。

　　费米能级其实是一个参考能级，而不是真实的电子能级，费米能级的位置标志了电子填充能级的水平。热平衡条件下费米能级为定值，费米能级的数值与温度、半导体材料的导电类型、杂质浓度及零点的选取有关，它是一个重要的物理参数。

4.2.3　费米分布函数的性质

对于一个量子态，如果它不是被电子占据的，便是空的。所以，能量为 E 的量子态未被电子占据的概率是

$$1-f(E) = \cfrac{1}{\exp\left(\cfrac{E_F - E}{KT}\right) + 1} \tag{4.15}$$

通过研究式(4.12)与式(4.15)可以得到费米分布函数具有如下的性质。

(1) 当 $T=0\ \text{K}$ 时，若 $E<E_F$，则 $f(E)=1$；若 $E>E_F$，则 $f(E)=0$。

可见，在 0 K 时，能量比 E_F 小的量子态被电子占据的概率是 100%，因而这些量子态上都是有电子的；而能量比 E_F 大的量子态被电子占据的概率是零，因而这些量子态上都是没有电子的。所以在 0 K 时，费米能级 E_F 可以看成量子态是否被电子占据的一个标志。

(2) 函数 $f(E)$ 随着能量的增加而下降，而函数 $1-f(E)$ 随着能量的增加而增加。即随着能量的增加，每个量子态被电子占据的概率是逐渐减小的。而空着的概率则逐渐增大。当 $E=E_F$ 时，则有

$$f(E_F) = 1 - f(E_F) = \frac{1}{2}$$

如果一个量子态相对应的能级 E 恰好与费米能级 E_F 重合时，它被电子占据的概率和空着的概率是相等的。对于能量高于 E_F 的量子态，被电子占据的概率小于空着的概率；而能级低于 E_F 的量子态，被电子占据的概率是大于空着的概率的，如图 4.2 所示。

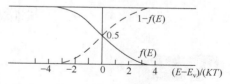

图 4.2　分布函数随 $(E-E_F)/(KT)$ 的变化

从图 4.2 中可以发现，函数 $f(E)$ 和 $1-f(E)$ 相对于费米能级 E_F 是对称的。

(3) 对于 $E-E_F \gg KT$ 的能级，式(4.12)分母中的 1 可以忽略不计，则费米分布函数可简化为

$$f(E) \approx \exp\left(-\frac{E-E_F}{KT}\right) = \exp\left(\frac{E_F}{KT}\right)\exp\left(-\frac{E}{KT}\right) \tag{4.16}$$

对应上述这些能级的量子态，被电子占据的概率与指数函数 $\exp\left(-\dfrac{E}{KT}\right)$ 成比例，前面的因子是待定的比例系数。分布函数的这种形式，与经典的玻尔兹曼分布是一致的。这是因为对于这些能级比 E_F 高很多的量子态，被电子占据的概率非常小，泡利不相容原理的限制就显得不是很重要了。所以此时，费米分布与经典的玻尔兹曼分布的成立条件几乎一致了。

(4) 对于 $E_F-E \gg KT$ 的能级，它们空着的概率 $1-f(E)$ 也是可以简化的。在这种情况下，可以忽略式(4.15)分母中的 1，则有

$$1 - f(E) \approx \exp\left(-\frac{E_F - E}{KT}\right) = \exp\left(-\frac{E_F}{KT}\right)\exp\left(\frac{E}{KT}\right) \tag{4.17}$$

式(4.17)给出了能级比 E_F 低很多的那些量子态，被空穴占据的概率。需要强调的是，式(4.17)中的指数函数与经典的分布函数 $\exp\left(-\frac{E}{KT}\right)$ 比较，在形式上有一个负号的差别，其原因是在式(4.17)中的 E 表示电子的能级。

在半导体中，最常遇到的情况是费米能级 E_F 位于禁带内，而且与导带底或价带顶的距离远大于 KT，所以，对导带中所有的量子态来说，被电子占据的概率，都是满足 $f(E) \ll 1$ 的，故半导体导带中的电子分布可以用电子的玻尔兹曼分布函数来描述。随着能量 E 的增大，$f(E)$ 迅速减小，所以导带中绝大多数电子分布在导带底附近。同理，对半导体价带中的所有量子态来说，被空穴占据的概率，一般都满足 $1 - f(E) \ll 1$。故价带中的空穴分布服从空穴的玻尔兹曼分布函数。随着能量 E 的增大，$1 - f(E)$ 迅速增大，所以价带中绝大多数空穴分布在价带顶附近。所以玻尔兹曼统计是最常用的。服从玻尔兹曼统计规律的电子系统称为非简并系统，把服从费米统计规律的电子系统称为简并系统。

思考题 什么是费米统计分布函数？费米分布和玻尔兹曼分布的函数形式有何区别？在怎样的条件下前者可以过渡到后者？为什么半导体中载流子分布可以用玻尔兹曼分布描述？

4.3 能带中的电子和空穴浓度

教学要求

1. 导带电子浓度和价带空穴浓度表达式的推导过程。
2. 电子浓度、空穴浓度表达式的意义。
3. 导带电子浓度和价带空穴浓度计算。

为了计算单位体积中的导带电子和价带空穴浓度，必须首先解决两个问题。

第一，能带中能容纳载流子的状态数目。

第二，载流子占据这些状态的概率。通常在杂质浓度不是很高的情况下，费米能级的位置是在禁带中的，而且与导带底和价带顶的距离远大于 KT。在这种情况下，电子在导带中的分布和空穴在价带中的分布，基本都是遵循玻尔兹曼统计分布规律的，属于非简并状态。

4.3.1 导带电子浓度

利用导带的状态密度 $N_c(E)$ 和电子的分布函数 $f(E)$ 相乘，能够得到单位体积中能量在 $E \sim E+\mathrm{d}E$ 内导带的电子数 $n(E)\mathrm{d}E$

如果需要计算整个导带的电子浓度，需要对式(4.18)进行积分，即

$$n = \int_{E_c}^{E_{cM}} f(E) N_c(E) \mathrm{d}E \tag{4.19}$$

但是在具体的计算中，由于 $N_c(E)$ 的形式一般比较复杂，得不到具体的结果，必须对计算过程进行近似。考虑到 $f(E)$ 的值随 E 的增大以指数形式减小，而 $N_c(E)$ 的数值只在导带所占的能量范围内有值。所以对此积分有贡献的实际上只限于导带底附近的区域。因此可将积分上限由导带底 E_c 扩展至无穷大处，这样并不会引起明显的误差，即

$$n = \int_{E_c}^{\infty} f(E) N_c(E) \mathrm{d}E \tag{4.20}$$

在非简并情况下，将式(4.8)和式(4.16)代入式(4.20)可得

$$n = \frac{4\pi (2m_{dn})^{3/2}}{h^3} \int_{E_c}^{\infty} (E - E_c)^{1/2} \exp\left(-\frac{E - E_F}{KT}\right) \mathrm{d}E \tag{4.21}$$

引入变量 $\xi = (E - E_c)/(KT)$，则式(4.21)可写成

$$n = 4\pi \frac{(2m_{dn}KT)^{3/2}}{h^3} \exp\left(-\frac{E_c - E_F}{KT}\right) \int_{0}^{\infty} \xi^{1/2} e^{-\xi} \mathrm{d}\xi \tag{4.22}$$

同时引入公式

$$\int_{0}^{\infty} \xi^{1/2} e^{-\xi} \mathrm{d}\xi = \frac{\sqrt{\pi}}{2}$$

代入式(4.22)中，可得

$$n = \frac{2(2\pi m_{dn}KT)^{3/2}}{h^3} \exp\left(-\frac{E_c - E_F}{KT}\right) \tag{4.23}$$

若令

$$N_c = \frac{2(2\pi m_{dn}KT)^{3/2}}{h^3} \tag{4.24}$$

则导带电子浓度 n 的表达式可简化为

$$n = N_c \exp\left(-\frac{E_c - E_F}{KT}\right) \tag{4.25}$$

式中，N_c 称为导带的有效状态密度。

在式(4.25)中，指数因子是经典统计中的电子占据能量为 E_c 的量子态的概率。如果认为单位体积中导带里的量子态数目是 N_c，它们都集中在导带底 E_c，则导带中的电子浓度正好就是式(4.25)中两个因子的乘积，这样就把一个涉及大量能级的复杂的能带中的电子数目问题简化成了一个单一能级上存在的电子数问题。因此，N_c 也称为导带有效状态密度。

4.3.2 价带空穴浓度

计算空穴浓度的方法与上边计算电子浓度的方法类似，只是此时空穴能量的分布函数为 $1-f(E)$，在单位体积中，能量在 $E \sim E+\mathrm{d}E$ 内的价带空穴数 $p(E)\mathrm{d}E$ 为

$$p(E)d(E) = [1-f(E)]N_\mathrm{v}(E)\mathrm{d}E \tag{4.26}$$

对于空穴，下方能级的能量更高。按照与导带电子完全相似的处理，可以通过对整个价带积分得到单位体积价带中空穴的数目

$$p = \int_{E_\mathrm{vM}}^{E_\mathrm{v}} [1-f(E)]N(E)\mathrm{d}E = \int_{E_\mathrm{vM}}^{E_\mathrm{v}} \frac{1}{\exp\left(\dfrac{E_\mathrm{F}-E}{KT}\right)+1} \frac{4\pi(2m_\mathrm{dp})^{3/2}}{h^3}(E_\mathrm{v}-E)^{1/2}\mathrm{d}E$$

$$\approx \int_{-\infty}^{E_\mathrm{v}} \exp\left(-\frac{E_\mathrm{F}-E}{KT}\right)\frac{4\pi(2m_\mathrm{dp})^{3/2}}{h^3}(E_\mathrm{v}-E)^{1/2}\mathrm{d}E = \frac{2(2\pi m_\mathrm{dp}KT)^{3/2}}{h^3}\exp\left(-\frac{E_\mathrm{F}-E_\mathrm{v}}{KT}\right)$$

$$= N_\mathrm{v}\exp\left(-\frac{E_\mathrm{F}-E_\mathrm{v}}{KT}\right) \tag{4.27}$$

式中

$$N_\mathrm{v} = \frac{2(2\pi m_\mathrm{dp}KT)^{3/2}}{h^3} \tag{4.28}$$

称为价带有效状态密度。

导带有效状态密度，相当于把导带中所有量子态都集中在导带底，而形成的状态密度为 N_c；同理，价带有效状态密度则相当于把价带中所有量子态都集中在价带顶，而形成的状态密度为 N_v。利用导带和价带有效状态密度，可以用两个能级代替整个导带与价带。从而把十分复杂的涉及两个能带中的粒子数问题转化成了两个能级上的粒子数问题，可以大大简化各种分析过程。

有效状态密度实际上反映了导带或价带能够容纳电子或空穴的能力。如果导带中实际存在的电子数比 N_c 小得多，则表示导带的电子稀少，反之表示电子较多。同样，如果价带中实际存在的空穴数比 N_v 小得多，则表示价带空穴稀少，反之表示空穴较多。从有效状态密度的公式可以发现，它们的数值并不是固定不变的，而是与 $T^{3/2}$ 呈正比例关系。即温度越高，N 越大。如果将相关常数代入，则可以得到

$$N_\mathrm{c} = \frac{2(2\pi m_\mathrm{dn}KT)^{3/2}}{h^3} = 2.50 \times 10^{19}\left(\frac{T}{300}\right)^{3/2}\left(\frac{m_\mathrm{dn}}{m}\right)^{3/2} [\mathrm{cm}^{-3}] \tag{4.29}$$

$$N_\mathrm{v} = \frac{2(2\pi m_\mathrm{dp}KT)^{3/2}}{h^3} = 2.50 \times 10^{19}\left(\frac{T}{300}\right)^{3/2}\left(\frac{m_\mathrm{dp}}{m}\right)^{3/2} [\mathrm{cm}^{-3}] \tag{4.30}$$

式中，m 是电子的惯性质量。利用式(4.29)和式(4.30)可以计算导带和价带的有效状态密度。一般来说，有效状态密度远小于实际的价电子数目。对于三种主要的半导体材料，在室温(300K)的情况下，它们的数值见表 4.1。

表 4.1　几种常见半导体导带和价带的有效状态密度(300K)

	Si	Ge	GaAs
N_c/cm^{-3}	2.8×10^{19}	1.05×10^{19}	4.7×10^{17}
N_v/cm^{-3}	1.1×10^{19}	6.0×10^{18}	7.0×10^{18}

通过对比式(4.25)与式(4.27)可以发现，电子与空穴浓度都是费米能级 E_F 的函数。当温度固定时，若将电子与空穴浓度相乘可以得到

$$np = N_c N_v \exp\left(-\frac{E_c - E_v}{KT}\right) = N_c N_v \exp\left(-\frac{E_g}{KT}\right) \tag{4.31}$$

式中，$E_g = E_c - E_v$ 是半导体的禁带宽度。式(4.31)表明，载流子浓度的乘积与 E_F 无关，只与温度 T 和半导体本身的性质(E_g)有关。因此，在非简并的情况下，当温度一定时，对于同一种半导体材料，不论其掺杂情况如何，电子与空穴浓度的乘积都是相同的。如果某种原因使得导带电子浓度增加，则其中的空穴浓度必然减小，反之亦然。但是，当掺杂浓度很大时，费米能级可能进入导带或价带，使得玻尔兹曼分布不再近似于费米分布，则此时电子与空穴浓度的乘积将不再与 E_F 无关。

思考题　若 N 型硅中掺入受主杂质，费米能级升高还是降低？若温度升高到本征激发起作用时，费米能级在什么位置？为什么？

4.4　本征半导体的载流子浓度

教学要求

1. 掌握本征半导体的电中性方程。
2. 费米能级的表达式。
3. 半导体载流子浓度与温度和禁带宽度的关系。
4. 通过温度与本征载流子浓度的关系计算绝对零度时的禁带宽度的方法。

一般来说，没有施主与受主杂质，以及缺陷存在的半导体材料称为本征半导体材料。把掺杂的施主浓度远比受主浓度高的半导体材料称为 N 型半导体材料；反之称为 P 型半导体材料。如果半导体材料内同时掺杂施主与受主，且施主与受主的浓度相差不大时，称为补偿半导体材料，如图 4.3 所示。

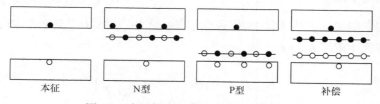

本征　　　　N型　　　　P型　　　　补偿

图 4.3　半导体中的载流子及其掺杂情况

4.4.1 电中性条件

本征半导体的能带结构很简单，只存在导带和价带。在未受到激发时（$T = 0\text{K}$），价带被电子充满，而导带则完全是空的。在这种情况下，半导体是电中性的。半导体的电子数就等于价带中的电子数。当温度升高时，电子能够获得足够能量从价带激发到导带，这种激发称为本征激发。每激发一个电子到导带，就必然在价带中留下一个空穴。即电子与空穴会成对出现，因此，导带中的电子浓度必然等于价带中的空穴浓度，即

$$n = p \tag{4.32}$$

导带中，每个电子的电荷为 $(-q)$，价带中每个空穴的电荷是 $(+q)$，当式(4.32)成立时，导带电子的电荷密度为 $(-q)n$，同价带中的空穴电荷密度 $(+q)p$ 大小相等，符号相反。此时，半导体处于电中性状态，通常称这种关系为电中性条件或电中性方程。在任何温度下，要求半导体保持电中性的条件，同保持电子总数不变的条件是一致的，而利用电中性条件确定 E_F 却相对简单，只要写出决定电荷密度的导带电子和价带空穴的浓度就可以了。

4.4.2 本征费米能级

在本征半导体材料中，由于不存在杂质与缺陷，半导体材料中的电荷只由导带电子与价带空穴决定。电中性条件要求电子与空穴浓度必然相等，即 $n = p$，此时半导体的总电荷 $Q = n(-q) + p(+q) = 0$，将式(4.25)与式(4.27)代入式(4.32)得

$$N_c \exp\left(-\frac{E_c - E_F}{KT}\right) = N_v \exp\left(-\frac{E_F - E_v}{KT}\right)$$

将上式两端取对数即可得到 E_F。用符号 E_i 表示本征半导体的费米能级，可得

$$E_i = \frac{1}{2}(E_c + E_v) + \frac{1}{2}KT\ln\left(\frac{N_v}{N_c}\right) \tag{4.33}$$

对于大多数半导体材料来说，$N_c > N_v$，但二者在数量级上差别不大，$|\ln(N_v/N_c)|$ 一般为 1 的数量级。所以对于本征半导体来说，本征费米能级位于禁带中央附近约 KT 的范围内。在室温 (300K) 下，$KT \approx 0.026\text{eV}$，它与半导体的禁带宽度相比仍然是很小的，所以本征费米能级依然很靠近禁带中央。例如，室温下硅的 E_i 就位于禁带中央之下约 0.01eV 的地方。但也有少数半导体的 N_c 与 N_v 相差很大，导致本征半导体的 E_i 偏离禁带中心位置的距离较远。如锑化铟的费米能级偏离禁带中心达 0.2eV。

4.4.3 本征载流子浓度

将本征费米能级的表达式(4.33)代入电子与空穴的表达式(4.25)与表达式(4.27)中，即可得到本征载流子浓度 n_i 与 p_i

$$n_i = p_i = (N_c N_v)^{1/2}\exp\left(-\frac{E_g}{2KT}\right) \tag{4.34}$$

　　从上述本征载流子浓度的表达式可以看出，载流子浓度取决于有效状态密度、禁带宽度和温度。其中有效状态密度、禁带宽度又取决于材料本身的性质和温度。所以，在一定温度下，禁带宽度越窄的半导体，本征载流子浓度越大。而对于确定的半导体，本征载流子浓度会随温度的升高而迅速增加。

　　图 4.4 中给出了硅、锗和砷化镓三种半导体材料的本征载流子浓度随温度变化的曲线。表 4.2 中给出了室温下三种材料的禁带宽度和本征载流子浓度的数值。

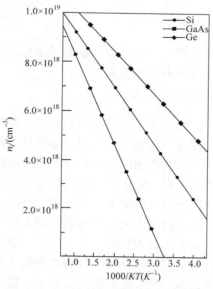

图 4.4　本征载流子浓度随温度的变化情况

表 4.2　室温下 Si，Ge，GaAs 的禁带宽度和本征载流子浓度

	Si	Ge	GaAs
$n_i/(cm^{-3})$	1.5×10^{10}	2.3×10^{13}	1.1×10^7
E_g/eV	1.12	0.67	1.43

　　根据式(4.31)与式(4.34)可得

$$np = n_i^2 \tag{4.35}$$

　　由式(4.35)可知，在热平衡时，若已知 n_i 和一种载流子浓度，则可以利用式(4.35)求出另一种载流子浓度。

　　在式(4.25)与式(4.27)中，分别是用导带有效状态密度 N_c 和价带有效状态密度 N_v 以及费米能级 E_F 来表示电子与空穴的浓度，也可以把电子和空穴浓度公式用本征载流子浓度 n_i 和本征费米能级 E_i 来表示：

$$n = n_i \exp\left(\frac{E_F - E_i}{KT}\right) \tag{4.36}$$

$$p = n_i \exp\left(\frac{E_i - E_F}{KT}\right) \tag{4.37}$$

思考题 尝试利用式(4.25)与式(4.27)，推导出式(4.36)和式(4.37)。

4.5 杂质半导体的载流子浓度

教学要求

1. 掺杂半导体的一般性电中性方程与不同条件下方程的简化方法。
2. 计算室温下的载流子浓度和费米能级。
3. 解释多子浓度随温度的变化关系。

在实际的半导体材料中，杂质的存在是无法避免的。因此，研究半导体中载流子的统计分布非常重要。占据在能带中的电子，它们的运动具有共有化运动的特性，其概率分布延展于整个晶体，电子之间的作用比较弱。而对于杂质能级上的电子，其电子状态与能带中的电子状态并不相同，它们被束缚在杂质周围的局部地区内运动。电子在填充这些能级时，电子之间的作用所带来的影响，是不可忽视的。当每个杂质的基态被一个电子占据后，由于做局部化运动的电子之间有显著的静电作用，它将排斥第二个电子占据它。以类氢施主为例，当基态未被占据时，由于电子自旋方向的不同可以有两种方式占据该状态。但是，一旦有一个电子以某种自旋方式占据了该能级，静电力将把另一个自旋状态提高到极高的能量，就不再可能有第二个电子占据另一种自旋状态了。这也就使得费米分布函数在确定电子占据施主能级概率方面不再适用。本节将给出电子占据杂质能级的概率表达式，并在此基础上，推导出 N 型与 P 型半导体的载流子浓度公式，并分析杂质浓度与温度对载流子浓度的影响。

4.5.1 电子占据杂质能级的概率

对于半导体中的杂质能级，最常见的两种电子占据方式如下所示。

(1) 一个杂质能级可以接受一个任意一种自旋的电子，或者不接受电子。例如，IV族元素半导体中的具有五个价电子的 V 族施主。它们为半导体引入施主能级，施主能级被电子占据时呈中性态，而失去电子时呈电离态。

(2) 一个杂质能级上可以有两个成对的电子，或者任意一种自旋的一个电子。例如，IV族元素半导体中具有三个价电子的 III 族受主。它们为半导体引入受主能级，受主能级接受空穴时呈中性态，而失去空穴时呈电离态。

对于上述两种典型的占据方式，利用计算化学势等方法，可以求出电子占据杂质能级的概率。其中施主能级 E_D 被电子占据的概率 f_D 为

$$f_D = \frac{1}{\frac{1}{g_D}\exp\left(\frac{E_D - E_F}{KT}\right) + 1} \tag{4.38}$$

式中，g_D 称为施主能级的自旋简并度。一般情况下，$g_D = 2$。

同理，受主能级 E_A 被空穴占据的概率 $1 - f_A$ 为

$$1 - f_A = \cfrac{1}{\cfrac{1}{g_A}\exp\left(\cfrac{E_F - E_A}{KT}\right) + 1} \tag{4.39}$$

式中，g_A 称为受主能级的自旋简并度。一般情况下，$g_A = 2$。但对于 Si、Ge 等半导体材料来说，其价带在 $k = 0$ 处是简并的，所以受主能级的自旋简并度 $g_A = 4$。由式(4.39)可以求出受主能级被电子占据的概率 f_A

$$f_A = \cfrac{1}{g_A\exp\left(\cfrac{E_A - E_F}{KT}\right) + 1} \tag{4.40}$$

以施主能级与受主能级上电子的占据概率为基础，可以求出半导体杂质能级上的电子与空穴浓度。

在半导体中，施主浓度 N_D 与受主浓度 N_A 就是杂质能级的量子态密度，而电子和空穴占据杂质能级的概率为 f_D 与 $1 - f_A$，所以，根据式(4.38)与式(4.39)可以推导出

施主能级上的电子浓度 n_D

$$n_D = N_D f_D = \cfrac{N_D}{\cfrac{1}{g_D}\exp\left(\cfrac{E_D - E_F}{KT}\right) + 1} \tag{4.41}$$

当施主上有电子占据时，它们是电中性的，所以 n_D 也称为中性施主浓度。
而电离杂质浓度，即能级空着的施主浓度，可以写成

$$N_D - n_D = N_D(1 - f_D) = \cfrac{N_D}{g_D\exp\left(\cfrac{E_F - E_D}{KT}\right) + 1} \tag{4.42}$$

同理，受主能级上的空穴浓度 p_A 为

$$p_A = N_A(1 - f_A) = \cfrac{N_A}{\cfrac{1}{g_A}\exp\left(\cfrac{E_F - E_A}{KT}\right) + 1} \tag{4.43}$$

当受主上没有接受电子时，它们是电中性的，所以 p_A 也称为中性受主浓度。而电离的受主，即能级被电子占据的受主浓度，可以写为

$$N_A - p_A = N_A f_A = \cfrac{N_A}{g_A\exp\left(\cfrac{E_A - E_F}{KT}\right) + 1} \tag{4.44}$$

利用式(4.41)~(4.44)可以很方便地写出半导体的电中性条件，在分析杂质半导体中载流子的统计分布时是非常重要的。

4.5.2   N 型半导体载流子浓度

自由电子浓度大于空穴浓度的杂质半导体称为 N 型半导体。对于只含一种施主杂质

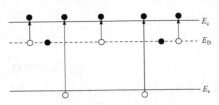

图 4.5   只含一种施主杂质的半导体

的半导体，其能级分布如图 4.5 所示。在这类半导体中，导带里的电子，除了来源于价带的本征激发，还存在施主能级上的电子激发，即杂质电离。这两种过程的激活能分别是禁带宽度与杂质电离能。一般来说，对于禁带宽度较宽的半导体材料，杂质的电离能比半导体的禁带宽度小得多，相差两个数量级左右。而这两种过程产生的温度范围是不同的。在低温下，主要是电子由施主能级激发到导带的杂质电离过程。只有在温度达到足够高的情况下，本征激发才成为载流子的主要来源。

对于只含有一种施主的 N 型半导体，在温度不太高的情况下，本征激发并不显著，半导体处在杂质电离范围内，导带的电子主要来源于施主电离。此时，电中性条件为

$$n = N_{D} - n_{D} \tag{4.45}$$

将 $N_{D} - n_{D}$ 的表达式代入式(4.45)，可得

$$n = \frac{N_{D}}{g_{D}\exp\left(\dfrac{E_{F} - E_{D}}{KT}\right) + 1} \tag{4.46}$$

由式(4.25)变形可得

$$E_{F} = KT\ln\left(\frac{n}{N_{c}}\right) + E_{c} \tag{4.47}$$

将式(4.47)代入式(4.46)，可得

$$n = \frac{N_{c}N_{D}}{g_{D}n\exp\left(\dfrac{E_{c} - E_{D}}{KT}\right) + N_{c}} \tag{4.48}$$

求解该一元二次方程，可得

$$n = \frac{N_{c}}{2g_{D}}\exp\left(-\frac{E_{c} - E_{D}}{KT}\right)\left[\sqrt{1 + \frac{4g_{D}N_{D}}{N_{c}}\exp\left(\frac{E_{c} - E_{D}}{KT}\right)} - 1\right] \tag{4.49}$$

或

$$n = 2N_{D}\left/\left[\sqrt{1 + \frac{4g_{D}N_{D}}{N_{c}}\exp\left(\frac{E_{c} - E_{D}}{KT}\right)} + 1\right]\right. \tag{4.50}$$

将式(4.50)代入式(4.47)，并两端取对数得

$$E_F = E_c - KT \ln \left[\frac{N_c}{2N_D} + \sqrt{\left(\frac{N_c}{2N_D} \right)^2 + \frac{g_D N_c}{N_D} \exp \left(\frac{E_c - E_D}{KT} \right)} \right] \qquad (4.51)$$

式(4.50)与式(4.51)给出了电子浓度和费米能级与半导体材料的性质和温度关系。这两个公式的形式较为复杂，只能讨论以下的极端情况。

1. 杂质弱电离

在温度较低时，半导体处于杂质弱电离状态。此时，T 较小，满足

$$\exp \left(\frac{E_c - E_D}{KT} \right) \gg \frac{N_c}{2N_D} \qquad (4.52)$$

此时，式(4.51)可简化为

$$\begin{aligned}
E_F &= E_c - \frac{E_c - E_D}{2} - \frac{KT}{2} \ln \left(\frac{g_D N_c}{N_D} \right) \\
&= \frac{1}{2}(E_c + E_D) + \frac{KT}{2} \ln \left(\frac{N_D}{g_D N_c} \right)
\end{aligned} \qquad (4.53)$$

由式(4.53)可以看出，在 0 K 时，E_F 位于导带底和施主能级中央。而在温度足够低的条件下，当 $g_D N_c < N_D$ 时，随着温度的增加，E_F 位置上升，并达到极大值，然后开始下降。当 $g_D N_c = N_D$ 时，E_F 的位置重新回到导带底与施主能级中央。而随着温度的继续升高，在 $g_D N_c > N_D$ 的温度区，E_F 会继续下降，如图 4.6 中施主能级 E_D 之上的 E_F 曲线所示。

由式(4.53)所表示的 E_F 随温度变化的区域称为杂质弱电离区。

将式(4.53)代入式(4.25)，可以得到导带的电子浓度表达式

$$n = \left(\frac{N_c N_D}{g_D} \right)^{1/2} \exp \left(-\frac{E_I}{2KT} \right) \qquad (4.54)$$

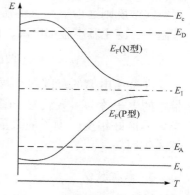

图 4.6　费米能级随温度的变化

式中，$E_I = E_c - E_D$ 称为施主电离能。电子浓度对温度的依赖关系主要由式(4.54)中的指数部分决定。在杂质弱电离区，可以利用实验中测到的多个 $n \sim T$ 的数据，做出 $\ln n \sim \frac{1}{T}$ 的曲线图，并由直线部分的斜率，确定施主电离能 E_I。

2. 杂质饱和电离

当温度继续升高时，将满足条件

$$\exp \left(\frac{E_c - E_D}{KT} \right) \ll \frac{N_c}{2N_D} \qquad (4.55)$$

此时，式(4.51)可以简化为

$$E_{\mathrm{F}} = E_{\mathrm{c}} - KT \ln \frac{N_{\mathrm{c}}}{N_{\mathrm{D}}} \tag{4.56}$$

一般条件下，$N_{\mathrm{c}} > N_{\mathrm{D}}$，所以式(4.56)右端的第二项为正值。而随着温度的继续升高，E_{F} 与导带底 E_{c} 的距离将继续增大。如图 4.6 中施主能级 E_{D} 之下的一段 E_{F} 曲线表示的就是这种情况。

将式(4.56)代入导带电子浓度公式(4.25)可得

$$n = N_{\mathrm{D}} \tag{4.57}$$

此时导带的电子浓度等于施主杂质浓度。这意味着施主杂质已经完全电离，通常称这种情况为杂质饱和电离。产生杂质饱和电离的温度区域称为杂质饱和电离区。

在杂质饱和电离的情况下，导带中的电子完全来源于施主，而此时由价带激发而来的电子极少，基本可以忽略不计。但这些由价带激发而来的电子，毕竟在价带中留下了空穴。所以，利用 $np = n_{\mathrm{i}}^2$，便可以求出此时的空穴浓度

$$p = \frac{n_{\mathrm{i}}^2}{n} = \frac{n_{\mathrm{i}}^2}{N_{\mathrm{D}}} \tag{4.58}$$

在杂质饱和电离的情况下，电子浓度与施主浓度相等，它们远大于本征载流子浓度，而空穴浓度则远小于本征载流子浓度。例如，在施主浓度为 $1.5 \times 10^{15} \mathrm{cm}^{-3}$ 的 N 型硅中，室温下，施主基本全部电离，此时

$$n_{\mathrm{i}} = 1.5 \times 10^{10}\,\mathrm{cm}^{-3}, \quad n \approx 1.5 \times 10^{15}\,\mathrm{cm}^{-3}, \quad p = 1.5 \times 10^{5}\,\mathrm{cm}^{-3}$$

在杂质电离的范围内，两种载流子的浓度的差距非常显著。对于 N 型半导体，导带中的电子称为多数载流子(多子)，而价带中的空穴称为少数载流子(少子)。对于 P 型半导体恰好相反。少子的数量虽然很少，但它们却在半导体器件的工作中起着极其重要的作用。

3. 本征激发

当温度继续升高，超过了饱和电离的范围以后，导带中的电子，除了一小部分来源于完全电离的施主，还有很大一部分来源于价带到导带的本征激发。在这种情况下，电中性条件为

$$n = N_{\mathrm{D}} + p \tag{4.59}$$

将式(4.36)与式(4.37)代入式(4.59)可得

$$N_{\mathrm{D}} = 2n_{\mathrm{i}} \sinh\left(\frac{E_{\mathrm{F}} - E_{\mathrm{i}}}{KT}\right)$$

继而求得费米能级

$$E_{\mathrm{F}} = E_{\mathrm{i}} + KT \operatorname{arcsin} h\left(\frac{N_{\mathrm{D}}}{2n_{\mathrm{i}}}\right) \tag{4.60}$$

将式(4.59)与式(4.35)联立，即可求得

$$n = \frac{N_D}{2}\left[\left(1 + \frac{4n_i^2}{N_D^2}\right)^{1/2} + 1\right] \tag{4.61}$$

$$p = \frac{N_D}{2}\left[\left(1 + \frac{4n_i^2}{N_D^2}\right)^{1/2} - 1\right] \tag{4.62}$$

如果温度足够高，则本征激发所产生的载流子数远大于施主电离产生的电子数，即 $n \gg N_D$、$p \gg N_D$，此时，电中性方程为 $n = p$。这种情况与未掺杂时的本征半导体是类似的，称为杂质半导体进入本征激发区。

综上所述，杂质半导体中载流子浓度随温度变化的规律，随温度由低到高大致可以分为三个区域，即杂质弱电离区、杂质饱和电离区和本征激发区。图 4.7 为 N 型半导体的电子浓度随温度的变化关系。

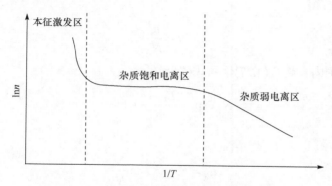

图 4.7　N 型半导体的电子浓度随温度的变化关系

4.5.3　P 型半导体载流子浓度

1. 杂质弱电离

对于只含有一种受主杂质的半导体，在杂质电离的温度范围内，价带的空穴主要来源于电离的受主，其电中性条件为

$$p = N_A - p_A \tag{4.63}$$

将式(4.27)和式(4.44)代入式(4.63)，可得

$$p = N_v \exp\left(-\frac{E_F - E_v}{KT}\right) = \frac{N_A}{g_A \exp\left(\dfrac{E_A - E_F}{KT}\right) + 1} \tag{4.64}$$

在杂质弱电离区，电离的受主浓度远小于受主浓度，考虑到式(4.64)等号右边表示受主浓度，所以其分母远大于 1，可略去分母中的 1，故式(4.64)可化简为

$$N_v \exp\left(-\frac{E_F - E_v}{KT}\right) = \frac{N_A}{g_A} \exp\left(-\frac{E_A - E_F}{KT}\right) \tag{4.65}$$

将式(4.65)两端取对数得

$$E_F = \frac{1}{2}(E_v + E_A) - \frac{KT}{2}\ln\frac{N_A}{g_A N_v} \qquad (4.66)$$

将式(4.66)代入式(4.27)得空穴浓度

$$p = \left(\frac{N_v N_A}{g_A}\right)^{1/2}\exp\left(-\frac{E_A - E_v}{2KT}\right) \qquad (4.67)$$

2. 杂质饱和电离

随着温度的升高，电离的受主增多。当温度升高到受主完全电离，而本征激发所产生的空穴量还很少时，价带中的空穴浓度与受主的浓度相当，即

$$p = N_A \qquad (4.68)$$

利用 $np = n_i^2$ 可得

$$n = \frac{n_i^2}{N_A} \qquad (4.69)$$

在饱和电离的范围内，将式(4.27)代入式(4.68)可得

$$N_v\exp\left(-\frac{E_F - E_v}{KT}\right) = N_A$$

解得

$$E_F = E_v + KT\ln\frac{N_v}{N_A} \qquad (4.70)$$

3. 本征激发

与 N 型半导体相同，当温度继续升高，超过了饱和电离的范围以后，价带中的空穴，除了一小部分来源于完全电离的受主，还有很大一部分来源于价带与导带间的本征激发。

$$E_F = E_i - KT\,\text{arcsin}\,h\left(\frac{N_A}{2n_i}\right) \qquad (4.71)$$

$$n = \frac{N_A}{2}\left[\left(1 + \frac{4n_i^2}{N_A^2}\right)^{1/2} - 1\right] \qquad (4.72)$$

$$p = \frac{N_A}{2}\left[\left(1 + \frac{4n_i^2}{N_A^2}\right)^{1/2} + 1\right] \qquad (4.73)$$

如果温度足够高，则本征激发所产生的载流子数远大于受主电离而产生的空穴数，此时，电中性方程为 $n = p$。

例题   硼的浓度分别为 N_{A1} 和 N_{A2}（$N_{A1} > N_{A2}$）的两个 Si 样品，在室温条件下：①哪

个样品的少子浓度低？②哪个样品的 E_F 离价带顶近？③如果再掺入少量的磷(磷的浓度 $N_D' < N_{A2}$)，它们的 E_F 如何变化？

解　为使问题简单明确，假定 N_{A1} 和 N_{A2} 都远大于室温下的本征载流子浓度，即讨论杂质饱和电离区的情况。

(1) 由于硅掺硼后呈 P 型导电性，在饱和电离时，少子浓度 $n_0 = n_i^2 / N_A$，由于 $N_{A1} > N_{A2}$，所以 $n_{02} > n_{01}$，即硼的浓度为 N_{A1} 的样品少子浓度低。

(2) 在饱和电离情况下

$$N_A = p_0 = N_v \exp\left(-\frac{E_F - E_v}{KT}\right)$$

所以，$E_F - E_v = KT \ln\left(\frac{N_v}{N_A}\right)$

显然，$(E_F - E_v)_1 < (E_F - E_v)_2$，即浓度为 N_{A1} 的样品离价带顶近。

(3) 假设 $N_{A2} - N_D' \gg n_i$，即有反型杂质补偿的情况下，样品仍然处于饱和电离区。由于在两个样品中的有效的受主浓度都减小了，所以它们的 E_F 与价带顶的距离都变大了，不过仍然是浓度为 N_{A1} 的样品离价带顶近。

思考题　对于同一种半导体材料，杂质浓度相同的 N 型和 P 型样品，在杂质饱和电离区范围内，它们的费米能级相对于本征费米能级是对称的，尝试证明该结论。

4.5.4　饱和电离区的范围

杂质半导体在高温下与本征半导体的特点相似，这种性质具有重要的实际意义。半导体器件，如二极管和三极管等，其基本结构都是 PN 结。半导体 PN 结之所以能够正常工作，是靠两个区域的导电类型的不同，而且要求多子和少子浓度有巨大差别。而半导体进入本征区以后，这种差别接近消失，PN 结的主要特性，如单向导电性、少子的注入和抽取等，就不存在了。而如果工作温度太低，会造成载流子浓度过低，且浓度随温度变化过大，使得器件不能稳定工作。所以温度太低或太高都可能使得器件无法正常工作。因此，要使器件能够稳定的工作，一般要使器件工作在载流子浓度随温度变化不大且浓度较高的饱和电离区。

这里将以 N 型半导体为例，来确定饱和电离区的范围。

在饱和电离区与本征激发区的临界处，杂质已经全部电离，若取本征激发可以忽略的条件为 $n_i \leqslant \frac{1}{10} N_D$，则

$$(N_c N_v)^{1/2} \exp\left(-\frac{E_g}{2KT}\right) \leqslant \frac{1}{10} N_D \tag{4.74}$$

将 N_c、N_v 的表达式代入式(4.74)可得

$$2.5 \times 10^{20} \left(\frac{m_{dn}}{m_{dp}}\right)^{3/2} \left(\frac{T}{300}\right)^{3/2} \exp\left(-\frac{E_g}{2KT}\right) \leqslant N_D \tag{4.75}$$

由式(4.75)可以发现，临界处的温度与半导体的禁带宽度、有效质量以及掺杂浓度有关。一般禁带宽度及有效质量等参数是由材料本身性质决定的，所以对某一特定的材料，其饱和电离区与本征激发区临界处的温度主要由掺杂浓度决定。通过式(4.75)即可算出给定施主浓度半导体的工作温度上限。在温度一定的条件下，还可以算出半导体忽略本征激发的施主浓度下限。

硅的禁带宽度比锗大，本征激发也较困难，所以饱和电离区的上限温度也较高，所以硅器件的工作温度也较高。这也是硅材料比锗材料更适合制作电子器件的原因之一。以此推断，禁带宽度更大的化合物半导体将具有比硅更高的工作温度。

同样，如果温度太低，半导体材料中的施主或受主杂质不能够完全电离。这样，器件中的 PN 结也不能正常工作。因此，大多数电子器件也不能在低温下工作。

仍以 N 型半导体为例。施主杂质基本上全部电离，意味着中性施主浓度应远小于施主浓度，即 $n_D \ll N_D$，在这种情况下，式(4.41)可以简化为

$$n_D \approx g_D N_D \exp\left(-\frac{E_D - E_F}{KT}\right) \tag{4.76}$$

将式(4.76)代入式(4.56)，可得

$$\frac{n_D}{N_D} = g_D \left(\frac{N_D}{N_c}\right) \exp\left(\frac{E_I}{KT}\right) \tag{4.77}$$

式中，E_I 是施主电离能；$\frac{n_D}{N_D}$ 是中性施主占施主总数的百分比。一般以 $n > \frac{9}{10} N_D$ 作为边界条件，则式(4.77)可写成

$$\frac{1}{10} = g_D \left(\frac{N_D}{N_c}\right) \exp\left(\frac{E_I}{KT}\right) \tag{4.78}$$

对于一定的半导体，在温度确定的情况下，如果已知 E_I，由式(4.78)能够确定施主完全电离的浓度上限。而对于给定的 N_D 和 E_I，利用式(4.78)还可确定施主完全电离的温度下限。

实验证明，不同禁带宽度的材料的饱和电离区的下限差别不大。

4.5.5 杂质浓度和温度对载流子浓度的影响

根据前面所讨论的费米能级公式以及它们与温度的关系，可以总结出费米能级随温度变化的规律。对于 N 型和 P 型半导体，图 4.6 给出了杂质浓度一定时 E_F 随温度变化的关系示意图。

图 4.8 则给出了以杂质浓度为参数，E_F 随温度变化的曲线。从图 4.8 中可以看出，在杂质浓度一定时，随着温度的升高，N 型 Si 的费米能级逐渐下降，而 P 型 Si 的费米能级逐渐上升，最终两者都接近本征费米能级 E_i，这与图 4.6 给出的规律是一致的。在同一温度下，杂质浓度不同，E_F 的位置也不同。施主浓度越大，E_F 的位置越高，且逐渐向导带靠近。相反，对于 P 型硅，受主浓度越大，E_F 的位置越低，逐渐向价带靠近。

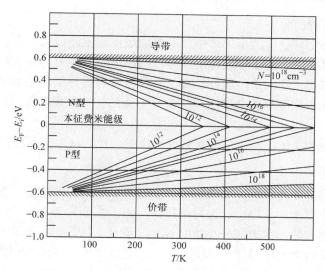

图 4.8　不同杂质浓度的硅中 E_F 随温度的变化

在饱和电离的情况下，由费米能级公式(4.56)与公式(4.70)很容易看出上述的变化规律。

值得注意的是，一定温度下，任何非简并半导体的热平衡载流子的浓度的乘积为

$$np = n_i^2$$

即等式与所含杂质无关。因此，该等式不仅适用于本征半导体材料，而且也适用于非简并的杂质半导体材料。所以，该等式可作为判断半导体材料是否达到热平衡的判据。

4.5.6　杂质补偿半导体

之前讨论了只含有一种杂质的半导体，但有的杂质半导体中同时含有施主杂质和受主杂质，本节将要讨论这种一般情况下载流子的统计分布。

1. 电中性条件

若单位体积中有 n 个导带电子，每个电子的电荷为 $(-q)$ ，即单位体积中导带电子贡献的电荷是 $(-q)n$ ；同样，如果单位体积中有 p 个空穴，每个空穴的电荷为 $(+q)$ ，因此，空穴所贡献的电荷为 $(+q)p$ ；电离施主浓度为 $N_D - n_D$ ，电离受主浓度为 $N_A - p_A$ ，则总的空间电荷密度 ρ 为

$$\rho = q\left[p + (N_D - n_D) - n - (N_A - p_A)\right] \tag{4.79}$$

假设半导体中杂质是均匀分布的，则电中性条件要求空间电荷必须处处为零，即 $\rho = 0$ ，因此

$$n + N_A + n_D = p + N_D + p_A \tag{4.80}$$

式(4.80)为同时含有施主与受主杂质情况下的电中性条件。如果将方程中各参量的表达式代入，便可得到确定 E_F 的方程。

确定 E_F 的方程的形式是十分复杂的，但是，在实际问题中，方程中的一些项常常可

以忽略，从而使方程简化。

在同时含有施主与受主的半导体中，受主能级比施主能级低很多，使得施主能级上的电子首先要去填充受主能级，使施主向导带提供电子的能力与受主向价带提供空穴的能力相互抵消而减弱，这就是杂质补偿现象。在存在杂质补偿作用的半导体中，即使在温度极低的情况下，浓度小的杂质也全部都是电离的，这种现象使得式(4.80)中的 n_D 或 p_A 项为零。

在 $N_D > N_A$ 的半导体中，全部受主都是电离的，故式(4.80)可简化为

$$n + N_A = p + (N_D - n_D) \tag{4.81}$$

在杂质电离的温度范围内，导带的电子全部来源于电离的施主，在施主能级上和在导带中的总电子浓度为 $N_D - N_A$，这种半导体与施主浓度为 $N_D - N_A$ 的只含有一种施主杂质的半导体是类似的，称为部分补偿的 N 型半导体。$N_D - N_A$ 称为有效的施主浓度。

而在 $N_A > N_D$ 的 P 型半导体中，全部施主都是电离的，式(4.80)可简化为

$$p + N_D = n + (N_A - p_A) \tag{4.82}$$

而在 $N_D = N_A$ 的半导体中，全部施主上的电子刚好使所有受主电离，能带中的载流子只能由本征激发产生，这种半导体称为完全补偿的半导体。这里将对 N 型补偿半导体与 P 型补偿半导体进行讨论。

2. N 型补偿半导体

杂质电离：由于本征激发可以忽略，式(4.81)可以简化为

$$n + N_A = N_D - n_D \tag{4.83}$$

将式(4.42)代入式(4.83)可得

$$n + N_A = \frac{N_D}{g_D \exp\left(\dfrac{E_F - E_D}{KT}\right) + 1}$$

或改写为

$$\frac{(n + N_A) \exp\left(\dfrac{E_F - E_c}{KT}\right)}{N_D - N_A - n} = \frac{1}{g_D} \exp\left(-\frac{E_c - E_D}{KT}\right) \tag{4.84}$$

在非简并的情况下，把式(4.47)代入式(4.84)中，则得

$$\frac{n(n + N_A)}{N_D - N_A - n} = \frac{N_c}{g_D} \exp\left(-\frac{E_c - E_D}{KT}\right) \tag{4.85}$$

式中，$E_c - E_D$ 是施主电离能。式(4.85)就是杂质电离区的电子浓度方程。

首先，讨论低温弱电离情况。在这一部分的讨论中，假定半导体只含少量受主杂质。

在低温范围内，式(4.85)简化为

$$n = \left(\frac{N_c N_D}{g_D}\right)^{1/2} \exp\left(-\frac{E_c - E_D}{2KT}\right) \tag{4.86}$$

这恰好就是在前面已经得到的式(4.54)。由于式(4.83)中 N_A 可以忽略，所以电中性条件与只含一种施主杂质时是相同的。在这种情况下，施主主要是向导带提供电子，少量受主的存在不会产生明显的影响。

在更低的温度下，电离施主提供的电子，除了填满个别受主，激发到导带的电子只是极少数，于是式(4.85)简化为

$$n = \frac{N_c(N_D - N_A)}{g_D N_A} \exp\left(-\frac{E_c - E_D}{KT}\right) \tag{4.87}$$

这个结果与只含一种施主杂质的式(4.54)是类似的。但是，指数因子上的能量是施主电离能，而不是它的 $\frac{1}{2}$。因此，在利用实验上测得的函数关系确定施主电离能时，应该注意区分是否有少量受主杂质存在。

将式(4.87)代入电子浓度公式(4.25)中，得出费米能级为

$$E_F = E_D + KT \ln \frac{N_D - N_A}{g_D N_A} \tag{4.88}$$

在这种情况下，当温度趋向于 0K 时，E_F 与 E_D 重合。在极低的温度范围内，随着温度的升高，费米能级线性地上升。

其次，讨论杂质饱和电离情况。在这种情况下，施主全部电离，它提供的电子除了填满了受主以外，全部激发到导带，而本征激发又可以忽略，所以

$$n = N_D - N_A \tag{4.89}$$

可得出空穴浓度

$$p = \frac{n_i^2}{N_D - N_A} \tag{4.90}$$

利用式(4.89)和式(4.25)，求出费米能级

$$E_F = E_c - KT \ln \frac{N_c}{N_D - N_A} \tag{4.91}$$

在杂质饱和电离区，有补偿的 N 型半导体的载流子浓度和费米能级公式，同只含一种施主杂质的 N 型半导体对应的公式具有相同的形式，只是用有效施主浓度代替了施主浓度。

最后是本征激发的情况。根据上面的分析，为了得到这个温度范围内的载流子浓度和费米能级公式，只要在只含一种施主杂质的半导体的各公式中，用 $N_D - N_A$ 代替 N_D 就可以了。

3. P 型补偿半导体

对于同时含有受主杂质和施主杂质的 P 型半导体，分析方法完全相同，载流子浓度

和费米能级公式也是类似的。下面只列出杂质电离区的几个公式。

空穴浓度方程

$$\frac{p(p+N_D)}{N_A - N_D - p} = \frac{N_v}{g_A}\exp\left(-\frac{E_A - E_v}{KT}\right) \tag{4.92}$$

在低温杂质弱电离区，当 $p \ll N_D$ 时

$$p = \frac{N_v(N_A - N_D)}{g_A N_D}\exp\left(-\frac{E_A - E_v}{KT}\right) \tag{4.93}$$

$$E_F = E_A - KT\ln\frac{N_A - N_D}{g_A N_D} \tag{4.94}$$

当 $N_D \ll p \ll N_A$ 时

$$p = \left(\frac{N_A N_v}{g_A}\right)^{1/2}\exp\left(-\frac{E_A - E_v}{2KT}\right) \tag{4.95}$$

$$E_F = \frac{1}{2}(E_v + E_A) - \frac{KT}{2}\ln\frac{N_A}{g_A N_v} \tag{4.96}$$

思考题　尝试导出杂质电离区的空穴浓度方程(4.92)。

4.6　简并半导体

教学要求

1. 简并半导体。
2. 半导体简并化的产生条件。
3. 计算简并化半导体的载流子浓度的方法。
4. 简并化对半导体能带的影响及简并半导体的基本应用。

在前面的讨论中，假定费米能级位于离开带边较远的禁带之中。在这种非简并情况下，费米分布函数(式(4.12))可以用玻尔兹曼分布函数(式(4.16))来近似。但在有些情况下，费米能级可以接近带边甚至进入能带。例如，在只含施主杂质的 N 型半导体中，在低温电离区，费米能级随温度的增加而上升到一个极大值，然后逐渐下降。如果这个极大值超过了导带底，则在费米能级达到极大值前后的一段温度范围内，半导体的费米能级实际上是进入了导带。费米能级接近带边或进入能带时，量子态被载流子占据概率很小的条件不再成立，必须考虑泡利不相容原理的限制。这时就不能再利用玻尔兹曼分布函数，而必须严格利用费米分布函数来分析能带中的载流子统计分布问题。这种情况称为载流子的简并化，发生载流子简并化的半导体称为简并半导体。载流子简并化的效果反映在半导体各种有关电子过程的性质中，本节只限于考虑它对载流子统计分布的影响。

4.6.1　载流子浓度

对于简并半导体，计算能带中载流子浓度的方法，与 4.3 节中对于非简并半导体所用方法是完全类似的，只是表示载流子占据量子态的概率要用费米分布函数代替玻尔兹曼分布函数。

在 4.3 节中，导带电子浓度由式(4.97)给出：

$$n = \int_{E_c}^{\infty} f(E) N_c(E) \mathrm{d}E \tag{4.97}$$

将式(4.8)和式(4.12)代入式(4.97)，可得

$$n = \frac{4\pi(2m_{\mathrm{dn}})^{3/2}}{h^3} \int_{E_c}^{\infty} \frac{(E - E_c)^{1/2}}{\exp\left(\dfrac{E - E_F}{KT}\right) + 1} \mathrm{d}E \tag{4.98}$$

引入无量纲的变数 $\zeta = (E - E_c)/(KT)$ 和简约费米能级 η_{n}：

$$\eta_{\mathrm{n}} = \frac{E_F - E_c}{KT} \tag{4.99}$$

再利用 N_c 的表示式(4.24)，则式(4.97)可写成

$$n = \frac{2}{\sqrt{\pi}} N_c \int_0^{\infty} \frac{\zeta^{1/2} \mathrm{d}\zeta}{\exp(\zeta - \eta_{\mathrm{n}}) + 1}$$
$$= \frac{2}{\sqrt{\pi}} N_c F_{1/2}(\eta_{\mathrm{n}}) \tag{4.100}$$

式中

$$F_{1/2}(\eta_{\mathrm{n}}) = \int_0^{\infty} \frac{\zeta^{1/2} \mathrm{d}\zeta}{\exp(\zeta - \eta_{\mathrm{n}}) + 1} \tag{4.101}$$

式(4.101)称为费米积分。表 4.3 给出了与不同 η 值相对应的 $(2/\sqrt{\pi}) F_{1/2}(\eta)$ 和 $\exp(\eta)$ 的值。

表 4.3　$(2/\sqrt{\pi}) F_{1/2}(\eta)$ 和 $\exp(\eta)$ 的数值表

η	$\dfrac{2}{\sqrt{\pi}} F_{1/2}(\eta)$	$\exp(\eta)$
−3.0	0.049	0.050
−2.0	0.129	0.135
−1.0	0.328	0.368
0	0.765	1.000
1.0	1.576	2.718
2.0	2.824	7.389
3.0	4.488	20.086

用同样的方法可以得出价带空穴浓度 p 为

$$p = \frac{2}{\sqrt{\pi}} N_v F_{1/2}(\eta_p) \qquad (4.102)$$

式中

$$\eta_p = \frac{E_v - E_F}{KT} \qquad (4.103)$$

在非简并情况下，费米能级位于离开带边较远的禁带中，即 $\eta_n \ll -1$ 或 $\eta_p \ll -1$，式(4.100)和式(4.102)则分别化简为

$$n = N_c \exp(\eta_n) \qquad (4.104)$$

和

$$p = N_v \exp(\eta_p) \qquad (4.105)$$

这是与式(4.25)和式(4.27)完全相同的表达式。

图 4.9 分别画出了由式(4.104)或式(4.105)和式(4.100)或式(4.102)决定的载流子浓度随着简约费米能级变化的两条函数曲线。

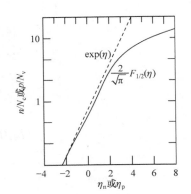

图 4.9　载流子浓度随简约费米能级的变化

4.6.2　发生简并化的条件

各类半导体发生简并的条件归纳如下。

(1) 对于 N 型半导体，施主杂质提供给导带的电子浓度接近导带有效状态密度时，半导体发生简并。

(2) 对于 P 型半导体，受主杂质提供给价带的空穴浓度接近价带有效状态密度时，半导体发生简并。

(3) 杂质电离能小的杂质，杂质浓度较小时就会发生简并。

(4) 对于不同种类的半导体，导带有效状态密度和价带有效状态密度各不相同。一般规律是有效状态密度小的材料，其发生简并的杂质浓度较小。

在图 4.9 中，两条曲线的差别反映了简并化的影响。由图 4.9 可以看出，当 $\eta = 0$ 时，即费米能级与带边重合时，载流子浓度的值已有显著差距，必须考虑简并化的影响。实际上，在 $\eta \geqslant -2$ 时，载流子浓度的值就已经开始略有不同了。根据具体问题所要求的精确程度，可以取 $\eta = 0$ 或 $\eta = -2$ 作为发生简并化的标准。

在一定温度下，若已知载流子浓度，可以根据式(4.104)或式(4.105)估计发生简并化的条件。例如，取 $\eta = -2$，即 $n = 0.1 N_c$ 作为简并化的标准，则 $n < 0.1 N_c$ 属于非简并化，而 $n > 0.1 N_c$ 就必须考虑简并化的影响了。

下面介绍一种用图形判断简并化的方法。

把式(4.99)和式(4.101)写成如下形式：

$$n = cF_{1/2}(\eta_n)\left(T\frac{m_{dn}}{m}\right)^{3/2} \tag{4.106}$$

$$p = cF_{1/2}(\eta_p)\left(T\frac{m_{dp}}{m}\right)^{3/2} \tag{4.107}$$

式中

$$c = \frac{2}{\sqrt{\pi}}\cdot\frac{2(2\pi mK)^{3/2}}{h^3} \tag{4.108}$$

根据式(4.106)或式(4.107)，以简约费米能级 η 为参数，画出载流子浓度随温度和状态密度有效质量的乘积变化的双对数曲线，如图 4.10 所示。显然，在同样的载流子浓度下，温度越低，载流子的状态密度有效质量越小，就越容易发生简并化。

对于选定的简并化标准(例如，$\eta=0$)，依据半导体中载流子的状态密度有效质量和温度的数值，由图 4.10 可以迅速地确定发生简并化的载流子浓度的最低值。

在载流子发生简并的半导体中，杂质浓度较高，导致杂质能级中的电子相互间靠近，并且相互作用加剧。在量子力学中则表现为电子的波函数重叠，原来分离的杂质能级变为连续的能带。这导致杂质电离能减小，使得杂质能带进入了导带，并形成新的简并能级。该简并能带的带尾深入禁带，从而使得导带或价带的宽度增加，禁带变窄，该效应称为带尾效应。

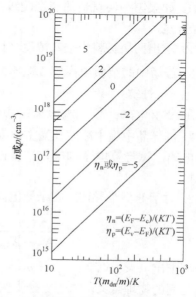

图 4.10 对于不同的简约费米能级，载流子浓度随温度和状态密度有效质量乘积的变化

习　题

1. 设导带电子在布里渊区中心，导带底 E_c 附近的电子能量可以表示为

$$E(k) = E_c + \frac{\hbar^2 k^2}{2m_n^*}$$

式中，m_n^* 是电子有效质量。试在二维和三维两种情况下，分别求出导带底附近的状态密度。

2. 若费米能级 $E_F = 5\text{eV}$，利用费米函数计算在什么温度下电子占据 $E = 5.5\text{eV}$ 能级的概率为 1%，并计算在该温度下电子分布概率从 0.9～0.1 所对应的能量区间。

3. 计算施主浓度分别为 10^{16}cm^{-3}，10^{18}cm^{-3}，10^{19}cm^{-3} 的硅在室温下的费米能级，并假定杂质全部电离，再用计算出的费米能级核对一下上述的假定是否在每一种情况下都成立。计算时取施主能级在导带底以下 0.05eV 处。

4. 在施主浓度 $N_D = 10^{14}\text{cm}^{-3}$ 的锗材料中：

① 求出室温下的电子和空穴浓度？

② 如果认为室温下施主已经全部电离。所以电子浓度就等于施主浓度 N_D 和室温下的本征载流子浓度 n_i 之和，即 $n = N_D + n_i$，这种观点是否正确，为什么？

5. 两块 N 型 Si 材料，在某一温度 T 时，第一块与第二块的电子浓度之比为 $n_1 / n_2 = \text{e}$（e 是自然对数的底）。

① 如果第一块材料的费米能级在导带之下 $3KT$ 的位置，试求出第二块材料中费米能级的位置。

② 求出两块材料中空穴浓度之比 p_1 / p_2。

6. 若锗中的杂质电离能 $\Delta E_D = 0.01\text{eV}$，两种施主杂质浓度分别为 $N_D = 10^{14}\text{cm}^{-3}$ 和 10^{17}cm^{-3}，计算：

① 99%电离；② 90%电离；③ 50%电离时的温度各是多少。

7. 硅样品中施主浓度和受主浓度分别为 10^{16}cm^{-3} 和 $4\times10^{15}\text{cm}^{-3}$，设室温下杂质已经全部电离。试计算电子和空穴浓度以及费米能级 E_F（要求分别用 $E_F - E_i$ 和 $E_c - E_F$ 表示出来）。

8. 对于 P 型半导体，在杂质电离区，证明

$$\frac{p_0(p_0 + N_D)}{N_A - N_D - p_0} = \frac{N_v}{g}\exp\left(-\frac{E_A - E_v}{K_0 T}\right)$$

并分别求出 $p_0 \ll N_A$ 和 $N_D \ll p_0 \ll N_A$ 两种情况下，空穴浓度 p_0 和费米能级 E_F 的值，说明它们的物理意义。式中 g 是受主能级的自旋简并度（$g = 2$）。

9. 一块有杂质补偿的半导体硅材料，已知掺入的受主浓度 $N_A = 1\times10^{15}\text{cm}^{-3}$，室温下测得其 E_F 恰好与施主能级重合，并得知平衡电子浓度为 $n_0 = 5\times10^{15}\text{cm}^{-3}$。已知室温下硅的本征载流子浓度 $n_i = 1.5\times10^{10}\text{cm}^{-3}$，试求：

① 平衡少子浓度是多少？

② 掺入材料中的施主杂质浓度是多少？

③ 电离杂质和中性杂质的浓度各是多少？

10. 锌(Zn)在 Si 中为双重受主态，即每个 Zn 原子可在 E_{A1}（$E_{A1} - E_v = 0.31\text{eV}$）能级接受一个电子，在较高能级 E_{A2}（$E_{A2} - E_v = 0.55\text{eV}$）接受第二个电子。为了完全补偿 1 个 $N_D = 10^{16}\text{cm}^{-3}$ 的 N-Si 样品，需要掺入 Zn 的浓度是多少？（$E_g = 1.12\text{eV}$）。

第5章

半导体的导电性

电子器件功能的实现需要各种信号在半导体中进行有效传递。在半导体中电子和空穴的运动将产生传导信号的电流，我们把载流子的这种运动过程称为输运现象。载流子的输运实现了半导体的导电性。事实上，半导体的导电性也决定了电子器件的电流-电压关系。本章将重点介绍影响半导体导电性的载流子散射现象。在此之前作为预备知识，我们将介绍与散射行为密切相关的晶格振动相关概念。在此基础上，我们系统讨论电场作用下的载流子输运行为以及磁场作用下的载流子输运行为——霍尔效应。最后，我们简要介绍强电场下的载流子输运现象。

5.1 晶 格 振 动

教学要求

了解概念：格波、声学支振动、光学支振动、声子。

在实际半导体中，原子格点并不是固定不动的，在一定温度条件下，原子在其平衡位置附近做热振动，由于晶格具有周期性，所以晶格振动模式具有波的形式，晶体这种原子振动的传播通常称为格波。分析半导体中晶格振动问题一般以格波作为研究出发点。为了讨论简便，本章对格波的具体数理推导将不做详细论述(详细知识可进一步参考黄昆编著的《固体物理学》)，只对格波的表现形式做扼要介绍，目的是为本章重点讨论的载流子散射和输运问题提供必要的预备知识和概念。

5.1.1 声学支振动和光学支振动

与电子波在晶格中运动类似，格波需要用波数矢量 q 来表征在晶体中的运动状态，其方向为格波传播方向，大小为格波波长 λ 倒数的 2π 倍，即 $q=2\pi/\lambda$。在半导体中，同一个波矢 q 会对应不同种类的格波，如原胞中只含一个原子的金属铝晶体，每一个 q 对应于三个格波。而对于硅、锗、砷化镓等半导体材料，它们的原胞中含有 2 个原子，这时每一个 q 对应于六个格波。一般地，对于原胞具有 M 个原子的晶体结构，每个 q 对应 $3 \times M$ 个格波，其中振动频率最低的三个格波称为声学波，对应的振动模式称为声学支振动，其余 $3 \times (M-1)$ 个格波称为光学波，其对应振动模式称为光学支振动。

图 5.1 画出半导体砷化镓 GaAs 各振动角频率 ω_a 与波矢 q 的函数关系。因其原胞(闪锌矿结构)有两个原子，所以共有 6 个格波或者说 6 支振动模式。其中频率最低的三支振动为声学支振动，它们有共同特点：q 在布里渊区中心点 Γ (0,0,0)，即波矢量趋向于 0

时，ω_a 趋向于 0；余下三支能量较高的振动称为光学支振动，q 在布里渊区中心时，ω_a 不等于 0。声学波中，有一支原子位移方向与格波传播方向平行，称为纵波振动；有两支原子位移方向与格波传播方向相垂直，称为横波振动。图 5.2 给出了纵波、横波两种振动方式。对于光学波，振动模式也是两横波一纵波。

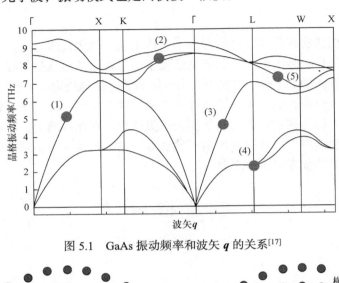

图 5.1　GaAs 振动频率和波矢 q 的关系[17]

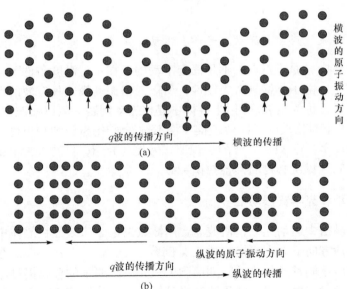

图 5.2　横波和纵波对应的两种振动方式

从原子振动方式区分声学波和光学波，这里仍然以 GaAs 为例，对于 q 趋向于 0 的长波，其原胞中两原子沿同一方向(同步调)振动时，为声学振动，这时可认为是原胞质心在振动；而原胞中两原子沿相反方向振动，为光学振动，这时可认为原胞质心不动，只是原子在原胞内部相对振动。

在振动频率方面，声学支振动与光学支振动对波数矢量的依赖也有显著区别。声学支在长波限附近($q \to 0$)，其振动频率与波数成正比，长声学波可以近似认为是弹性波，其斜率 $\dfrac{d\omega_a}{dq}$ 反映出该弹性波传播的速度；而长波光学支振动频率可以看作一个不随波数变化的非零常数。

5.1.2 声子

一般情况下，角频率为 ω_a 的格波，其总能量表现出量子化行为，且只能为如下取值：

$$\frac{1}{2}\hbar\omega_a ,\quad \frac{3}{2}\hbar\omega_a ,\quad \frac{5}{2}\hbar\omega_a ,\quad \cdots ,\quad \left(n+\frac{1}{2}\right)\hbar\omega_a$$

因此，一个格波的能量是以 $\hbar\omega_a$ 为量子化单元，$\hbar=h/2\pi$，h 为普朗克常量。当晶格的格波与光子、电子等波动相互作用而交换能量时，晶格原子的振动状态就要发生变化，格波能量也随即变化，这时格波的能量变化只能为 $\hbar\omega_a$ 的整数倍。因此，我们一般把格波单位能量的能量子 $\hbar\omega_a$ 称为声子，把能量为 $\left(n+\frac{1}{2}\right)\hbar\omega_a$ 的格波表示其具有 n 个声子，当能量减少 $\hbar\omega_a$ 表示该格波放出一个声子，而能量增加 $\hbar\omega_a$ 表示吸收一个声子。声子的表达不仅表示出格波的能量量子化，而且在处理晶格振动与其他物质或波动相互作用时的能量交换也十分方便。

根据玻色-爱因斯坦统计理论，在温度为 T 的热平衡状态时，角频率为 ω_a 的格波的平均声子数 $\bar{n}$ 可以写为 $\bar{n}=\dfrac{1}{\exp\left(\dfrac{\hbar\omega_a}{KT}\right)-1}$，那么在温度 T 下声子的总能量为

$\left(\dfrac{1}{\exp\left(\dfrac{\hbar\omega_a}{KT}\right)-1}+\dfrac{1}{2}\right)\hbar\omega_a$，当温度 $T=0\mathrm{K}$ 时格波的能量为 $\dfrac{1}{2}\hbar\omega_a$，称为格波的零点振动能。

把不同频率的格波的平均总能量叠加起来，就得到晶体中原子振动的平均总能量。

我们将在下面的内容中以声子的方式来定量描述半导体中载流子在输运时与晶格碰撞散射时的能量交换方式，为阐明半导体的导电机制提供合理的数理模型和解释。

5.2 载流子的散射

教学要求

理解载流子散射的概念；定性分析各向同性散射和各向异性散射，说明自由时间和弛豫时间的区别；解释半导体中各类散射机构对载流子输运的影响，了解它们的散射概率随温度的依赖关系。

在介绍半导体对载流子散射作用前，我们思考一个问题：假设在半导体中加一个电

场，载流子会在电场力作用下获得加速度，这时它的运动速度是否会一直持续增加呢？然而，现实中的经验告诉我们这样的假设是不成立的。例如，我们给一个电阻器件加上恒定电压时(或恒定电场)，根据欧姆定律，流过的电流一定是恒定的，也就是说其中的电子不能无止境地增加速度，从而使电流无限增大。其实，在半导体中受电场驱动的载流子并不能毫无阻碍地运动，这是因为载流子在半导体中运动会遇到各种散射作用。在器件设计中合理控制载流子受到的散射是提升器件性能的重要途径。

5.2.1　载流子散射的概念

事实上，在没有任何外力作用下，半导体中电子和空穴并不是固定不动的，相反它们在不停地做无规则热运动。同时，在半导体中晶格原子在温度作用下绕平衡格点做热振动，这时有一定热动能的电子会被热运动的晶格作用或形象地说被晶格"碰撞"，从而改变电子原来的运动方向和速度大小；另外，半导体中一般都有一定含量的电离杂质(如本征缺陷、故意引入的施主或受主杂质，它们可显著地改变半导体的载流子浓度)，其引起的局部库仑场也会通过库仑力对正常运动的带电载流子进行"阻挡"，从而改变原来的运动状态。一般，我们把晶格振动或电离杂质等因素使半导体中载流子运动状态发生改变称为对载流子的散射作用。在仅有热作用下，半导体的载流子会不断地受到散射，因而载流子趋向于完全无规则的运动，这将难以获得定向运动带来的电导信号。

根据上述讨论，两次散射间运动的载流子才被认为是真正意义上的自由载流子，我们把两次散射间自由运动的平均路程称为载流子的平均自由程，而所用的平均时间称为平均自由时间，在下面我们的数理推演中将用到这两个概念。

通过上面分析，我们可以从微观角度回答在本节中一开始提出的问题。当给半导体加电压或电场时，载流子一方面每时每刻会受到散射作用而趋向无规则运动，而另一方面又会在自由时间中，受到外电场的加速作用而朝着确定方向运动，我们把载流子在电场作用下的定向运动称为漂移运动。这时载流子的运动叠加了无规则热运动与电场定向运动两个部分。一般情况下，热运动速率 V_T 会远大于电场定向运动速率 V_E，每次散射作用后电场定向积累的速率 V_E 又会为零，而留下无规则的热运动速率 V_T，下次自由时间载流子又会被电场定向加速，然后被晶格散射，如此循环，实际效果为在电场作用下载流子以一定平均速度沿着电场力方向运动，从而在一定电压条件下，半导体在宏观上保持恒定电流的效果。实际上，在电场作用下，载流子运动轨迹包含了无规则热运动和漂移运动的"烙印"，如图 5.3 所示，这时虽然热运动速率 V_T 非常大，但是大量载流子的热运动电流互相抵消，净热电流为零，宏观上只体现出漂移电流。

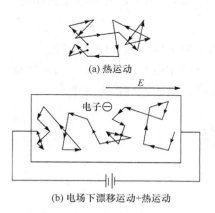

(a) 热运动

(b) 电场下漂移运动+热运动

图 5.3　载流子(电子)的热运动以及在外电场下的漂移运动叠加热运动

在理解散射的定性物理规律后，我们需要评价半导体导电特性的中心环节——计算电流密度。解决这个问题可以有不同的途径。方法一，讨论电荷输运现象的统计理论，通过评价电场或磁场及散射对载流子的影响，分析玻尔兹曼方程及其决定的分布函数，计算电流密度，这部分内容超出本科教学要求，在本书中将不做详细介绍，如需深入了解，请参考文献[1]；方法二，当电子器件尺度较大时，讨论电荷输运也可以用较为简单的方法，这里可以把半导体中的载流子看成具有一定有效质量和带电量的自由粒子，考虑载流子经历多次散射后获得的平均漂移速度，用经典的运动方程可以直观地写出电流密度的表达式，本章将采用方法二对半导体的导电特性进行描述。

5.2.2　散射概率和弛豫时间

在这里，我们将对载流子的散射事件进行定量描述，我们将用散射概率和平均自由时间来描述载流子的散射事件。

1. 散射概率

在晶体中，载流子频繁地被散射，每秒可发生 $10^{12} \sim 10^{13}$ 次，每个载流子在单位时间内被散射的次数可以表示载流子在半导体中受散射的难易程度，我们称为散射概率，下面我们分析散射概率。

图 5.4 反映出散射方向与入射方向的空间依赖关系。我们设一个载流子散射之前的入射方向为 z 轴，散射方向为 r ，其中 θ 为散射方向与 z 轴的夹角，φ 为 r 在 x-y 平面投影矢量与 x 轴的夹角，我们设 $P(\theta,\varphi)$ 为单位时间内载流子被散射到任意方向 $r(\theta,\varphi)$ 单位立体角的概率，一般实际存在的与方向有关的散射具有 z 轴对称性，不依赖于 φ 角，所以 $P(\theta,\varphi)$ 可以简写为 $P(\theta)$ ，如果 $\mathrm{d}\Omega$ 表示任意方向的立体角微元，则单位时间内该载流子被散射到各个方向的总概率为

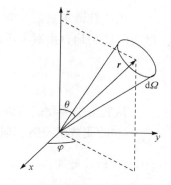

$$\frac{1}{\tau_a} = \int P(\theta)\mathrm{d}\Omega \tag{5.1}$$

图 5.4　载流子入射方向与散射方向的空间依赖关系

这里，τ_a 具有时间量纲，其倒数也就是我们本节一开始描述的散射概率(散射频率)，下面我们将着重阐明 τ_a 的物理意义。

2. 平均自由时间

载流子在两次散射之间的自由时间并不是完全一致的，有长有短，下面我们将分析出平均自由时间，事实上该时间反映出载流子被散射的频繁程度，平均自由时间越短越容易被散射。

假设有 N_0 个速度为 v 的载流子，在 $t = 0$ 时，刚刚受到一次散射后，又恢复自由状态，再经过时间 t ，设这时还没有被散射(仍处于自由状态)的载流子数为 N ，那么在 $t \sim t+\mathrm{d}t$ 时间内，被散射掉的载流子数可以表示为 $-\mathrm{d}N$ ，其与经历时间 $\mathrm{d}t$ 和未被散射的数目 N 成正比(容易理解，时间越长越多被散射，原来自由载流子数量越大则越多被散射)，这时

它们之间的数理关系可以写为

$$dN = -\frac{1}{\tau_a} \cdot N \cdot dt \ \text{或} \ \frac{dN}{dt} = -\frac{1}{\tau_a} \cdot N \tag{5.2}$$

式中，$\frac{1}{\tau_a}$ 就是前面讲到的散射概率，或者我们可以这样理解，经过微小时间 dt 散射掉的粒子数 dN，相对应于在时间 τ_a 内将原来自由的 N_0 个载流子完全散射，这个 τ_a 可以认为是散射前的平均自由时间，下面我们通过数理推导来进一步理解 τ_a 的物理含义。

根据式(5.2)我们可以求解，

$$N = N_0 \exp\left(-\frac{t}{\tau_a}\right) \tag{5.3}$$

当 $t=0$ 时，$N=N_0$，也就是我们一开始说的刚散射后有 N_0 个自由载流子；当 $t \to \infty$ 时，$N=0$，表明已经全部被散射。那么在 $t \sim t+dt$ 被散射的载流子数有

$$dN = -\frac{1}{\tau_a} \cdot N_0 \exp\left(-\frac{t}{\tau_a}\right) \cdot dt \tag{5.4}$$

该些载流子被散射前的自由时间可以认为约等于 t，那么从一开始 N_0 个载流子全被散射时的平均自由时间可以写为如下关系：

$$\overline{t} = \frac{1}{N_0} \int_0^\infty t \cdot \left| -\frac{1}{\tau_a} \cdot N_0 \exp\left(-\frac{t}{\tau_a}\right) \right| \cdot dt = \tau_a \tag{5.5}$$

从式(5.5)中我们可以推演出，所有载流子被散射前所经历的平均自由时间就刚好为 τ_a，它的倒数就是散射概率。

3. 弛豫时间

上面描述的载流子散射概率仍然没有对每一次散射的效果进行统计和加以表述，如经过一次散射后，如果其散射方向与入射方向的夹角 $\theta=0$ 时，表明载流子经过散射后仍然沿着原来方向运动，事实上这样的散射效果难以改变原来的定向运动；如果经过另外一次散射的 $\theta=\frac{\pi}{2}$，这时散射效果十分显著，即全部消除了原来定向运动速度。换而言之，如果需要描述散射对外场加速的载流子定向运动影响的效果，则需要引入新的散射概率表述方式。

设散射为弹性散射，在散射过程中速度的大小不变，这时散射到不同 θ 方向的立体角内，对入射方向的速度损失是不同的，其损失的比例为 $1-\cos\theta$，这时我们定义新的散射概率为

$$\frac{1}{\tau} = \int P(\theta) \cdot (1-\cos\theta) d\Omega \tag{5.6}$$

式(5.6)把速度定向消除的权重引入散射概率中，我们把该概率称为消除定向运动速度的散射概率，时间 τ 与之对应，表示消除原来定向运动速度所需的平均时间，称为载

流子散射弛豫时间, 这时载流子的无规则热运动得以恢复。

那么弛豫时间 τ 与自由时间 τ_a 有何关系呢? 对于各向同性散射 $P(\theta)$ 与 θ 无关, 如晶格振动散射, 这时有

$$\frac{1}{\tau}=\int P(\theta)\cdot(1-\cos\theta)\mathrm{d}\Omega=\frac{1}{\tau_a} \tag{5.7}$$

换句话说, 这时自由时间与弛豫时间相等。对于各向异性散射, 如电离杂质引起的库仑作用散射就属于这一类型, 这时有

$$\frac{1}{\tau}=\int P(\theta)\cdot(1-\cos\theta)\mathrm{d}\Omega<\frac{1}{\tau_a}=\int P(\theta)\mathrm{d}\Omega \tag{5.8}$$

从中得知, 该情况下, 弛豫时间大于自由时间, 也就是说载流子要经历多次散射后才能完全消除原来的定向运动速度, 根据上述分析, 在讨论输运现象时, 需要用到的是弛豫时间, 所以式(5.4)需要用 τ 替代 τ_a。

5.2.3　散射的物理机构

1. 晶格振动散射

在大部分电子器件工作时, 半导体的温度一般处于室温或以上的温度范围, 原子一直在平衡晶格位置附近处于振动状态, 这时晶格振动对输运的载流子散射起到核心作用, 下面我们将定性讨论晶格振动如何对载流子运动进行影响。

在 5.1 节中, 我们学习了晶格振动的声学支与光学支振动模式的概念。事实上, 电子受晶格散射需同时满足能量守恒与动量守恒, 如散射时经常发生的电子与晶格交换一个声子的单声子过程, 声学振动(声子)对应的能量很小, 这时电子散射前后的能量基本不变, 称为弹性散射; 对于光学波来说, 声子能量很大, 散射前后电子能量有较大改变, 称为非弹性散射, 下面我们将展开讨论声学波散射与光学波散射的情况。

2. 声学波散射

在能带具有单一极值的半导体中起主要散射作用的是长波, 也就是波长比原子间距大很多倍的格波。室温下, 电子波长可估算约为 $10^{-8}\mathrm{m}$ (100 Å), 有效的晶格散射需要声子波长与电子波长具有相同的数量级, 因此该些声子的波长将跨度几十个原子晶格, 具有长波特点。

图 5.1 在布里渊区中心(Γ 点)附近, 长声学波的角频率与波数成正比, 即 $\omega_a \propto q$, 其斜率 $\dfrac{\mathrm{d}\omega_a}{\mathrm{d}q}$ 恒定, 反映出长波传播速度, 实际上长声学波就是弹性波, 即声波。

在长声学波中, 只有纵波在散射中起主要作用。长声学波传播时会造成原子分布的疏密变化, 产生体积改变, 在疏处体积膨胀, 而在密处体积压缩, 如图 5.5(a)所示。这时疏密变化的周期反映出纵声学波波长。由半导体的能带特性可知, 禁带宽度会随着原子间距发生变化, 一般疏处禁带宽度减小, 密处禁带宽度增大, 因此这时在声学波传播中的半导体其能带结构发生如图 5.5(b)所示的波形起伏状态。禁带宽度的改变反映出导

带底 E_c 和价带顶 E_v 的升高或降低，从而引起能带极值改变 ΔE_c 和 ΔE_v。这时电子或空穴在导带或价带输运时，就必须经过 ΔE_c 或 ΔE_v 的能量改变，这就如同载流子运动时受到一个附加势场影响，从而破坏原来严格的周期性势场，使得正常输运的电子态从状态 k 散射到一个新的状态 k'。

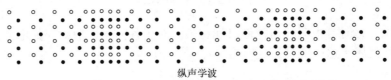

纵声学波

(a) 纵声学波对原子分布的影响(●和○代表原胞中两类原子或离子)

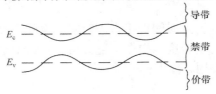

(b) 纵声学波引起的能带变化

图 5.5　纵声学波对晶体的影响

例如，对于具有单一能量极值，且导带底附近等能面为球面的半导体，其电子受声学波的散射概率 $\dfrac{1}{\tau_{ac}}$ 可以写为[18](这里 "ac" 代表 acoustic wave)，

$$\frac{1}{\tau_{ac}} = \frac{\left(m_n^*\right)^2 KT\varepsilon_c^2}{\pi\hbar^4\rho u^2}v \tag{5.9}$$

式中，K 是玻尔兹曼常量；T 是温度；m_n^* 是导带底电子有效质量；ρ 是半导体的晶格密度；u 是纵声学弹性波的波速；v 是导带底载流子的速度；ε_c 为导带底的形变势常数，表示单位体积变化所引起导带底能量的变化，可通过如下关系式定义：

$$\Delta E_c = \varepsilon_c \frac{\Delta V}{V_0} \tag{5.10}$$

式中，ΔE_c 是晶格体积 V_0 改变 ΔV 后引起的导带底的能量改变。对于价带顶的空穴散射，也可以利用类似的关系获得。

这里，我们如果变换式(5.9)，获得一个具有长度量纲的物理量 l：

$$\frac{1}{l} = \frac{1}{v\tau_{ac}} = \frac{\left(m_n^*\right)^2 KT\varepsilon_c^2}{\pi\hbar^4\rho u^2} \tag{5.11}$$

τ_{ac} 可以理解为载流子被长声学波前后两次散射的平均自由时间，其与载流子运动速度 v 的乘积 l 表示该散射下载流子的平均自由程。

电子热运动速度正比于温度的 $T^{1/2}$，因此 $\dfrac{1}{\tau_{ac}} \propto T^{3/2}$，这是长声学波散射概率对温度依赖的数理关系。

更一般情况下，对于具有多个能谷极值且等能面为椭球的半导体，如硅、锗的导带底电子，m_n^* 应取电子在导带底中的状态密度有效质量，这时其长纵声波散射概率也满足式(5.9)。

对于横声学波在传播时，也会引入一定量切变，这时导带底或价带顶和其对应的形变势常数也受一定影响，因此实际情况下也需考虑一定的横声学波散射的影响。

3. 光学波散射

离子性半导体，如硫化铅(PbS)等，具有强离子键特点，而传统的 Ⅲ-Ⅴ族半导体，如砷化镓等，除了共价键特性还有离子键成分。这时长光学波也对输运的载流子具有重要影响。下面我们将长光学波散射的物理机制做简要介绍。

在离子半导体中，如每个原胞内有两个分别带正、负电的离子，长纵光学波振动时，它们的振动位移相反，如图 5.6 所示。如果只看一种离子，它们和纵声学波一样，形成疏密相间的区域。但如果看两种离子的疏密变化趋势则发生显著差异，这是其相反方向运动所致，因此阳离子的密区与阴离子的疏区交叠，这时呈现出正电性，同理阳离子的疏区与阴离子的密区交叠，这时呈现出负电性，因此上述正负电区将产生电场，相当于对载流子产生一个势场(半波长带正电，半波长带负电)，对正常输运的载流子会有干扰，这个势场就是引起载流子散射的附加势场，这种散射称为纵光学波散射，也称为极性光学波散射。

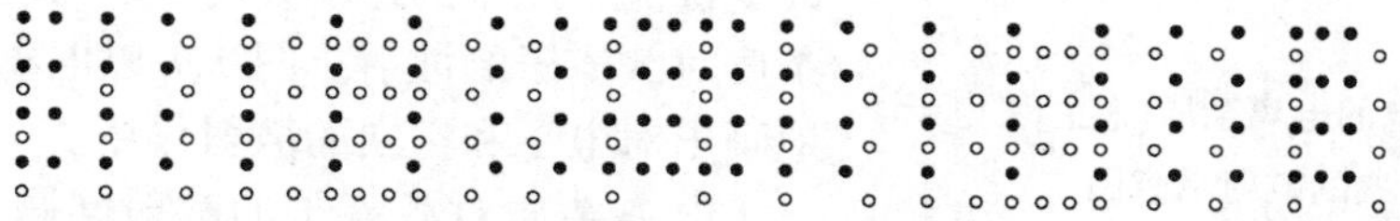

图 5.6　纵光学波对原子分布的影响(黑球、白球分别表示阴、阳两种离子)

根据理论分析[19]，离子晶体中光学波对载流子的散射概率 $\dfrac{1}{\tau_{opt}}$ 与温度的关系为(这里 opt 代表 optical wave)，

$$\frac{1}{\tau_{opt}} = \frac{q^2 (2m^* \hbar \omega)^{1/2}}{4\pi \varepsilon_0 \hbar^2} \left(\frac{1}{\varepsilon_{opt}} - \frac{1}{\varepsilon_r} \right) \left[\frac{1}{\exp\left(\dfrac{\hbar \omega}{KT} \right) - 1} \right] \tag{5.12}$$

式中，ω 为纵光学波振动的角频率；ε_0 为真空介电常数；ε_r 为相对介电常数；ε_{opt} 为光学(高频)相对介电常数。根据 5.1.2 节的讨论，方括号表达式为该光学波对应的平均声子数。

一般，光学波频率较高，声子的能量较大，如果在低温时，载流子的动能低于声子能量 $\hbar \omega$，则这时电子主要依靠吸收声子(而不能通过发射声子)来实现与光学支振动进行能量交换。定性地说，当温度很低时，即 $T \ll \dfrac{\hbar \omega}{K}$ 时，式(5.12)中声子数 $\dfrac{1}{\exp\left(\dfrac{\hbar \omega}{KT} \right) - 1}$ 随着温度下降迅速减小，因此散射也下降很快，这说明必须有声子才能发生吸收声子的散射，所以光学波散射在低温时不起显著作用。然而，随着温度增加平均声子数增多，光学波的散射概率迅速增大。

因此，在低温下极性光学声子散射概率主要依赖于声子数的多少，可以简化为如下关系：

$$\frac{1}{\tau_{\text{opt}}} \propto \exp\left(-\frac{\hbar\omega}{KT}\right) \tag{5.13}$$

这时如果同时考虑长波声学振动散射与长波光学振动散射对载流子输运的作用，晶格振动对载流子总的散射概率可以写成

$$\frac{1}{\tau_{\text{L}}} = \frac{1}{\tau_{\text{ac}}} + \frac{1}{\tau_{\text{opt}}} \tag{5.14}$$

因此，晶格振动散射强烈依赖于温度，当温度增加时，晶格振动散射显著增强。

4. 电离杂质散射

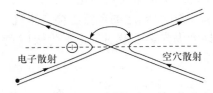

图 5.7 带正电的电离杂质(施主)对电子和空穴的散射示意图

电子散射   空穴散射

在半导体中，电离的施主杂质或受主杂质是带电的离子，它们会在杂质周围产生库仑场，对输运经过的电子或者空穴会有吸引或者排斥作用，从而改变载流子原来的运动方向，该物理过程称为电离杂质对载流子的散射。图 5.7 以电离施主为例定性地画出对电子和空穴的散射作用。

电离杂质对载流子的散射问题与 α 粒子被原子核散射的情形类似。载流子的轨道是双曲线，电离杂质在一个双曲线的焦点上，由图 5.7 可知该类散射为各向异性散射，散射概率强烈依赖于载流子与电离杂质的带电种类以及载流子相对于电离杂质的入射方向，电离杂质的散射概率可以写为如下表达式：

$$\frac{1}{\tau_{\text{i}}} = \frac{N_{\text{i}} Z^2 q^4}{8\pi(\varepsilon_0\varepsilon_{\text{r}})^2 (m^*)^2 v^3} \cdot \ln\left[1 + \frac{4\pi^2(\varepsilon_0\varepsilon_{\text{r}})^2 (m^*)^2 v^4}{Z^2 q^4 N_{\text{i}}^{2/3}}\right] \tag{5.15}$$

式中，$Z \times q$ 为电离杂质带电量；N_{i} 为电离杂质浓度；m^* 为输运载流子的有效质量；v 为输运电子的速度。虽然在式(5.15)方括号中，也含有电离杂质浓度 N_{i} 以及载流子的运动速度 v，然而对数的变化缓慢，因此式(5.15)可以近似认为

$$\frac{1}{\tau_{\text{i}}} \propto \frac{N_{\text{i}}}{v^3} \text{ 或 } \frac{1}{\tau_{\text{i}}} \propto N_{\text{i}} \cdot T^{-3/2} \tag{5.16}$$

热运动速度与 $T^{1/2}$ 成正比，因此电离杂质散射与 $T^{3/2}$ 成反比，也就说当电离杂质浓度越高，温度越低时散射越厉害，因此，这种散射在低温、高杂质浓度条件下比较显著。

5. 其他散射机构[2]

1) 等同能谷间散射

有些半导体的导带底具有多个能谷极值，如硅具有能量相同的 6 个旋转椭球，载流子在这些能谷中分布相同，这些能谷称为等同能谷。对这种多能谷半导体，电子可以从一个能谷散射到另外一个能谷，这种散射称为谷间散射。

电子在一个能谷内部散射时，电子与长波声子发生散射，因而电子的波矢 k 变化很小。当电子与长声学波散射时，能量改变很小，称为弹性散射；而与长光学波散射时，能量变化较大，称为非弹性散射。而电子发生谷间散射时，由于谷间电子转移发生很大波矢改变，该过程电子将吸收或发出一个短波声子，从图 5.1 可知，该声子能量较大，因而谷间散射也称为非弹性散射。

一般等同能谷间散射在温度很低时散射很小，这是因为对于吸收声子的散射，低温时平均声子数很少；而对于发射声子的散射，低温时电子动能很低从而难以发射出较大能量的短波声子。

2) 中性杂质散射

在低温条件下杂质没有充分电离，这时半导体有中性杂质，这种杂质虽然不存在对载流子的库仑散射，但其对晶格周期势场会产生一定微扰。特别是在重掺杂、低温条件下，晶格振动散射和电离杂质散射很微弱，中性杂质散射才起主要作用。

3) 位错散射

在刃型位错处，刃口上的原子共价键不饱和，易于俘获电子形成受主中心，如果在一个 N 型半导体中，以位错线为中轴的圆柱范围内，半导体施主会给位错线的不饱和键提供电子，形成了以位错线带负电，周围圆柱区域带正电(电离施主)的空间电荷区，因而该圆柱内部产生对载流子散射的附加电场。位错散射存在显著的各向异性特征，对于垂直于电荷圆柱体运动的载流子将受到散射，而对于平行于该圆柱体的载流子运动则影响不大。实验表明，当位错密度低于 $10^4 cm^{-2}$ 时，位错散射不显著，但对位错密度很高的材料，位错散射变得显著了。

4) 合金散射

随着晶体制备技术的进步，多元合金也日益在电子工业有广泛应用。例如，以 $Al_xGa_{1-x}As$ 为例，Al 和 Ga 可以在 Ⅲ 族阳离子晶格上随机排列，这时对周期性势场会产生一定的微扰作用，因而引起对载流子的散射作用，称为合金散射。合金散射是混合晶体中具有随机晶格排列时所特有的散射机制。但在原子有序排列的混合晶体中，几乎观察不到，如在 $Al_{0.5}Ga_{0.5}As$ 中混合晶体也可以由一层 GaAs 和一层 AlAs 交替排列组成。例如，阳离子无序排列的 $In_{0.5}Ga_{0.5}As$ 其迁移率比有序排列时低了一个数量级，这显示出合金散射在起作用。

5) 载流子间散射

事实上载流子与载流子之间也会有散射作用，但这种散射作用只会在强简并条件下才会显著。

5.3 电 导 现 象

深刻理解载流子迁移率的物理内涵；掌握载流子迁移率表达式的数理推演，熟知迁移率与电导率的数理关系，定性解释迁移率与半导体杂质浓度、温度的依赖关系。

5.3.1 迁移率和电导率

1. 半导体迁移率

半导体的载流子在电场驱动下产生定向运动。事实上，有些半导体的载流子容易受电场驱动，有些半导体的载流子难受电场驱动，为了度量这种难易程度，本节将介绍一个重要的物理概念——迁移率。先来预设一个物理场景，在一块半导体中沿着 x 方向施加一个电场，考虑这时电子具有各向同性的有效质量 m_n^* (如在等能面为球面的导带底的电子)，我们衡量电子在 x 方向被电场 E_x 驱动下的运动快慢。例如，在 $t = 0$ 时刻，某个电子恰好遭到散射，散射后沿着 x 方向的速度为 v_{nx0}，经过时间 t 后又遭到散射，我们设散射前的速度为 v_{nx}，这时可写为

$$v_{nx} = v_{nx0} - \frac{q}{m_n^*} E_x t \tag{5.17}$$

假设这时载流子的散射为各向同性，即电子运动到各个方向上的概率相等，这时可以认为每次散射后 v_{nx0} 基本消失，所以只需要计算多次散射后式(5.17)第二项的平均值即可获得电场驱动下载流子的平均漂移速度。

根据 5.2 节介绍的平均自由时间数理关系，在时刻 t 附近 $t \sim t + dt$ 的间隔内遭到散射的载流子数为 $dN = \frac{1}{\tau_n} \cdot N_0 \exp\left(-\frac{t}{\tau_n}\right) \cdot dt$，这里 N_0 表示刚经历第一次散射后 $t = 0$ 的总电子数，τ_n 为电子被两次散射之间的平均自由时间，其倒数为散射概率，而该些电子获得的定向速度可以表示为 $-\frac{q}{m_n^*} E_x t$，那么两者(dN 和定向漂移速度)相乘再对所有时间进行积分，就可获得 N_0 个电子的漂移速度的总和，再除以 N_0 就可获得载流子的平均漂移速度 $\overline{v_{nx}}$，它表示在平均自由时间(这里等于弛豫时间)内积累起来的定向速度，

$$\overline{v_{nx}} = \frac{1}{N_0} \int_0^\infty -\frac{q}{m_n^*} E_x t \frac{1}{\tau_n} \cdot N_0 \exp\left(-\frac{t}{\tau_n}\right) \cdot dt \tag{5.18}$$

$$\overline{v_{nx}} = -\frac{qE_x}{m_n^*} \tau_n \tag{5.19}$$

同理空穴的平均漂移速度为

$$\overline{v_{px}} = \frac{qE_x}{m_p^*}\tau_p \tag{5.20}$$

式中，m_p^* 和 τ_p 分别为空穴有效质量和空穴被散射的平均自由时间。

由式(5.19)和式(5.20)可看出载流子的漂移速度与电场强度成正比，可写成

$$\overline{v_{nx}} = -\mu_n E_x \tag{5.21}$$

$$\overline{v_{px}} = \mu_p E_x \tag{5.22}$$

这里比例系数 μ_n、μ_p 分别称为电子迁移率和空穴迁移率，它们的表达式为

$$\mu_n = \frac{q\tau_n}{m_n^*} \tag{5.23}$$

$$\mu_p = \frac{q\tau_p}{m_p^*} \tag{5.24}$$

迁移率在数量上等于单位电场作用下载流子所获得的漂移速度的绝对值，物理意义则是描述载流子在电场中漂移运动难易程度的度量。

2. 半导体的电流密度和电导率

我们在获得度量电场加速载流子运动容易程度的物理量后，分析出电流信号表达式是研究半导体载流子输运的目标。我们还是以 N 型半导体为例进行说明。设这时电子浓度为 n，它们以漂移速度 v_n 沿着与电场 E 相反的方向运动。根据运动电子对电流密度的贡献[20]，电流密度 J_n 写为

$$J_n = -nqv_n \tag{5.25}$$

代入式(5.21)得到

$$J_n = nq\mu_n E \tag{5.26}$$

式(5.26)就是微分形式的欧姆定律，可进一步写成

$$J_n = \sigma E \tag{5.27}$$

式中，σ 是电子的电导率，对比式(5.26)和式(5.27)，可得出电导率的表达式为

$$\sigma_n = nq\mu_n = \frac{nq^2\tau_n}{m_n^*} \tag{5.28}$$

同理，如果是 P 型半导体，空穴导电的电导率 σ_p 可写为

$$\sigma_p = pq\mu_p = \frac{pq^2\tau_p}{m_p^*} \tag{5.29}$$

在半导体中当电子和空穴同时都起作用时，电导率 σ 写为

$$\sigma = nq\mu_n + pq\mu_p \tag{5.30}$$

5.3.2 多能谷的电导率

根据欧姆定理，一块半导体其电流方向与施加半导体电压(电场)方向一致。对于能带的等能面为球形的半导体，上面的讨论已经表明其电流密度确实与电场方向一致，即电导率是一个标量。然而，对于等能面为非球面的情况，如集成电路中最常用的半导体硅材料的导带底附近的电子有效质量已经不是各向同性了。根据第 3 章的知识，这时单个能谷的电子获得的加速度方向与外场方向不同，那么这时总电流方向是否还与外电场方向一致？下面我们将具体探讨这个问题。

1. 一个能谷的电流密度

以硅为例，在一个能谷中，其等能面是椭球面。选取椭球主轴为坐标轴。设电场沿着坐标轴的三个分量为 E_x，E_y，E_z，那么在该能谷中电子朝着三个方向的运动方程为

$$\begin{cases} m_x \dot{v}_x = -qE_x \\ m_y \dot{v}_y = -qE_y \\ m_z \dot{v}_z = -qE_z \end{cases} \tag{5.31}$$

式中，m_x，m_y，m_z 是沿着椭球主轴方向的有效质量。那么这三个方向的电流分量根据式(5.27)可以写成

$$\begin{cases} J_x = n'q\mu_x E_x \\ J_y = n'q\mu_y E_y \\ J_z = n'q\mu_z E_z \end{cases} \tag{5.32}$$

式中，n' 是该能谷的电子浓度；$\mu_x = q\tau_n/m_x$，$\mu_y = q\tau_n/m_y$，$\mu_z = q\tau_n/m_z$ 是沿着三个椭球主轴方向的迁移率。

根据第 3 章，有效质量为张量，根据式(5.32)，电导率也是张量。由于选取了有效质量旋转椭球主轴，这时电导率张量是对角化的，如果把式(5.32)写成

$$J_r = \sum_s \sigma_{rs} E_s \tag{5.33}$$

式中，$r, s = 1, 2, 3$ 分别对应 x, y, z 三个方向，则有

$$\begin{cases} \sigma_{11} = n'q\mu_x \\ \sigma_{22} = n'q\mu_y \\ \sigma_{33} = n'q\mu_z \end{cases} \tag{5.34}$$

非对角元素 $\sigma_{rs}(r \neq s) = 0$。由于在这个单一能谷中电导率在三个主轴的分量不全相等，因此经过矢量合成，这时电流密度和电场方向不再相同，那么从这个角度来看电流方向和电场方向确实不一致。这有别于我们一直以来对欧姆定律的认识，实际情况是这样吗？

2. 总电流密度和总电导率

事实上，欧姆定律反映出半导体的总电流与总电场之间的关系，上述只考虑了硅中一个能谷，下面我们将分析硅中的所有能谷的电子对总电流的贡献，来探讨其对欧姆定律的具体反映。

硅的导带有六个能谷，它们分布在倒空间的第一布里渊区内六个<100>晶向族的等效晶向上，等能面是旋转椭球面，如图 5.8 所示。我们知道 m_l 为主轴方向的纵向有效质量，m_t 为垂直于主轴方向的横向有效质量。如在[100]方向的能谷，$m_x = m_l$，$m_y = m_z = m_t$。如果用 μ_l 和 μ_t 分别表示纵向和横向迁移率，则可得出

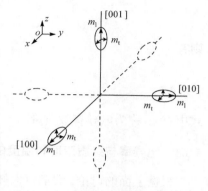

图 5.8　硅的导带底的六个能谷和它们的主轴方向，其中[100]，[010]，[001]晶向分别对应 x, y, z 轴的正方向

$$\mu_l = \frac{q\tau_n}{m_l}, \quad \mu_t = \frac{q\tau_n}{m_t} \tag{5.35}$$

在各个能谷中 μ_l，μ_t 的数值是相等的，但其对应的方向是不完全相同的，然而在同一对称主轴上的两个能谷，如[100]和[$\bar{1}$00]能谷(或者是[010]和[0$\bar{1}$0])，其纵向和横向有效质量分布完全一致，因此可以归为一组进行考虑。若用 n 表示总电子浓度，则每个主轴上两个能谷的电子浓度为 $\frac{n}{3}$。总的电流密度应该是三组能谷电子电流密度之和，根据式(5.32)得到三个方向上的电流密度

$$\begin{cases} J_x = \dfrac{n}{3}q\mu_l E_x + \dfrac{n}{3}q\mu_t E_x + \dfrac{n}{3}q\mu_t E_x = \dfrac{n}{3}q(\mu_l + 2\mu_t)E_x \\[2mm] J_y = \dfrac{n}{3}q\mu_t E_y + \dfrac{n}{3}q\mu_l E_y + \dfrac{n}{3}q\mu_t E_y = \dfrac{n}{3}q(\mu_l + 2\mu_t)E_y \\[2mm] J_z = \dfrac{n}{3}q\mu_t E_z + \dfrac{n}{3}q\mu_t E_z + \dfrac{n}{3}q\mu_l E_z = \dfrac{n}{3}q(\mu_l + 2\mu_t)E_z \end{cases} \tag{5.36}$$

总电流密度为

$$J = J_x + J_y + J_z = \frac{n}{3}q(\mu_l + 2\mu_t)[E_x + E_y + E_z] = \frac{n}{3}q(\mu_l + 2\mu_t)E \tag{5.37}$$

这个结果说明总电流密度一定是和电场的方向一致的，也就是我们从宏观上观察到的欧姆定律。

换句话说，总电导率是一个标量，对于硅的导带电子的总电导率为

$$\sigma = \frac{n}{3}q(\mu_l + 2\mu_t) \tag{5.38}$$

根据式(5.35)可以写为

$$\sigma = \frac{n}{3}q^2\tau_n\left(\frac{1}{m_l} + \frac{2}{m_t}\right) \tag{5.39}$$

如果把 σ 写成如下形式：

$$\sigma = \frac{nq^2\tau_n}{m_c} \tag{5.40}$$

则有

$$\frac{1}{m_c} = \frac{1}{3}\left(\frac{1}{m_l} + \frac{2}{m_t}\right) \tag{5.41}$$

式中，m_c 称为电导有效质量。

5.3.3　电导率与杂质浓度和温度的关系

根据上面的讨论，我们可以知道电导率是联系电流信号和外加电场/电压的关键物理量，它由半导体材料本身特征所决定。本节我们将从杂质浓度和温度两个调控电导率的关键因素出发来讨论其依赖规律。

根据式(5.30)，$\sigma = nq\mu_n + pq\mu_p$，我们可以知道电导率由载流子浓度及迁移率决定。

1. 迁移率对杂质浓度和温度的依赖

在一定的杂质浓度且饱和电离条件下，迁移率越大表示载流子更容易发生漂移运动。例如，一般情况下 $\mu_n > \mu_p$，因此 NPN 型三极晶体管比 PNP 型三极管更适合用于高频器件。另外在 CMOS 器件中，N 沟道 FET 器件比 P 沟道 FET 器件的工作速度更快，因此在当前 5 nm 节点集成电路工艺中，P 沟道 FET 需要考虑使用比硅迁移率更高的半导体，如使用锗硅合金或直接使用锗材料。

那么迁移率是如何影响电导率呢？根据式(5.23)和式(5.24)，$\mu = \frac{q\tau}{m^*}$，其中的弛豫时间由各类散射机构共同决定。

$$\mu_{ac} = \frac{q}{m^*}\tau_{ac} \propto (m^*)^{-5/2}\,T^{-3/2} \tag{5.42}$$

$$\mu_{opt} = \frac{q}{m^*}\tau_{opt} \propto (m^*)^{-3/2}\left[e^{\hbar\omega/KT} - 1\right] \tag{5.43}$$

$$\mu_i = \frac{q}{m^*}\tau_i \propto T^{3/2}(m^*)^{-1/2}\,N_i^{-1} \tag{5.44}$$

这里分别表示常见散射机构决定的迁移率随着温度、有效质量、电离杂质浓度等因素影响。当这些散射共存时，总散射概率 $\frac{1}{\tau}$ 和总迁移率 μ 满足如下关系：

$$\frac{1}{\tau} = \frac{1}{\tau_{ac}} + \frac{1}{\tau_{opt}} + \frac{1}{\tau_i} \quad 和 \quad \frac{1}{\mu} = \frac{1}{\mu_{ac}} + \frac{1}{\mu_{opt}} + \frac{1}{\mu_i} \tag{5.45}$$

可以得出，总迁移率主要由散射弛豫时间(或自由时间)最小的也就是散射最强(或对应迁移率最小)的散射机构来决定。下面我们将分几个情况来讨论迁移率随着温度的变化情况。

1) 高纯半导体

一种半导体没有经过任何杂质掺杂且缺陷浓度很少时，可认为电离杂质的浓度 $N_i \approx 0$，根据式(5.44)，这时电离杂质散射可以忽略，总散射只含有声学和光学晶格振动散射，式(5.45)可以写为

$$\frac{1}{\mu_L} = \frac{1}{\mu_{ac}} + \frac{1}{\mu_{opt}} \tag{5.46}$$

当在 $100 \sim 150K$ 时，Ge 和 Si 迁移率的对数和温度的对数接近线性关系，它们之间的关系近似表示为

$$\text{Ge}: \begin{cases} \mu_{Ln} = 4.9 \times 10^7 T^{-1.66} \\ \mu_{Lp} = 1.05 \times 10^9 T^{-2.83} \end{cases} \tag{5.47}$$

$$\text{Si}: \begin{cases} \mu_{Ln} = 2.1 \times 10^9 T^{-2.5} \\ \mu_{Lp} = 2.3 \times 10^9 T^{-2.7} \end{cases} \tag{5.48}$$

根据式(5.42)，我们可知长声学波散射决定的迁移率对温度有 $T^{-3/2}$ 依赖，如锗的电子迁移率主要由声学振动散射来决定。一般情况，迁移率随温度的增加而衰减得更快，这表明除了声学波散射，光学波散射也起到重要的作用，这时是两者共同影响下晶格散射的综合效果。

2) 掺杂半导体

事实上，大部分半导体需要通过掺杂来调控导电性能，从而实现器件功能。这时载流子同时受到晶格振动和电离杂质的双重散射，因此总迁移率包括

$$\frac{1}{\mu} = \frac{1}{\mu_L} + \frac{1}{\mu_i} \tag{5.49}$$

随着杂质浓度增加，电离杂质浓度增大，μ_i 下降，最终导致总的迁移率下降，如图 5.9 所示。

下面我们以锗的电子迁移率为例定性地探讨它随温度、杂质浓度的变化规律。在锗中电子输运主要受长声学波散射的影响，这时 $\mu_L \approx \mu_{ac}$，所以一并考虑杂质散射后，其总迁移率 μ 满足 $1/\mu \approx 1/\mu_{ac} + 1/\mu_i$，根据式(5.42)和式(5.44)，设 $\mu_{ac} = BT^{-3/2}$，$\mu_i = CT^{3/2}N_i^{-1}$，那么

$$\mu \approx \frac{\mu_{ac} \cdot \mu_i}{\mu_{ac} + \mu_i} = \frac{1}{B^{-1}T^{3/2} + C^{-1}T^{-3/2}N_i} \tag{5.50}$$

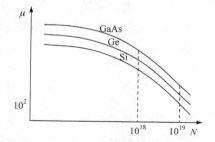

图 5.9　半导体电子迁移率 μ 与杂质浓度 N 的关系规律示意图

当 N_i 很小时，如在 $10^{13} \sim 10^{17} \text{cm}^{-3}$，也就是高纯到低浓度掺杂的范围，$B^{-1}T^{3/2} \gg C^{-1}T^{-3/2}N_i$，这时是晶格振动散射来主导载流子的输运特性，随着温度升高迁移率下降。

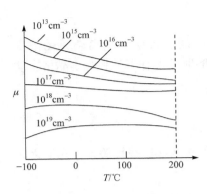

图 5.10　半导体电子迁移率随温度和杂质浓度变化规律示意图

当 N_i 逐渐增大时，电离杂质散射增强，这时迁移率随着温度增加而下降的趋势减缓，当 N_i 很大时，如 $10^{19} \mathrm{cm}^{-3}$，整个温度范围内的迁移率均小于低掺杂或高纯度样品的迁移率，但变化规律在低温条件下会发生显著变化。在低温下，迁移率随着温度增加而上升，这预示着电离杂质散射作用十分显著，当高温时，随着温度上升迁移率下降，这说明晶格散射作用又起到显著效果，如图 5.10 所示。

因此，我们可以总结如下规律：在低温和重掺杂条件下，半导体的电离杂质散射为主要的影响因素，这时随着温度增加迁移率上升；而在高温和低掺杂条件下，晶格振动散射为主要的影响因素，这时随着温度的增加迁移率下降，从而使得电导率也下降。

2. 电导率随温度变化规律

电导率或电阻率是电学测量中更容易被测量的物理量，明晰半导体电导率在不同温度的变化规律，对面向不同工作范围应用的电子器件设计和功能实现具有重要意义。根据上述迁移率的温度变化规律以及第 4 章介绍的载流子浓度随温度变化规律，下面我们将定性地说明电导率随温度的变化规律。

1) 低温区

在低温区，电离杂质散射比晶格振动散射显著，因此随着温度上升迁移率按电离杂质散射规律变化，$\mu_i \propto T^{3/2}$，这时杂质处于弱电离区，其电离的载流子浓度(这里以电子浓度 n 为例)与掺入杂质的电离能 E_I 紧密相关，根据第 4 章知识，可知，

$$
\begin{cases}
n \propto \mathrm{e}^{-E_I/2KT} \text{(单一掺杂半导体)} \\
n \propto \mathrm{e}^{-E_I/KT} \text{(补偿掺杂半导体)}
\end{cases}
\tag{5.51}
$$

这时，电导率随温度变化主要受载流子浓度随温度的 e 指数变化影响，在这个温度区间内，如作 $\ln\sigma \sim 1/T$ 的数学关系图，将获得接近线性的依赖规律，如图 5.11 所示，其中斜率为

$$
\begin{cases}
-E_I/2K \text{(单一掺杂半导体)} \\
-E_I/K \text{(补偿掺杂半导体)}
\end{cases}
\tag{5.52}
$$

因此，通过斜率计算可以得到半导体的杂质电离能 E_I，但是需要区分是单一掺杂半导体还是补偿掺杂半导体。考虑载流子浓度和迁移率的变化，在这个温度区间，电导率随着温度增加而增加。

2) 杂质饱和电离区

当半导体处于饱和电离区的温度范围时，载流子浓度 n 基本不随温度变化，这时电导率随温度变化主要决定于载流子的散射作用。一般饱和电离区接近室温，这时晶格振

动散射将起到主要作用: 随着温度 T 增加, 迁移率 μ 下降, 电导率 σ 也下降, 如图 5.11 所示。

3) 本征激发区

随着温度进一步增加进入到本征激发区, 根据第 4 章, 载流子浓度随温度变化满足 $n \propto e^{-E_g/2KT}$, 载流子浓度急剧增加, 而迁移率随着温度上升而下降。但这时电导率随温度变化主要受载流子浓度影响。根据 $\ln\sigma \sim 1/T$ 数理关系, 获得斜率 $-E_g/2K$, 将容易估算半导体的禁带宽度。

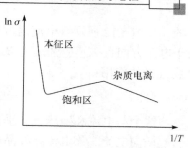

图 5.11 半导体的电导率随温度的变化规律示意图

3. 电导率随杂质浓度变化规律

$$\sigma = nq\mu_n + pq\mu_p \approx \begin{cases} nq\mu_n: & \text{N型} \\ pq\mu_p: & \text{P型} \end{cases} \tag{5.53}$$

在大部分情况下, 半导体处于非重掺杂状态, 如 $10^{16} \sim 10^{18}\,\text{cm}^{-3}$。在室温时, 可以认为杂质处于饱和电离区, 这时在单一掺杂半导体中, $n \approx N_d$ (施主浓度) 或 $p \approx N_a$ (受主浓度), 以 N 型半导体为例

$$\ln\sigma = \ln N_d + \ln q\mu_n \tag{5.54}$$

该情况下 μ_n 随着杂质浓度变化不明显, 电导率主要依赖于掺杂浓度的影响。

5.4 霍 尔 效 应

教学要求

描述霍尔效应的产生过程; 理解霍尔效应的物理意义; 推导单一载流子和两种载流子共存时的霍尔系数表达式; 掌握霍尔系数随温度变化的规律; 设计利用霍尔效应测量半导体各种物理参数的实验方法; 了解磁阻效应。

把有电流通过的半导体样品置于磁场中, 如果磁场的方向与电流的方向垂直, 将在垂直于电流和磁场的方向上产生一个横向电势差, 这种现象称为霍尔效应, 这是 1879 年美国物理学家霍尔(Edwin Herbert Hall)攻读博士学位时在薄金属箔上发现的。半导体的霍尔效应比金属的更为显著。长期以来, 霍尔效应一直是研究半导体基本物理性质的一种重要方法。

在本节中, 我们先在简化模型下讨论霍尔效应, 即假设载流子的弛豫时间是与速度无关的常数。

5.4.1 单一载流子类型的霍尔效应

对于只含有一种载流子的 N 型或 P 型半导体在说明霍尔效应产生原因上是容易理解

的，如图 5.12 所示。电流通过半导体样品是载流子在电场中做漂移运动的结果。当垂直于电流方向且磁感应强度为 B 的磁场存在时，则以漂移速度 v 运动的载流子会受到洛伦兹力 F 的作用：

$$F = \pm q \times (v \times B) \ (\text{+对应空穴，−对应电子}) \tag{5.55}$$

这个与电流和磁场方向垂直的作用力使载流子产生横向运动，也就是磁场的偏转力引起横向电流。该电流在样品两侧造成电荷积累，结果产生横向电场。当横向电场产生的漂移电流与磁场引起的横向电流相抵消时，即总横向电流等于零时，体系达到稳定状态，或者说当横向电场对载流子的作用与磁场的偏转力相互抵消时便达到稳定状态。通常称这个横向电场为霍尔电场，称这个横向电势差为霍尔电势差。

为了方便起见，引入一个直角坐标系描述霍尔效应。如图 5.12 所示，即坐标轴 x, y, z 分别对应长条形样品的长、宽、厚三边的方向。如果电流和磁场分别沿 x 方向和 z 方向，则在 y 方向上产生霍尔电场。图 5.12(a) 和 (b) 分别画出 N 型和 P 型半导体霍尔效应产生的示意图。

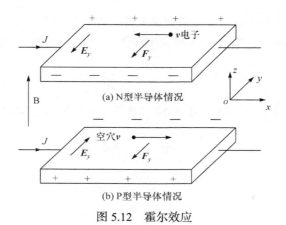

图 5.12　霍尔效应

在电子导电和空穴导电这两种不同类型的半导体中，载流子的(沿着 x 轴)漂移运动方向是相反的，但是由于它们的电荷符号也相反，同一磁场对它们的偏转作用力方向(沿着 y 轴)却是相同的，都是指向负 y 方向($F_y < 0$)。结果在样品两侧积累的电荷在两种情况下符号相反，因此霍尔电场或霍尔电势差也是相反的。N 型半导体的霍尔电场指向 y 的负方向，即 $E_y < 0$，而对于 P 型半导体，则是 $E_y > 0$。按照这个道理，由霍尔电势差的符号可以判断半导体的导电类型。

1. 霍尔系数

实验表明，在弱磁场条件下霍尔电场 E_y 与电流密度 J_x 和磁感应强度 B_z 成正比，即

$$E_y = R J_x B_z \tag{5.56}$$

比例系数 R 称为霍尔系数。

下面以 N 型半导体为例分析霍尔系数的表达式。由于设定弛豫时间是常数，所有的

电子都以相同的漂移速度 v_x (v_x <0)运动，所以磁场使它们偏转的作用力也是相同的。由式(5.55)可得

$$F_y = qv_xB_z \tag{5.57}$$

在稳定情况下，霍尔电场对电子的作用力与磁场的偏转力相互抵消，即

$$-qE_y + qv_xB_z = 0 \tag{5.58}$$

由此得出

$$E_y = v_xB_z \tag{5.59}$$

利用 $J_x = -nqv_x$，式(5.59) 可以写成

$$E_y = -\frac{1}{nq}J_xB_z \tag{5.60}$$

将式(5.60)与式(5.56)比较，得到 N 型半导体的霍尔系数 R_n 为

$$R_n = -\frac{1}{nq} \tag{5.61}$$

同理，P 型半导体霍尔系数 R_p 为

$$R_p = \frac{1}{pq} \tag{5.62}$$

练习题　请根据 P 型半导体的霍尔效应，尝试推导出霍尔系数公式(5.62)。

2. 霍尔角

从上面的讨论可以看出，横向霍尔电场的存在，导致电流和总电场的方向不再相同，它们之间的夹角称为霍尔角。如图 5.13 所示，电流沿 x 方向，霍尔角就是总电场和电流方向的夹角。因此霍尔角 θ 由式(5.63)确定：

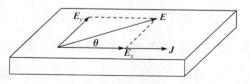

图 5.13　P 型半导体的霍尔角示意图

$$\tan\theta = \frac{E_y}{E_x} \tag{5.63}$$

在弱磁场下，霍尔电场很小，霍尔角也很小，所以式(5.63)可以近似表达为

$$\theta \approx \frac{E_y}{E_x} \tag{5.64}$$

利用式(5.56)和 $J_x = \sigma E_x$ 得出

$$\theta \approx \frac{RJ_xB_z}{E_x} = (R\sigma)B_z \tag{5.65}$$

式(5.65)表明霍尔角的符号与霍尔系数一样，对于 P 型半导体是正值(电场转向 y 轴的正方向)，对于 N 型半导体则是负值(电场转向 y 轴的负方向)。

在式(5.65)中，分别代入 N 型和 P 型半导体的霍尔系数与电导率的表达式，可得电子和空穴的霍尔角分别为

$$\theta_n = -\mu_n B_z \tag{5.66}$$

$$\theta_p = \mu_p B_z \tag{5.67}$$

利用迁移率的表达式 $\mu_n = \dfrac{q\tau_n}{m_n^*}$ 和 $\mu_p = \dfrac{q\tau_p}{m_p^*}$，则式(5.66)或式(5.67)可以改写为

$$\theta_n = -\left(\frac{qB_z}{m_n^*}\right)\tau_n \tag{5.68}$$

$$\theta_p = \left(\frac{qB_z}{m_p^*}\right)\tau_p \tag{5.69}$$

因子 $\dfrac{qB_z}{m^*}$ 是在磁场作用下载流子的速度矢量绕磁场转动的角速度，所以霍尔角的数值就等于在弛豫时间或自由时间内速度矢量所转过的角度。

在弱磁场条件下，霍尔角很小。根据式(5.66)和式(5.67)，这个条件可以写成

$$\mu B \ll 1 \tag{5.70}$$

例如，对于 N 型硅样品，如果电子迁移率为 0.145 m²/（V·s），则取 B 为 0.5 T，就可以认为满足弱磁场条件了。

思考题 请设计一个实验，要求通过该实验测量出某半导体样品的载流子浓度、迁移率、禁带宽度及判断出导电类型。

5.4.2 电子空穴共存的霍尔效应

1. 两种载流子共存的霍尔系数

对于半导体经常会有电子和空穴同时导电的情况，我们采用和上面基本相同的方法讨论这时的霍尔效应。首先分析在相继两次散射之间载流子在外场作用下的运动，根据自由时间的分布规律，求出载流子在多次散射过程中的平均运动速度。

仍然设外加电场和磁场分别沿 x 正方向和 z 正方向，则电子的运动方程为

$$m_n^* \dot{v}_x = -qE_x - qv_y B_z \tag{5.71}$$

$$m_n^* \dot{v}_y = -qE_y + qv_x B_z \tag{5.72}$$

在式(5.71)中，等号右边第二项 $qv_y B_z$ 为沿 y 方向运动时产生 x 方向的洛伦兹力，数量级为 $q(\mu_n B_z)E_y$，在弱磁场条件下，因为 $\mu_n B_z \ll 1$ 和 $E_y \ll E_x$，这一项必然远小于 qE_x，式(5.71)可近似简化为

$$m_n^* \dot{v}_x = -qE_x \tag{5.73}$$

按照上面相同的方法，可得平均漂移速度为 $\bar{v}_x = -\mu_n E_x$。

在式(5.72)中，近似用 $\overline{v}_x$ 代替 v_x，则有

$$m_{\mathrm{n}}^* \dot{v}_y = -qE_y - q\mu_{\mathrm{n}} B_z E_x \tag{5.74}$$

鉴于式(5.74)等号右端两项都是常数，我们又可以用同样的方法求出电子在 y 方向的平均漂移速度 $\overline{v}_{ny}$ 为(式(5.74)对弛豫时间做积分，含横向霍尔电场与横向洛伦兹力的叠加贡献)

$$\overline{v}_{ny} = -\mu_{\mathrm{n}} E_y - \mu_{\mathrm{n}}^2 B_z E_x \tag{5.75}$$

同理，对于空穴有

$$\overline{v}_{py} = \mu_{\mathrm{p}} E_y - \mu_{\mathrm{p}}^2 B_z E_x \tag{5.76}$$

式(5.75)和式(5.76)等号右边第二项同号，源于电子和空穴在 y 方向受到的洛伦兹力方向一致。

将电子和空穴的贡献加起来，可以得到 y 方向的电流密度 J_y 为

$$\begin{aligned}
J_y &= -nq\overline{v}_{ny} + pq\overline{v}_{py} \\
&= nq\mu_{\mathrm{n}} E_y + nq\mu_{\mathrm{n}}^2 E_x B_z + pq\mu_{\mathrm{p}} E_y - pq\mu_{\mathrm{p}}^2 E_x B_z
\end{aligned} \tag{5.77}$$

在稳定情况下 $J_y = 0$，由式(5.77)可得

$$E_y = \frac{p\mu_{\mathrm{p}}^2 - n\mu_{\mathrm{n}}^2}{p\mu_{\mathrm{p}} + n\mu_{\mathrm{n}}} E_x B_z \tag{5.78}$$

利用下面的关系：

$J_x = (nq\mu_{\mathrm{n}} + pq\mu_{\mathrm{p}})E_x$ 和霍尔系数的定义式(5.56)，由式(5.78)得出双载流子的霍尔系数

$$R = \frac{p\mu_{\mathrm{p}}^2 - n\mu_{\mathrm{n}}^2}{(p\mu_{\mathrm{p}} + n\mu_{\mathrm{n}})^2 q} \tag{5.79}$$

如果引入电子和空穴迁移率的比值 $b = \mu_{\mathrm{n}}/\mu_{\mathrm{p}}$，式(5.79)可以简化为

$$R = \frac{p - nb^2}{(p + nb)^2 q} \tag{5.80}$$

应该指出，在两种载流子同时存在且达到稳定后，虽然 y 方向总电流为零，但是电子和空穴在 y 方向的电流并不是分别为零。把式(5.78)分别代入式(5.75)和式(5.76)得到

$$\overline{v}_{ny} = -p \frac{\mu_{\mathrm{p}} \mu_{\mathrm{n}} E_x B_z (\mu_{\mathrm{p}} + \mu_{\mathrm{n}})}{p\mu_{\mathrm{p}} + n\mu_{\mathrm{n}}} \tag{5.81}$$

$$\overline{v}_{py} = -n \frac{\mu_{\mathrm{p}} \mu_{\mathrm{n}} E_x B_z (\mu_{\mathrm{p}} + \mu_{\mathrm{n}})}{p\mu_{\mathrm{p}} + n\mu_{\mathrm{n}}} \tag{5.82}$$

根据式(5.81)和式(5.82)，容易得出 y 方向的电子电流和空穴电流($-nq\overline{v}_{ny}$ 和 $pq\overline{v}_{py}$)大小相等、方向相反，所以总电流为零。

2. 霍尔系数随温度的变化

下面，根据式(5.80)分析霍尔系数随温度的变化。对于大多数半导体，有 $\mu_n > \mu_p$，所以在下面讨论中设 $b > 1$。

对于本征半导体，由于 $n = p = n_i$，所以有

$$R = -\frac{1}{n_i q}\frac{b-1}{b+1} \tag{5.83}$$

在这种情形下 $R < 0$，随着温度升高，n_i 变大，霍尔系数的绝对值减小。N 型或 P 型半导体在本征导电的温度范围内，霍尔系数也按上述规律变化。

对于 P 型半导体，从杂质电离到饱和电离对应的温度范围内，导带中电子很少，这时 $p > nb^2$，因此 $R > 0$。随着温度升高，电子不断地由价带激发到导带，n 逐渐增加，当 $p = nb^2$ 时，$R = 0$。温度再升高，则 $p < nb^2$，$R < 0$。所以当温度从杂质电离区向本征激发区过渡时，P 型半导体的霍尔系数将改变符号(从正到负)。对于 N 型半导体，不管在什么温度下，都有 $p < nb^2$，所以 R 总是小于零的，不改变符号。

图 5.14 给出了 N 型和 P 型 InSb 样品的霍尔系数随温度的变化实验曲线。所有 P 型

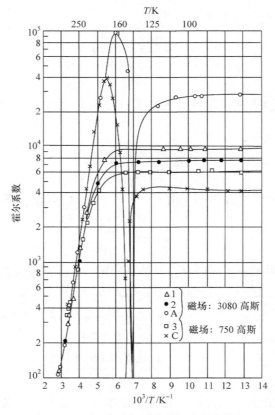

图 5.14 InSb 的霍尔系数随温度的变化[21]

样品的曲线都包含两支：低温的一支，霍尔系数是正的，而高温的一支，霍尔系数是负的。正如上面所指出，霍尔系数要改变符号，在取对数时(图 5.14 纵坐标取对数处理)，P 型样品的霍尔系数随温度变化出现中断；而 N 型样品霍尔系数随温度的变化则是连续的。

5.4.3　霍尔系数的修正

前面讨论得到的所有关系，都假设载流子的弛豫时间是与速度无关的常数，或者认为所有的载流子都以相同的速度做漂移运动，这显然是不符合实际情况的。在考虑电场和磁场同时作用的情形时，必须考虑每个载流子的速度分布函数，即用玻尔兹曼方程求解。

此时，从平均效果来看，载流子偏移运动的迁移率不再等同于电导现象中的迁移率，即电导迁移率 μ_n 或 μ_p，而可以引入一个新的迁移率——霍尔迁移率 μ_H。

此时，对于具有单一载流子半导体相应的霍尔效应相关公式，如 x 方向漂移速度、横向霍尔电场可以修正为

$$\begin{cases} v_x = \pm\mu_H E_x, & +\text{P型}/-\text{N型} \\ E_y = v_x B_z = \pm\mu_H E_x B_z, & +\text{P型}/-\text{N型} \\ (J_p)_x = pq\mu_p E_x, \text{P型}; (J_n)_x = nq\mu_n E_x, \text{N型} \end{cases} \tag{5.84}$$

横向霍尔电场也可以写为

$$\begin{cases} E_y = \left(\dfrac{\mu_H}{\mu}\right)_p \cdot \dfrac{1}{pq}(J_p)_x B_z, & \text{P型} \\ E_y = -\left(\dfrac{\mu_H}{\mu}\right)_n \cdot \dfrac{1}{nq}(J_n)_x B_z, & \text{N型} \end{cases} \tag{5.85}$$

单一载流子霍尔系数修正为

$$\begin{cases} R_p = \left(\dfrac{\mu_H}{\mu}\right)_p \cdot \dfrac{1}{pq}, & \text{P型} \\ R_n = -\left(\dfrac{\mu_H}{\mu}\right)_n \cdot \dfrac{1}{nq}, & \text{N型} \end{cases} \tag{5.86}$$

霍尔迁移率可写为

$$\begin{cases} R_p \cdot \sigma_p = (\mu_H)_p, & \text{P型} \\ R_n \cdot \sigma_n = -(\mu_H)_n, & \text{N型} \end{cases} \tag{5.87}$$

霍尔角修正为

$$\begin{cases} \theta_p = \left(\dfrac{\mu_H}{\mu}\right)_p \mu_p B_z, & \text{P型} \\ \theta_n = -\left(\dfrac{\mu_H}{\mu}\right)_n \mu_n B_z, & \text{N型} \end{cases} \tag{5.88}$$

这里$r = \dfrac{\mu_H}{\mu}$称为霍尔因子，与具体的散射机构有关，例如，①当载流子非简并且受到长声学波散射时，$r = \dfrac{\mu_H}{\mu} = 1.18$。②当载流子非简并且受电离杂质散射时，$r = \dfrac{\mu_H}{\mu} = 1.93$。③当载流子高度简并时，$r = \dfrac{\mu_H}{\mu} = 1$。

最后，对于两种载流子共存的半导体的霍尔系数也可以修正为(设$r = r_n = r_p$)

$$R = r \dfrac{p\mu_p^2 - n\mu_n^2}{(p\mu_p + n\mu_n)^2 q} \tag{5.89}$$

事实上，由于载流子的弛豫时间是速度(或能量)的函数，所以它们的漂移速度并不完全相同。根据式(5.58)，即$-qE_y + qv_xB_z = 0$和式(5.84)中的$v_x = \pm\mu_H E_x$，只是对于漂移速度为某一确定数值($\mu_H E_x$)的载流子，横向霍尔电场的作用才可以刚好抵消磁场的偏转作用。对于漂移速度小于这个数值的载流子，洛伦兹力小于横向电场力，它们将沿着霍尔电场方向偏转；而漂移速度大于这个数值的载流子，洛伦兹力大于横向电场力，它们将沿着磁场力方向偏转。载流子漂移运动的这种偏转，将使沿着原来施加外电场方向(x方向)的电流密度减小，也就是由于磁场的作用，增加了电阻，这种现象称为磁阻效应，关于磁阻效应的相关内容将在第11章做进一步介绍。

5.5　强电场效应

理解强电场下欧姆定律发生偏离的物理成因；了解耿氏效应；了解负阻效应。

5.5.1　强电场的载流子漂移

在电场不太强时，电流密度与电场强度服从线性依赖关系的欧姆定律，即$J = \sigma E$。这说明对于给定的材料电导率σ是常数，与电场无关。换句话说，平均漂移速度($\bar{v}_d$)与电场强度成正比，迁移率大小也与电场无关。但是当电场强度增强到10^3 V/cm以上时，实验发现J与电场强度E不再成正比，从而偏离了欧姆定律，这时表明电导率不再是常数，而是随着电场改变的物理量。事实上，电导率取决于载流子浓度和迁移率，实验指出当电场强度增加到10^5 V/cm时，载流子浓度才开始变化。所以电场强度在$10^3 \sim 10^5$ V/cm内偏离欧姆定律，只能说明平均漂移速度与电场强度不再成正比，迁移率会随电场而发生改变。

图5.15给出锗和硅的平均漂移速度($\bar{v}_d$)与电场强度(E)的关系图。从图5.15中看出，N型锗在电场强度$E < 7 \times 10^2$ V/cm时，$\bar{v}_d$与E呈线性关系，其斜率便是迁移率，即μ与E无关；当$7 \times 10^2 < E < 5 \times 10^3$ V/cm时，$\bar{v}_d$增加缓慢，即μ随E增加逐渐降低；当

$E > 5 \times 10^3$ V/cm 时，$\bar{v}_d$ 达到饱和，基本不随 E 变化。N 型硅的变化和锗类似，仅是 E 的范围稍有不同，两者漂移速度的饱和值分别约为 6×10^6 cm/s 和 10^7 cm/s。

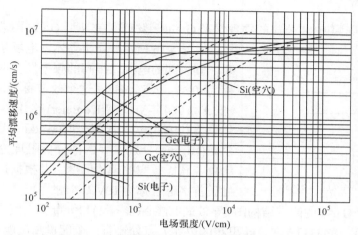

图 5.15　在室温下锗和硅中载流子的平均漂移速度与电场强度的关系

　　下面，我们将分析强电场下欧姆定律发生偏离的原因。主要可以从载流子与晶格振动散射时的能量交换过程来说明。在无外加电场的情况下，当载流子和晶格散射时，将吸收声子或者发射声子，并与晶格交换动量和能量，交换的净能量为零，两者处于热平衡状态。

　　当电场存在时，载流子从电场中获得能量，随后又以发射声子的形式将能量传递给晶格。这时，载流子发射的声子数目将多于吸收的声子数目。达到稳定状态时，单位时间载流子从电场中获得的能量与传递给晶格的能量相同。但是，在强电场情况下，载流子从电场中获得的能量很多，载流子的平均能量比热平衡态时大，因而载流子和晶格系统不再处于热平衡状态。温度是平均动能的量度，既然载流子的能量大于晶格系统的能量，人们便引进载流子有效温度 T_e 来描述不与晶格系统处于热平衡的载流子情形，并称这时的载流子为热载流子。所以，在强电场下，载流子温度 T_e 比晶格温度 T_L 高，热载流子的平均能量比晶格的平均能量大。热载流子与晶格散射时，由于热载流子能量高，速度大于热平衡状态下的速度，根据 $\tau = l/v$ 可看出，在平均自由程 l 基本保持不变下，平均自由时间将减小，因而迁移率显著降低。

　　设迁移率 μ 为强电场下的迁移率，μ_0 为低电场时的迁移率，其关系可以表示为

$$\mu = \mu_0 \sqrt{\frac{T_L}{T_e}} \tag{5.90}$$

　　当载流子和晶格处于热平衡时，$T_e = T_L$ 所以 $\mu = \mu_0$，这就是弱电场下遵守欧姆定律的情况。

　　当电场不是很强时，载流子主要受声学波散射，迁移率有所降低。当电场进一步增强，载流子能量高到可以和光学波声子能量相比时，散射可以发射光学波声子，于是载流子获得的能量大部分又消失，因而平均漂移速度可以达到饱和，这时偏离了欧姆定律。

当电场再增强，就会发生击穿。

5.5.2 耿氏效应

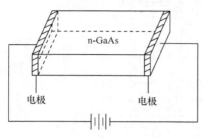

图 5.16 耿氏效应二极管

1963 年，美国 IBM 公司的物理学家 Gunn[22]发现，在 N 型 GaAs 两端电极上加上电压，如图 5.16 所示，当半导体内电场超过 $3×10^3$ V/cm 时，其内部的电流以很高的频率发生振荡，该振荡频率为 0.47～6.5 GHz，这个效应称为耿氏效应(Gunn effect)。1964 年克罗默(Koremer)指出，这种效应与 1961 年里德利(Ridley)和沃特金斯(Watkins)以及 1962 年希尔萨(Hilsum)分别发表的微分负阻理论相一致，从而解决了耿氏效应的理论问题，并根据这三位科学家的姓氏首字母合称为 RWH 机制[23]。

图 5.17 为 GaAs 的能带结构图，导带最低能谷(能谷 1)和价带极大值均在布里渊区中心 Γ 点处($k=0$)。在[111]方向，布里渊区边界 L 点处还有一个能量高出能谷 1 约 0.29 eV 的能谷 2，称为卫星谷。当温度不太高、电场不太强时，导带电子大部分位于能谷 1。能谷 2 的曲率比能谷 1 小，所以能谷 2 的电子有效质量比能谷 1 的电子有效质量大(能谷 1 的 $m_1^* = 0.067m_0$；能谷 2 的 $m_2^* = 0.55m_0$)。这时两能谷的电子迁移率也不同，能谷 1 的 $\mu_1 = 6000～8000\text{cm}^2/(\text{V}\cdot\text{s})$，视纯度而异；能谷 2 的 $\mu_2 = 920\text{cm}^2/(\text{V}\cdot\text{s})$。

当样品两端施加电压时，样品内部便产生电场 E。N 型 GaAs 中电子的平均漂移速度 $\overline{v}_d$ 随电场的变化如图 5.18 所示，在 $E = 3×10^3～2×10^4$ V/cm 内出现微分负电导区，迁移率为负值；当 E 再增大时，平均漂移速度趋于饱和值 10^7 cm/s。

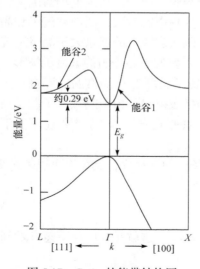

图 5.17 GaAs 的能带结构图

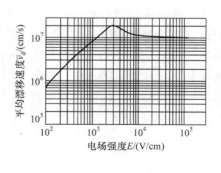

图 5.18 GaAs 电子平均漂移速度和电场强度的关系

之所以会产生负微分电导或负迁移率，是由于当电场达到 $3×10^3$ V/cm 后，能谷 1 中的电子从电场中获得足够能量开始转移到能谷 2，从而发生能谷间散射。这时，电子的准动量有较大变化，伴随散射而发射或吸收一个光学声子，如图 5.19 所示。进入能谷 2 的电子，有效质量大为增加，迁移率大大降低，平均漂移速度减小，电导率下降，产生负阻效应。

设 n_1、n_2 分别代表能谷 1 和能谷 2 中的电子浓度，总浓度 $n = n_1 + n_2$，则电导率为

$$\sigma = q(n_1\mu_1 + n_2\mu_2) = nq\bar{\mu} \tag{5.91}$$

$\bar{\mu}$ 为平均迁移率，可以写为

$$\bar{\mu} = \frac{n_1\mu_1 + n_2\mu_2}{n_1 + n_2} \tag{5.92}$$

$$\bar{v}_d = \bar{\mu}E = \frac{n_1\mu_1 + n_2\mu_2}{n_1 + n_2}E \tag{5.93}$$

电流密度为

$$J = nq\bar{\mu}E = nq\bar{v}_d \tag{5.94}$$

图 5.20 为 $\bar{v}_d$ 与电场强度 E 的关系曲线，当电场很低时（$E < E_1$），$n_1 \approx n$，$n_2 \approx 0$，$\bar{v}_d = \mu_1 E$；电场很强时（$E > E_2$），大部分电子转移到能谷 2，$n_1 \approx 0$，$n_2 \approx n$，$\bar{v}_d = \mu_2 E$ 漂移速度变低；在 $E_1 < E < E_2$，n_2 不断增多，n_1 不断减少，因为 $\mu_2 < \mu_1$，所以平均漂移速度不断随电场的增大而降低。

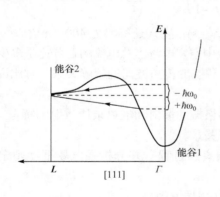
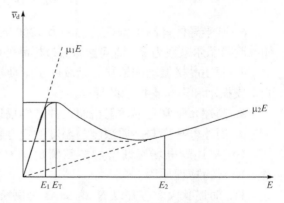

图 5.19　能谷间散射示意图　　　图 5.20　$\bar{v}_d$ 与电场强度 E 的关系曲线

对电流密度的式子进行微分，可以得到

$$\frac{\mathrm{d}j}{\mathrm{d}E} = nq\frac{\mathrm{d}\bar{v}_d}{\mathrm{d}E} \tag{5.95}$$

$\mathrm{d}j / \mathrm{d}E$ 称为微分电导，在 $\left(\mathrm{d}\bar{v}_d / \mathrm{d}E\right) < 0$ 的区域就出现负微分电导，这时迁移率为负值。负微分电导开始时的电场定义为阈值电场强度 E_T，其值约为 $3.2 \times 10^3\,\mathrm{V/cm}$，起始时微分负迁移率为 $-2400\,\mathrm{cm^2/V \cdot s}$，终止时电场约为 $2 \times 10^4\,\mathrm{V/cm}$，当外加电压使样品内部电场强度最初处于负微分电导区时，就可以产生微波振荡。

习 题

1. 电子的平均动能为 $\frac{3}{2}KT$，若有效质量为 $0.2m_0$，试求室温时电子热运动的均方根速度。设电子的迁移率为 $1000~\text{cm}^2/(\text{V}\cdot\text{s})$，算出 $100~\text{V/cm}$ 电场下的漂移速度，并把它与上面热运动速度的结果作比较。

2. $300~\text{K}$ 时，Ge 的本征电阻率为 $47~\Omega\cdot\text{cm}$，如果电子和空穴迁移率分别为 $3900~\text{cm}^2/(\text{V}\cdot\text{s})$ 和 $1900~\text{cm}^2/(\text{V}\cdot\text{s})$，试求本征 Ge 的载流子浓度。

3. 设 Si 的电子和空穴迁移率分别为 $1350~\text{cm}^2/(\text{V}\cdot\text{s})$ 和 $480~\text{cm}^2/(\text{V}\cdot\text{s})$，试计算 Si 的室温电导率。当掺入亿分之一（$10^{-8}$）的 As 后，如果杂质全部电离，电导率应该是多少？它比本征 Si 的电导率增大了多少倍？

4. 一个 InSb 样品，室温时的空穴浓度为电子浓度的 9 倍，试计算霍尔系数，并指出样品的导电类型。在这个问题中，能否根据霍尔系数的正负判断导电类型？设室温时，$b = \dfrac{\mu_\text{n}}{\mu_\text{p}} = 100$，$n_\text{i} = 1.1\times 10^{16}~\text{cm}^{-3}$（取霍尔因子 $r=1$）。

5. 对于 P 型样品，设 $T = T_0$ 时，霍尔系数 $R(T_0) = 0$，电导率 $\sigma(T_0) = \sigma_0$，试证明：

$$\sigma_0 = q\mu_\text{p}N_\text{A}\left(\frac{b}{b-1}\right)$$

6. 某半导体样品中电子迁移率为 $1200~\text{cm}^2/(\text{V}\cdot\text{s})$，空穴迁移率为 $400~\text{cm}^2/(\text{V}\cdot\text{s})$，如果测得霍尔系数为零，请问这时流过样品的电流中空穴电流占总电流的百分比是多少？

7. 简述晶格振动的横波、纵波原子振动模式和波的传播方向的依赖关系，对比说明光学支振动和声学支振动的异同。

8. 简述几种常见的散射机制，并详细描述晶格振动散射和电离杂质散射的特点。

9. 简述电导率与杂质浓度、温度的定性物理关系。

10. 描述随电场逐渐增加使欧姆定律发生偏离的过程，并分析强电场下欧姆定律发生偏离的物理原因。

11. 简述耿氏效应并以 N 型 GaAs 为例解释其物理原因。

第 *6* 章

非平衡载流子

在半导体中，非平衡载流子起着重要作用。许多物理效应都是和非平衡载流子相联系的，如晶体管放大信号、半导体的发光和光电导等都与非平衡载流子有密切关系。

本章主要讨论非平衡载流子的运动规律及它们的产生和复合机制。

6.1 非平衡载流子的产生和复合

教学要求

1. 热平衡态与非平衡态的区别。
2. 非平衡载流子的寿命及其意义。
3. 准费米能级及其适用条件。
4. 准费米能级在能带图中不同位置的意义。

6.1.1 非平衡载流子的产生

在第 5 章所讲的电荷输运现象中，外加电场和磁场的作用，只是改变载流子在一个能带中能级之间的分布，并没有引起电子在能带之间的跃迁，导带和价带中的载流子数目都没有改变。在本章中用 n_0 和 p_0 分别表示平衡电子浓度和空穴浓度。

但是，另一种情况是在外界作用下，能带中的载流子数目发生明显改变，半导体处于非平衡状态。半导体中的载流子浓度就不再是 n_0 和 p_0，而是多出一部分。比平衡态多出来的这部分载流子，称为过剩载流子，也称为非平衡载流子。

设想有一个 N 型半导体($n_0 > p_0$)，若用光子的能量大于禁带宽度的光照射该半导体时，则可将价带的电子激发到导带，使导带比平衡时多出一部分电子Δn，价带比平衡时多出一部分空穴Δp，如图 6.1 所示。在这种情况下，电子浓度和空穴浓度分别为

$$n = n_0 + \Delta n \tag{6.1}$$

$$p = p_0 + \Delta p \tag{6.2}$$

而且

$$\Delta n = \Delta p \tag{6.3}$$

式中，Δn 和 Δp 就是非平衡载流子浓度。电子称为非平衡多数载流子，而空穴称为非平衡少数载流子。对于 P 型半导体则相反。

通过光照产生非平衡载流子的方法，称为光

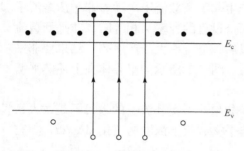

图 6.1 光照产生非平衡载流子的示意图

注入。如果非平衡少数载流子的浓度远小于平衡多数载流子的浓度，则称为小注入。例如，在室温下，$n_0=1.5\times10^{15}\text{cm}^{-3}$ 的 N 型硅中，空穴浓度 $p_0=1.5\times10^5\text{cm}^{-3}$。如果注入的非平衡载流子 $\Delta p=\Delta n=10^{10}\text{cm}^{-3}$，则 $\Delta p\ll n_0$，满足小注入条件，可以看到，导带电子浓度的变化非常小是可以忽略不计的，但是空穴浓度却增加了近 5 个数量级。所以，非平衡载流子对多数载流子和少数载流子的数量影响差别很大。

注入的非平衡载流子可以引起电导调制效应，使半导体的电导率由平衡值 σ_0 增加为 $\sigma_0+\Delta\sigma$。附加电导率 $\Delta\sigma$ 是由非平衡载流子贡献的，可表示为

$$\Delta\sigma = \Delta nq\mu_\text{n} + \Delta pq\mu_\text{p} \tag{6.4}$$

若 $\Delta n=\Delta p$，则有

$$\Delta\sigma = \Delta pq(\mu_\text{n} + \mu_\text{p}) \tag{6.5}$$

通过附加电导率的测量可以直接检验非平衡载流子的存在。

除了光注入，还可以用电注入方法产生非平衡载流子。给 PN 结加正向电压，在接触面附近产生非平衡载流子，就是最常见的电注入的例子。当金属与半导体接触时，加上适当极性的电压，也可以注入非平衡载流子。另外，高能粒子也可以激发电子-空穴对。

6.1.2   非平衡载流子的复合和寿命

非平衡载流子是在外界作用下产生的，它们的存在相应于非平衡情况。当外界作用撤除以后，由于半导体的内部作用，非平衡载流子将逐渐消失，也就是导带中的非平衡电子落入到价带的空状态中，使电子和空穴成对地消失，这个过程称为非平衡载流子的复合。

非平衡载流子的复合是半导体由非平衡态趋向平衡态的一种弛豫过程。非 0 K 时，由于热激发等内部作用，半导体中的载流子不停地进行能级间的跃迁。电子持续地从价带激发到导带，产生电子-空穴对；同时，电子又不停地从导带跃迁到价带，与空穴复合，使得导带电子和价带空穴消失。通常把单位时间单位体积内产生的载流子数称为载流子的产生率，而把单位时间单位体积内复合的载流子数称为载流子的复合率。热平衡时，电子与空穴的产生率与复合率相等，产生与复合过程达到动态平衡，使得载流子浓度保持不变。当有外界作用时(例如，光照)，破坏了产生与复合之间的相对平衡，产生率将大于复合率，使半导体中载流子的数目增多，即产生非平衡载流子。随着非平衡载流子数目的增多，复合率随之增大。当产生和复合这两个过程的速率又相等时，非平衡载流子数目不再增加，达到稳定值。在外界作用撤除以后，复合率大于产生率，结果使非平衡载流子逐渐减少，直至消失，恢复到热平衡状态。图 6.2 所示为半导体在上述热平衡态与非平衡态之间的弛豫过程。

实验证明，在只存在体内复合的简单情况下，如果非平衡载流子的数目不是太大，则在单位时间内，由于少子与多子的复合而引起非平衡载流子浓度的变化 $\text{d}\Delta p/\text{d}t$，与它们的浓度 Δp 成比例，即

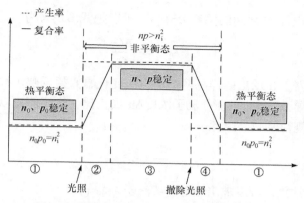

图 6.2　平衡态和非平衡态的产生率和复合率

$$\frac{\mathrm{d}\Delta p}{\mathrm{d}t} \propto \Delta p$$

引入比例系数 $1/\tau$，则可写成等式

$$\frac{\mathrm{d}\Delta p}{\mathrm{d}t} = -\frac{\Delta p}{\tau} \tag{6.6}$$

由式(6.6)可以看出，$1/\tau$ 表示在单位时间内复合掉的非平衡载流子在现存的非平衡载流子中所占的比例。所以，$1/\tau$ 是单位时间内每个非平衡载流子被复合掉的概率。$\Delta p/\tau$ 是非平衡载流子的复合率。

求解式(6.6)，可得

$$\Delta p = \Delta p_0 \mathrm{e}^{-t/\tau} \tag{6.7}$$

式中，Δp_0 是 $t = 0$ 时的非平衡载流子浓度。式(6.7)表明，非平衡载流子浓度随时间按指数规律衰减，τ 是反映衰减快慢的时间常数。τ 越大，Δp 衰减得越慢。所以，τ 标志着非平衡载流子在复合前平均存在的时间，通常称它为非平衡载流子的寿命。

寿命是标志半导体材料质量的主要参数之一。依据半导体材料的种类、纯度和结构完整性的不同，它可以在 $10^{-9} \sim 10^{-2}\mathrm{s}$ 的范围内变化。一般地说，对于硅和锗容易获得非平衡载流子寿命长的样品，可以达到毫秒的数量级。砷化镓的非平衡载流子寿命则很短，约为纳秒的数量级。通常平面器件用的硅材料，寿命都在几十微秒以上。

练习题　利用式(6.7)，验证 τ 等于非平衡载流子复合前的平均存在时间。

在实验上可以利用很多方法测量寿命，直流光电导衰减法是最常见的一种，图 6.3 是其基本原理的示意图，光脉冲照射在半导体样品上，在样品中产生非平衡载流子，使样品的电导发生改变，要测量的是在光照结束后，附加电导 ΔG 的变化。选择串联电阻 R_L 的阻值远大于样品电阻 R，当样品的电阻因光照而改变时，流过样品的电流 I 基本上不变。在这种情况下，样品两端电压的相对变化 $\Delta V/V$ 为

$$\frac{\Delta V}{V} = \frac{\Delta R}{R} \tag{6.8}$$

利用电阻 R 与电导 G 之间的关系 $R=1/G$，可以把式(6.8)写为

$$\frac{\Delta V}{V} = -\frac{\Delta G}{G} \tag{6.9}$$

式(6.9)表明，示波器上显示出的样品两端的电压变化，直接反映了样品电导的变化，根据式(6.5)，附加电导 ΔG 和非平衡载流子浓度 Δp 成正比，光照停止以后，ΔG 与 Δp 都将按照式(6.7)给出的规律衰减。因此

$$\frac{\Delta V}{V} \propto e^{-t/\tau} \tag{6.10}$$

由电压变化的时间常数，可以求出非平衡载流子寿命 τ。

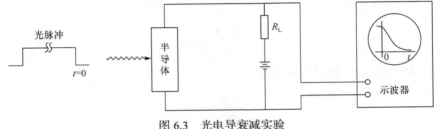

图 6.3　光电导衰减实验

6.1.3　准费米能级

如第 4 章所述，在热平衡情形下，可以用一个统一的费米能级 E_F 描述电子在能级上的分布。在非简并半导体中，电子和空穴浓度以及它们的乘积可以分别表示为

$$n_0 = N_c \exp\left(-\frac{E_c - E_F}{KT}\right) \tag{6.11}$$

$$p_0 = N_v \exp\left(-\frac{E_F - E_v}{KT}\right) \tag{6.12}$$

$$n_0 p_0 = n_i^2 \tag{6.13}$$

当有非平衡载流子存在时，半导体系统处于非平衡状态，不再存在统一的费米能级。但是在一个能带范围内的非平衡载流子，通过和晶格的频繁碰撞(晶格散射)，在比它们的平均存在时间(寿命)短得多的时间内($10^{-12} \sim 10^{-11}$s)，使自身的能量平衡分布。也就是说，导带中的电子子系统和价带中的空穴子系统相互独立地与晶格处于平衡状态，是一种近平衡状态，也称为"准平衡"，但子系统之间，因为较大能量的禁带间隔，载流子交换不足，无法建立平衡。在这种情况下，可以认为，费米能级和统计分布函数对处于非平衡状态的导带电子系统和价带空穴系统各自仍然是适用的，进而可以定义各自的费米能级，称为准费米能级。设电子(导带)和空穴(价带)的准费米能级分别为 E_{Fn} 和 E_{Fp}，则电子和空穴占据能级 E 的概率 f_n 和 f_p 可以写为

$$f_n = \cfrac{1}{\exp\left(\cfrac{E - E_{Fn}}{KT}\right) + 1} \tag{6.14}$$

和

$$f_p = \cfrac{1}{\exp\left(\cfrac{E_{Fp} - E}{KT}\right) + 1} \tag{6.15}$$

引入准费米能级后，对于非简并半导体，电子和空穴浓度的表示式与式(4.25)和式(4.27)有相同的形式：

$$n = N_c \exp\left(-\frac{E_c - E_{Fn}}{KT}\right) \tag{6.16}$$

$$p = N_v \exp\left(-\frac{E_{Fp} - E_v}{KT}\right) \tag{6.17}$$

由式(6.16)和式(6.17)可以求出电子和空穴浓度的乘积为

$$np = n_i^2 \exp\left(\frac{E_{Fn} - E_{Fp}}{KT}\right) \tag{6.18}$$

比较式(6.13)和式(6.18)，容易看出，E_{Fn} 和 E_{Fp} 之间距离的大小，直接反映了半导体偏离热平衡态的程度，它们之间的距离越大，偏离热平衡态越显著；两者的距离越小，就越接近热平衡态，当 E_{Fn} 和 E_{Fp} 重合时，则系统有统一的费米能级，半导体处于热平衡态。

下面讨论准费米能级 E_{Fn} 和 E_{Fp} 与热平衡态的费米能级 E_F 之间的相对位置，为此，利用式(6.11)和式(6.12)，把式(6.16)和式(6.17)表示为

$$n = n_0 \exp\left(\frac{E_{Fn} - E_F}{KT}\right) = n_i \exp\left(\frac{E_{Fn} - E_i}{KT}\right) \tag{6.19}$$

$$p = p_0 \exp\left(\frac{E_F - E_{Fp}}{KT}\right) = n_i \exp\left(\frac{E_i - E_{Fp}}{KT}\right) \tag{6.20}$$

在有非平衡载流子存在时，由于 $n>n_0$ 和 $p>p_0$，所以无论是 E_{Fn} 还是 E_{Fp} 都偏离 E_F，E_{Fn} 偏向导带底 E_c，而 E_{Fp} 则偏向价带顶 E_v。但是，E_{Fn} 和 E_{Fp} 偏离 E_F 的程度是不同的。例如，对于 N 型半导体，在小注入条件下，多子电子浓度几乎不变，即 $n \approx n_0$，此时，导带量子态被电子占据概率与热平衡时相比增加很小，所以 E_{Fn} 偏离 E_F 很小；然而，少子空穴浓度变化很大，即 $p \gg p_0$，价带量子态被空穴占据概率与热平衡时相比增加很大，所以 E_{Fp} 很大

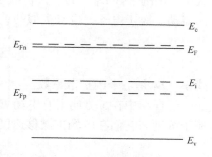

图 6.4 准费米能级和平衡态的费米能级

地偏离 E_F。一般说来，多数载流子的准费米能级非常靠近平衡态的费米能级 E_F，两者基本上是重合的，而少数载流子的准费米能级则偏离 E_F 很大。小注入条件下，N 型半导体的准费米能级偏离热平衡态费米能级的情况如图 6.4 所示。

上述分析的"非平衡"，仅指载流子在各子系统的数量分配上偏离平衡，其能量分布仍可以是平衡或近平衡的。相反，在有些情形下，载流子在数量上未发生显著变化，但其能量分布却是非平衡的。强电场下的热电子就是这种情况。

6.2 连续性方程

教学要求

1. 载流子的扩散流和漂移流及其电流密度的表达形式。
2. 爱因斯坦关系的意义及其推导。
3. 连续性方程中各项对应的物理因素。
4. 空间电荷的弛豫。

当半导体中产生非平衡载流子时，电子浓度 n 和空穴浓度 p 都是空间坐标和时间的函数，即 $n=n(x, y, z, t)$ 和 $p=p(x, y, z, t)$。连续性方程就是电子和空穴浓度的变化速率所满足的方程式，它是描述非平衡载流子运动的基本方程。

6.2.1 载流子的流密度和电流密度

在杂质均匀分布的半导体中，热平衡情况下，载流子浓度处处相同，不会出现载流子扩散。当半导体的局部区域产生非平衡载流子时，由于载流子浓度的不均匀，将发生载流子由高浓度区向低浓度区的扩散运动。

实验表明，载流子的扩散流密度与它们的浓度梯度成正比。对于沿 x 方向的一维扩散，可以写出

$$空穴扩散流密度 = -D_p \frac{\partial p}{\partial x} \tag{6.21}$$

式中，比例常数 D_p 称为空穴扩散系数。等式右边的负号，表示空穴是向着浓度减小的方向流动。对于电子，也有类似的关系式存在：

$$电子扩散流密度 = -D_n \frac{\partial n}{\partial x} \tag{6.22}$$

式中，D_n 是电子的扩散系数。

当样品中在 x 方向上有电场 E 存在时，载流子还要做漂移运动。漂移流密度等于载流子浓度与它们在电场中漂移速度的乘积，由此可以得出

$$空穴漂移流密度 = p\mu_p E \tag{6.23}$$

$$电子漂移流密度 = -n\mu_n E \tag{6.24}$$

式中，μ_p 和 μ_n 分别是空穴和电子的迁移率。式(6.24)中的负号表示电子漂移运动的方向与电场的方向相反。

在载流子的浓度梯度和电场同时存在时，载流子的流密度等于扩散流密度与漂移流密度之和。根据式(6.21)～式(6.24)，可得空穴流密度 S_p 和电子流密度 S_n 为

$$S_p = p\mu_p E - D_p \frac{\partial p}{\partial x} \tag{6.25}$$

$$S_n = -n\mu_n E - D_n \frac{\partial n}{\partial x} \tag{6.26}$$

用空穴电荷($+q$)乘以式(6.25)，用电子电荷($-q$)乘以式(6.26)，便得到空穴和电子的电流密度 j_p 和 j_n 为

$$j_p = pq\mu_p E - qD_p \frac{\partial p}{\partial x} \tag{6.27}$$

$$j_n = nq\mu_n E + qD_n \frac{\partial n}{\partial x} \tag{6.28}$$

在图 6.5 中，箭头表示出电子和空穴的流密度和电流密度之间的关系。

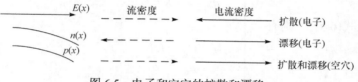

图 6.5　电子和空穴的扩散和漂移

三维情况下，空穴和电子的浓度是空间坐标(x, y, z)的函数，电场为 E，则空穴和电子的电流密度 j_p 和 j_n 可写为

$$j_p = pq\mu_p E - qD_p \nabla p \tag{6.29}$$

$$j_n = nq\mu_n E + qD_n \nabla n \tag{6.30}$$

式中，∇p 和 ∇n 分别是空穴和电子的浓度梯度。

6.2.2　爱因斯坦关系

在热平衡情况下，在杂质非均匀分布的半导体中，载流子也是非均匀分布的。载流子浓度梯度的存在，必然引起载流子的扩散运动，使载流子趋向于均匀分布；但是电离杂质是固定不动的，这时半导体中出现空间电荷，因而形成电场。通常称这种电场为自建电场，这个电场又引起载流子的漂移运动。在热平衡情况下，自建电场引起的漂移电流与扩散电流彼此抵消，总的电流密度等于零。对于电子，由式(6.28)得出

$$nq\mu_n E = -qD_n \frac{\partial n}{\partial x} \tag{6.31}$$

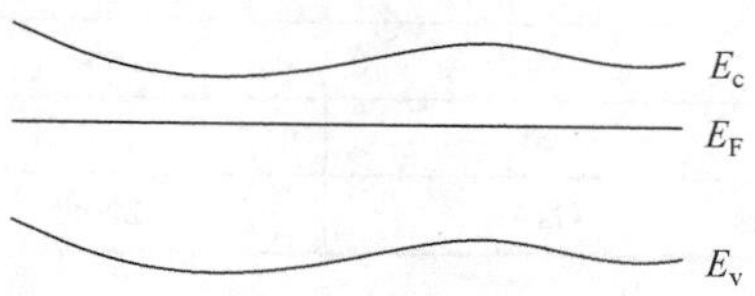

图 6.6 所示为非均匀的 N 型半导体的能带图。在

图 6.6　非均匀半导体能带的示意图

平衡时，半导体各处的费米能级都相同。由于存在自建电场，电势 V 是坐标 x 的函数，这将使电子附加静电势能 $-qV(x)$。例如，导带底的电子能量 $E_c(x)$ 可写为

$$E_c(x) = -qV(x) + 常数 \tag{6.32}$$

在非简并情况下，电子浓度 n 由式(4.25)给出：

$$n(x) = N_c \exp\left(-\frac{E_c(x) - E_F}{KT}\right) \tag{6.33}$$

由式(6.33)可得

$$\frac{\partial n(x)}{\partial x} = -\frac{n}{KT}\frac{\partial E_c(x)}{\partial x} \tag{6.34}$$

再利用式(6.32)求出

$$\frac{\partial E_c(x)}{\partial x} = -q\frac{\partial V(x)}{\partial x} = qE \tag{6.35}$$

于是得到

$$\frac{\partial n(x)}{\partial x} = -\frac{q}{KT}n(x)E \tag{6.36}$$

把式(6.36)代入式(6.31)，则有

$$\frac{D_n}{\mu_n} = \frac{KT}{q} \tag{6.37}$$

同理，对于空穴，得出

$$\frac{D_p}{\mu_p} = \frac{KT}{q} \tag{6.38}$$

通常把式(6.37)和式(6.38)称为爱因斯坦关系。虽然它们是在热平衡条件下得到的，但是实验上证实，在有非平衡载流子存在时，这种关系仍然成立。正如上面所述，无论是非平衡电子还是非平衡空穴，通过与晶格的碰撞，它们在比寿命短得多的时间内，就能使自身的能量平衡分布。因此，在复合前的绝大部分时间内，非平衡载流子与平衡载流子已经没有什么区别。

利用爱因斯坦关系，在扩散系数和迁移率两个量中，只要测量出其中一个，就可以计算出另一个。在表 6.1 中，列举出几种半导体在 300K 时的扩散系数和迁移率。

表 6.1 载流子的扩散系数和迁移率

	$D_n/(cm^2/s)$	$D_p/(cm^2/s)$	$\mu_n/(cm^2/(V \cdot s))$	$\mu_p/(cm^2/(V \cdot s))$
Ge	100	50	3900	1900
Si	35	12.5	1350	480
GaAs	220	10	8500	400

式(6.37)和式(6.38)只适用于非简并情况。按上述讨论扩展到包括简并半导体在内的

一般情形，简约费米能级 η_n 和电子浓度 n 分别由式(4.99)和式(4.100)给出：

$$\eta_n = \frac{E_F - E_c(x)}{KT} \tag{6.39}$$

$$n(x) = \frac{2}{\sqrt{\pi}} N_c F_{1/2}(\eta_n) \tag{6.40}$$

由式(6.39)和式(6.40)可得

$$\frac{\partial n(x)}{\partial x} = \frac{2}{\sqrt{\pi}} N_c \frac{\partial F_{1/2}(\eta_n)}{\partial \eta_n} \left(-\frac{1}{KT} \right) \frac{\partial E_c(x)}{\partial x} \tag{6.41}$$

利用费米积分 $F_j(\eta)$ 的表达式：

$$F_j(\eta) = \int_0^\infty \frac{\xi^j \mathrm{d}\xi}{\exp(\xi - \eta) + 1}$$

可以求出

$$\begin{aligned}
\frac{\partial F_{1/2}(\eta_n)}{\partial \eta_n} &= \int_0^\infty \xi^{1/2} \frac{\partial}{\partial \eta_n} \left(\frac{1}{\exp(\xi - \eta_n) + 1} \right) \mathrm{d}\xi \\
&= -\int_0^\infty \xi^{1/2} \frac{\partial}{\partial \xi} \left(\frac{1}{\exp(\xi - \eta_n) + 1} \right) \mathrm{d}\xi \\
&= \frac{1}{2} \int_0^\infty \frac{\xi^{-1/2} \mathrm{d}\xi}{\exp(\xi - \eta_n) + 1}
\end{aligned}$$

即

$$\frac{\partial F_{1/2}(\eta_n)}{\partial \eta_n} = \frac{1}{2} F_{-1/2}(\eta_n) \tag{6.42}$$

根据式(6.35)和式(6.42)，可以把式(6.41)表示为

$$\frac{\partial n(x)}{\partial x} = -\frac{2}{\sqrt{\pi}} N_c \frac{qE}{2KT} F_{-1/2}(\eta_n) \tag{6.43}$$

将式(6.40)和式(6.43)代入式(6.31)，则得

$$\frac{D_n}{\mu_n} = 2 \frac{KT}{q} \frac{F_{1/2}(\eta_n)}{F_{-1/2}(\eta_n)} \tag{6.44}$$

在非简并情况下，费米能级远在导带底之下，即 $\eta_n \ll -1$，则式(6.44)简化成式(6.37)。

6.2.3　连续性方程

建立连续性方程，需要考虑非平衡载流子的产生、复合、扩散和漂移过程的作用。现在讨论图 6.7 中小体积元 $\mathrm{d}x\mathrm{d}y\mathrm{d}z$ 中空穴数目的变化。令 t 时刻的空穴浓度为 $p(x, y, z, t)$，而在 $t+\mathrm{d}t$ 时空穴浓度是 $p(x, y, z, t+\mathrm{d}t)$。显然，在 $\mathrm{d}t$ 时间内，小体积元中空穴数的变化为

$$p(x, y, z, t + \mathrm{d}t)\mathrm{d}x\mathrm{d}y\mathrm{d}z - p(x, y, z, t)\mathrm{d}x\mathrm{d}y\mathrm{d}z = \frac{\partial p}{\partial t}\mathrm{d}x\mathrm{d}y\mathrm{d}z\mathrm{d}t \tag{6.45}$$

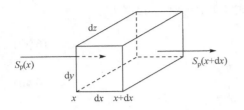

图 6.7 小体积元中的空穴流

下面具体分析引起空穴数目变化的各种过程。

第一，扩散和漂移过程。为了简单起见，只考虑空穴在 x 方向上的一维扩散和漂移。如图 6.7 所示，在 $\mathrm{d}t$ 时间内，通过在 x 处的截面流入体积 $\mathrm{d}x\mathrm{d}y\mathrm{d}z$ 中的空穴数为 $S_{\mathrm{p}}(x, t)\mathrm{d}y\mathrm{d}z\mathrm{d}t$；而通过 $x+\mathrm{d}x$ 处的截面流出的空穴数则是 $S_{\mathrm{p}}(x+\mathrm{d}x, t)\mathrm{d}y\mathrm{d}z\mathrm{d}t$。因此，在 $\mathrm{d}t$ 时间内小体积元积累的空穴数为

$$S_{\mathrm{p}}(x,t)\mathrm{d}y\mathrm{d}z\mathrm{d}t - S_{\mathrm{p}}(x+\mathrm{d}x,t)\mathrm{d}y\mathrm{d}z\mathrm{d}t = -\frac{\partial S_{\mathrm{p}}}{\partial x}\mathrm{d}x\mathrm{d}y\mathrm{d}z\mathrm{d}t \tag{6.46}$$

第二，产生过程。设外界作用在单位时间单位体积内产生的电子-空穴对的数目(产生率)为 G，则在 $\mathrm{d}t$ 时间内小体积元中增加的空穴数是

$$G\mathrm{d}x\mathrm{d}y\mathrm{d}z\mathrm{d}t \tag{6.47}$$

第三，复合过程。根据式(6.6)，非平衡空穴的复合率为 $\Delta p/\tau$，它表示在单位时间单位体积内净复合的空穴数。所以在 $\mathrm{d}t$ 时间内小体积元中因复合而减少的空穴数为

$$\frac{\Delta p}{\tau}\mathrm{d}x\mathrm{d}y\mathrm{d}z\mathrm{d}t \tag{6.48}$$

利用式(6.46)～式(6.48)，容易得出单位时间单位体积内空穴数的改变量 $\partial p/\partial t$，即有下面的关系式成立：

$$\frac{\partial p}{\partial t} = -\frac{\partial S_{\mathrm{p}}}{\partial x} - \frac{\Delta p}{\tau} + G \tag{6.49}$$

用空穴电流密度 j_{p} 还可以把式(6.49)表示为

$$\frac{\partial p}{\partial t} = -\frac{1}{q}\frac{\partial j_{\mathrm{p}}}{\partial x} - \frac{\Delta p}{\tau} + G \tag{6.50}$$

同理，对于电子，有

$$\frac{\partial n}{\partial t} = \frac{1}{q}\frac{\partial j_{\mathrm{n}}}{\partial x} - \frac{\Delta n}{\tau} + G \tag{6.51}$$

式(6.50)和式(6.51)就是空穴和电子在扩散和漂移过程中必须满足的方程式，称为连续性方程。

当载流子的浓度是空间坐标(x, y, z)的函数时，空穴和电子的连续性方程可分别写为

$$\frac{\partial p}{\partial t} = -\frac{1}{q}\nabla \cdot \boldsymbol{j}_{\mathrm{p}} - \frac{\Delta p}{\tau} + G \tag{6.52}$$

$$\frac{\partial n}{\partial t} = \frac{1}{q}\nabla \cdot \boldsymbol{j}_{\mathrm{n}} - \frac{\Delta n}{\tau} + G \tag{6.53}$$

式中，$\nabla \cdot \boldsymbol{j}$ 是电流密度的散度。

将式(6.27)和式(6.28)分别代入式(6.50)和式(6.51)，还可以把空穴和电子的连续性方

程写为

$$\frac{\partial p}{\partial t} = -\mu_p E \frac{\partial p}{\partial x} - p\mu_p \frac{\partial E}{\partial x} + D_p \frac{\partial^2 p}{\partial x^2} - \frac{\Delta p}{\tau} + G \tag{6.54}$$

$$\frac{\partial n}{\partial t} = \mu_n E \frac{\partial n}{\partial x} + n\mu_n \frac{\partial E}{\partial x} + D_n \frac{\partial^2 n}{\partial x^2} - \frac{\Delta n}{\tau} + G \tag{6.55}$$

在式(6.54)和式(6.55)中，等号右边的第一项是漂移过程中由于载流子浓度不均匀而引起的载流子积累，第二项是在不均匀的电场中因漂移速度随位置变化而引起的载流子积累，第三项是由于扩散流密度不均匀而引起的载流子积累。

6.2.4　少数载流子的连续性方程

在式(6.54)和式(6.55)中，电场 E 是外加电场和载流子扩散产生的自建电场之和，是预先不知道的。因此，为了求出载流子的分布，除了式(6.54)和式(6.55)，还需要用到泊松方程，即

$$\frac{\partial E}{\partial x} = \frac{q(\Delta p - \Delta n)}{\varepsilon_0 \varepsilon_r} \tag{6.56}$$

式中，$q(\Delta p - \Delta n)$ 为空间电荷密度。

在杂质均匀分布的半导体中，平衡载流子浓度 n_0 和 p_0 是不随时间 t 和位置 x 变化的常数。在式(6.54)和式(6.55)中，用非平衡载流子浓度 Δp 和 Δn 分别代替微分号内的载流子浓度 p 和 n，并将式(6.56)代入，则有

$$\frac{\partial \Delta p}{\partial t} = -\mu_p E \frac{\partial \Delta p}{\partial x} - \frac{pq\mu_p}{\varepsilon_0 \varepsilon_r}(\Delta p - \Delta n) + D_p \frac{\partial^2 \Delta p}{\partial x^2} - \frac{\Delta p}{\tau} + G \tag{6.57}$$

$$\frac{\partial \Delta n}{\partial t} = \mu_n E \frac{\partial \Delta n}{\partial x} + \frac{nq\mu_n}{\varepsilon_0 \varepsilon_r}(\Delta p - \Delta n) + D_n \frac{\partial^2 \Delta n}{\partial x^2} - \frac{\Delta n}{\tau} + G \tag{6.58}$$

如果严格满足电中性条件，即 $\Delta p = \Delta n$，则在式(6.57)和式(6.58)中等号右边的第二项应该等于零。但是，在载流子的扩散和漂移同时存在的情况下，电中性条件只能近似地成立，即 $(\Delta p - \Delta n)$ 虽然很小，却不等于零。这时，在式(6.57)和式(6.58)中等号右边第二项所起的作用就同括号前的系数大小有关。对于 N 型半导体，在小注入条件下，$p \ll n$。因此，在式(6.57)等号右边的第二项中，括号前的系数较小，这一项同其他项相比可以被略去。于是，式(6.57)简化为

$$\frac{\partial \Delta p}{\partial t} = -\mu_p E \frac{\partial \Delta p}{\partial x} + D_p \frac{\partial^2 \Delta p}{\partial x^2} - \frac{\Delta p}{\tau} + G \tag{6.59}$$

式(6.59)是描述少数载流子运动的连续性方程。求解这个方程，可以得到非平衡少数载流子浓度随着空间位置和时间的变化。非平衡多数载流子的分布情况则近似地由电中性条件 $\Delta n = \Delta p$ 来得到，而不是直接求解多数载流子的连续性方程式(6.58)。

如果在讨论非平衡载流子扩散和漂移的区域内，不存在产生非平衡载流子的外界作用，则 $G=0$。这时，非平衡少数载流子的连续性方程变为

$$\frac{\partial \Delta p}{\partial t} = -\mu_{\mathrm{p}} E \frac{\partial \Delta p}{\partial x} + D_{\mathrm{p}} \frac{\partial^2 \Delta p}{\partial x^2} - \frac{\Delta p}{\tau} \tag{6.60}$$

6.2.5 电中性条件

与第 4 章的电中性条件不同，这里讲的电中性条件的含义是在均匀半导体中，当有非平衡载流子存在时，仍然能保持电中性，即 $\Delta n = \Delta p$。如果产生非平衡电子或空穴的过程是产生电子-空穴对，显然电中性条件成立。但是，若在半导体的局部区域注入非平衡少数载流子，电中性被破坏，出现了空间电荷。这个电荷产生的电场将引起载流子的漂移运动，一直到两种非平衡载流子的浓度相等($\Delta n = \Delta p$)，空间电荷才消失。当然，空间电荷的消失是在一定的时间内完成的。具体分析空间电荷从出现到消失的弛豫过程，可以证明这个时间是非常短的。

设想在半导体中由于 Δp 偏离 Δn 而出现空间电荷，其密度 ρ 为

$$\rho = q(\Delta p - \Delta n) \tag{6.61}$$

空间电荷产生的电场将引起电荷的流动，电荷密度的变化与电流密度 j 之间的关系满足连续性方程：

$$\frac{\partial \rho}{\partial t} = -\frac{\partial j}{\partial x} \tag{6.62}$$

式中，代入电流密度 $j = \sigma E$ (忽略扩散)和泊松方程式(6.56)，则有

$$\frac{\partial \rho}{\partial t} = -\sigma \frac{\partial E}{\partial x} = -\frac{\sigma}{\varepsilon_0 \varepsilon_{\mathrm{r}}} \rho \tag{6.63}$$

令

$$\tau_{\mathrm{d}} = \frac{\varepsilon_0 \varepsilon_{\mathrm{r}}}{\sigma} \tag{6.64}$$

式(6.63)可写为

$$\frac{\partial \rho}{\partial t} = -\frac{\rho}{\tau_{\mathrm{d}}} \tag{6.65}$$

式(6.65)的解为

$$\rho = \rho_0 \mathrm{e}^{-\frac{t}{\tau_{\mathrm{d}}}} \tag{6.66}$$

式中，ρ_0 是 $t=0$ 时的空间电荷密度。

式(6.66)表明，在半导体中，如果某一时刻有空间电荷存在，它们将随着时间 t 按指数规律逐渐消失。τ_{d} 是反映空间电荷消失快慢的时间常数，称为介电弛豫时间。在通常的条件下，介电弛豫时间 τ_{d} 是很短的。例如，如果 $\varepsilon_0 \varepsilon_{\mathrm{r}} = 10^{-10}\mathrm{F/m}$，$\sigma = 1\Omega^{-1} \cdot \mathrm{cm}^{-1}$，则由式(6.64)得出 $\tau_{\mathrm{d}} = 10^{-12}\mathrm{s}$。这个结果说明，在比非平衡载流子寿命短得多的时间内，空间电荷就消失了。因此，只要不是分析时间间隔短于 $10^{-12}\mathrm{s}$ 的瞬态现象和处理电导率比 $1\Omega^{-1} \cdot \mathrm{cm}^{-1}$ 低几个数量级的绝缘材料，都可以认为电中性条件 $\Delta p = \Delta n$ 是成立的。

6.3 非本征半导体中非平衡少子的扩散和漂移

1. 扩散长度和牵引长度及其意义对比。
2. 根据不同情况，正确写出连续性方程及求解。
3. 顺流扩散和逆流扩散。

设想半导体是 N 型的($n_0 \gg p_0$)，并假定满足小注入条件($\Delta p \ll n_0$)，则空穴浓度远小于电子浓度，即 $p \ll n$。当电场和浓度梯度都是沿着 x 方向时，讨论非平衡少数载流子的扩散和漂移。如果在半导体表面或某一界面，维持恒定的少子注入，则半导体中少子分布会达到稳定，它们的浓度将不随时间变化，即 $\partial \Delta p / \partial t = 0$。在这种情况下，少子的连续性方程式(6.60)变为

$$D_{\mathrm{p}} \frac{\partial^2 \Delta p}{\partial x^2} - \mu_{\mathrm{p}} E \frac{\partial \Delta p}{\partial x} - \frac{\Delta p}{\tau} = 0 \tag{6.67}$$

6.3.1 少子的扩散

假设半导体中的电场很弱，使少子的漂移运动可以被忽略，只需考虑它们的扩散运动。这时式(6.67)简化为

$$D_{\mathrm{p}} \frac{\partial^2 \Delta p}{\partial x^2} - \frac{\Delta p}{\tau} = 0 \tag{6.68}$$

式(6.68)就是一维稳定扩散情况下，非平衡少子的连续性方程，它的一般解为

$$\Delta p = A \mathrm{e}^{-x/L_{\mathrm{p}}} + B \mathrm{e}^{x/L_{\mathrm{p}}} \tag{6.69}$$

式中

$$L_{\mathrm{p}} = \sqrt{D_{\mathrm{p}} \tau} \tag{6.70}$$

A 和 B 是两个由边界条件确定的常数。

如图 6.8 所示，用光照射 N 型半导体表面。设光只在表面极薄的一层内被吸收，在该薄层内产生非平衡电子-空穴对。非平衡载流子将由表面向内部扩散。假定在 $x=0$ 的表面，非平衡空穴浓度保持恒定值。设样品的厚度为 w，下面分两种情况讨论解的具体形式。

1. 厚样品($w \gg L_{\mathrm{p}}$)

在这种情况下，非平衡空穴在扩散到 $x=w$ 的表面之前，几乎全部因复合而消失。这相当于一个无限厚的样

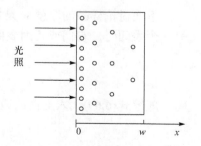

图 6.8　非平衡少子的扩散

品，当 x 无限增大时，Δp 趋近于零。因此，式(6.69)中等号右边第二项的系数 B 必须等于零。再由另一边界条件，$x=0$ 处，$\Delta p = \Delta p_0$，可确定 $A = \Delta p_0$。于是得到

$$\Delta p = \Delta p_0 e^{-x/L_p} \tag{6.71}$$

式(6.71)表示，非平衡空穴浓度随着离注入点距离的增加按指数衰减。L_p 标志着非平衡空穴在复合前由扩散而深入样品的平均距离 $\bar{x}$，称为空穴的扩散长度。容易验证 $\bar{x}$ 就等于 L_p：

$$\bar{x} = \frac{\int_0^\infty x \Delta p_0 e^{-x/L_p} \mathrm{d}x}{\int_0^\infty \Delta p_0 e^{-x/L_p} \mathrm{d}x} = L_p \tag{6.72}$$

式(6.70)表明，扩散长度是由扩散系数和材料的寿命决定的。通常材料的扩散系数已有标准数据，所以测量扩散长度可以求出材料的寿命。

利用式(6.71)，可求出空穴扩散流密度为

$$-D_p \frac{\mathrm{d}\Delta p}{\mathrm{d}x} = \frac{D_p}{L_p} \Delta p \tag{6.73}$$

空穴的流密度应该是它们的运动速度与浓度的乘积。因此，通常称 (D_p/L_p) 为空穴的扩散速度。

在上面的讨论中，假定在表面的非平衡空穴浓度 Δp_0 是已知的，实际上它是由具体的边界条件决定的，我们考虑图 6.8 给出的例子。设单位时间在单位面积上产生的电子-空穴对数为 Q，光照产生的非平衡少子通过扩散向内部流动。在达到稳定的情况下，Q 应该等于在表面处的扩散流密度，即

$$Q = -D_p \frac{\mathrm{d}\Delta p}{\mathrm{d}x}\bigg|_{x=0} \tag{6.74}$$

把式(6.71)代入式(6.74)，则有

$$\Delta p_0 = \frac{L_p}{D_p} Q \tag{6.75}$$

2. 一般情况

下面讨论样品的厚度 w 是任意数值的一般情况。设想稳定注入的空穴扩散到样品的另一个表面时，它们或者因表面复合而消失，或者被电极抽出。因此，边界条件是

$$\begin{aligned} x &= 0, \quad \Delta p = \Delta p_0 \\ x &= w, \quad \Delta p = 0 \end{aligned} \tag{6.76}$$

将一般解式(6.69)代入上面的边界条件，可以求出常数 A 和 B：

$$A = \Delta p_0 \frac{e^{w/L_p}}{2\sinh(w/L_p)}$$

$$B = -\Delta p_0 \frac{e^{-w/L_p}}{2\sinh(w/L_p)} \tag{6.77}$$

于是，得出非平衡空穴在样品中的分布为

$$\Delta p = \Delta p_0 \frac{\sinh\left[(w-x)/L_p\right]}{\sinh(w/L_p)} \tag{6.78}$$

对于非常薄的样品，当 $w \ll L_p$ 时，式(6.78)可近似地简化为

$$\Delta p = \Delta p_0 \left(1 - \frac{x}{w}\right) \tag{6.79}$$

在这种情况下，扩散流密度为

$$-D_p \frac{d\Delta p}{dx} = \frac{D_p}{w}\Delta p_0 \tag{6.80}$$

可以给式(6.80)一个直观的解释。非平衡空穴在表面的浓度为 Δp_0，在相距为 w 的另一个表面的浓度为零。因此，平均浓度梯度是 $\Delta p_0/w$，乘以扩散系数 D_p，便得到它们的扩散流密度式(6.80)。在晶体管中，基区宽度一般比少子的扩散长度小得多，注入少子在基区中的扩散，基本上符合上述情况。

6.3.2 少子的漂移

现在讨论半导体中的电场很强，以至于扩散运动可以忽略的情况。这时，非平衡少子的漂移运动是主要的，连续性方程(6.67)简化为

$$\mu_p E \frac{\partial \Delta p}{\partial x} + \frac{\Delta p}{\tau} = 0 \tag{6.81}$$

令

$$L_e = \mu_p E \tau \tag{6.82}$$

则式(6.81)的解为

$$\Delta p = \Delta p_0 e^{-x/L_e} \tag{6.83}$$

式中，Δp_0 为在注入点 $x=0$ 处 Δp 的值。式(6.83)表示，非平衡空穴在漂移过程中，由于复合，其浓度随着离注入点距离的增加而按指数规律衰减。L_e 代表非平衡空穴在复合前因漂移运动而深入样品的平均距离，称为空穴的牵引长度。由式(6.82)可以看出，牵引长度实质上是在寿命时间内，非平衡空穴在电场作用下漂移的距离。

6.3.3 少子的扩散和漂移

在扩散与漂移都不可忽略的情况下，非平衡少子的浓度 Δp 应由连续性方程(6.67)来决定。利用 $L_e = \mu_p E \tau$ 和扩散长度的表达式(式(6.70))，可以把这个方程改写为

$$\frac{d^2\Delta p}{dx^2} - \frac{L_e}{L_p^2}\frac{d\Delta p}{dx} - \frac{\Delta p}{L_p^2} = 0 \tag{6.84}$$

它的一般解为

$$\Delta p = Ae^{\lambda_1 x} + Be^{\lambda_2 x} \tag{6.85}$$

式中，λ_1 和 λ_2 是特征方程的两个根，A 和 B 是由边界条件来确定的常数。式(6.84)的特征方程是

$$\lambda^2 - \frac{L_e}{L_p^2}\lambda - \frac{1}{L_p^2} = 0 \tag{6.86}$$

这个方程的两个根 λ_1 和 λ_2 分别为

$$\left.\begin{array}{c}\lambda_1\\\lambda_2\end{array}\right\} = \frac{L_e \pm \sqrt{L_e^2 + 4L_p^2}}{2L_p^2} \tag{6.87}$$

显然，$\lambda_1 > 0$，$\lambda_2 < 0$。

先考虑 $x \geqslant 0$ 的半无限大样品。如果在 $x=0$ 处注入空穴，使非平衡空穴浓度保持恒定值(Δp_0)，则满足边界条件的解，应该具有从注入点 $x=0$ 起，随着距离的增加而衰减的性质。因此，必须取 $\lambda < 0$ 的解，即相应于 λ_2 的解，而且式(6.85)中的常数 A 应为零。于是得到

$$\Delta p = \Delta p_0 e^{\lambda_2 x} \tag{6.88}$$

根据电场方向的不同，可以把 λ_2 分别写成

$$\lambda_2 = -\frac{\sqrt{L_e^2 + 4L_p^2} - L_e}{2L_p^2} = -\frac{1}{L_d}, \quad E > 0 \tag{6.89}$$

$$\lambda_2 = -\frac{\sqrt{L_e^2 + 4L_p^2} + |L_e|}{2L_p^2} = -\frac{1}{L_u}, \quad E < 0 \tag{6.90}$$

式中，L_d 和 L_u 分别称为空穴的顺流扩散长度和逆流扩散长度。显然，$L_d > L_u$。顺流扩散，就是说扩散的方向与漂移的方向相同；而逆流扩散是指扩散的方向与漂移的方向相反。将式(6.89)和式(6.90)分别代入式(6.88)，则得到连续性方程式(6.84)的解为

$$\Delta p = \Delta p_0 e^{-x/L_d}, \quad E > 0 \tag{6.91}$$

$$\Delta p = \Delta p_0 e^{-x/L_u}, \quad E < 0 \tag{6.92}$$

式(6.91)和式(6.92)表明，在扩散和漂移同时存在时，随着离注入点距离的增加，非平衡空穴的浓度仍然是按指数规律衰减的。但是一般来说，它们深入样品的平均距离 L_d 或 L_u 与扩散长度 L_p 和牵引长度 $|L_e|$ 是不同的。

在 $E > 0$ 的条件下，讨论两种极端情况。如果电场很强，$L_e \gg L_p$，则有

$$L_d = \frac{2L_p^2}{\sqrt{L_e^2 + 4L_p^2} - L_e} = \frac{2L_p^2}{L_e\left(1 + \frac{4L_p^2}{L_e^2}\right)^{1/2} - L_e}$$

$$= \frac{2L_p^2}{L_e\left(1 + \frac{2L_p^2}{L_e^2} + \cdots\right) - L_e} \approx L_e \tag{6.93}$$

在这种情况下，可以忽略扩散运动，式(6.91)简化为式(6.83)。如果电场很弱，$L_e \ll L_p$，

$$L_d \approx L_p \tag{6.94}$$

式(6.91)简化为只考虑扩散运动的解(式(6.71))。显然，可以用牵引长度 L_e 与扩散长度 L_p 相等的条件，来定义一个临界电场 E_c，即

$$\mu_p E_c \tau = L_p$$

或

$$E_c = \frac{D_p}{\mu_p L_p} \tag{6.95}$$

当 $E \ll E_c$ 时，非平衡载流子的扩散运动是主要的；当 $E \gg E_c$ 时，则可以只考虑漂移运动。

对于 $x \leqslant 0$ 的半无限大样品，应该取相应于 $\lambda_1 > 0$ 的解，与上面完全类似的分析，可以得出

$$\Delta p = \Delta p_0 \mathrm{e}^{x/L_a}, \quad E > 0 \tag{6.96}$$

$$\Delta p = \Delta p_0 \mathrm{e}^{x/L_d}, \quad E < 0 \tag{6.97}$$

作为例子，考虑一个长条状的均匀的薄半导体样品。设想在样品的中点($x=0$)注入空穴，使得在该处的非平衡空穴浓度 Δp_0 维持不变。加在样品两端的电压，使样品中产生沿 x 方向的电场 E，在注入点的右边，空穴是顺流扩散；在注入点的左边，则是逆流扩散。于是，根据式(6.91)和式(6.96)可得

$$\Delta p = \Delta p_0 \mathrm{e}^{-x/L_d}, \quad x \geqslant 0 \tag{6.98}$$

$$\Delta p = \Delta p_0 \mathrm{e}^{x/L_a}, \quad x \leqslant 0 \tag{6.99}$$

在图 6.9 中，对于各种不同的电场 E 值，画出了空穴在样品中的分布。当 $E \ll E_c$ 时，空穴在注入点的两边基本上是对称分布的。但是在 $E \gg E_c$ 时，空穴被扫到注入点右边很远的地方，而向左边的渗透却很少。

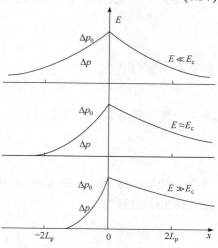

图 6.9 在 $x=0$ 处稳定注入时，空穴在样品中的分布

6.4　少子脉冲的扩散和漂移

1. 正确写出连续性方程及求解。
2. 海恩斯-肖克莱实验原理。

本节讨论 $\partial \Delta p / \partial t \neq 0$ 情况下，求解少子连续性方程。设想用脉冲光照射 N 型半导体，如图 6.10(a)所示。光脉冲结束时，注入的空穴都集中在注入点附近，即产生空穴脉冲。在此以后，注入的空穴沿电场的方向漂移，同时向两侧扩散。在漂移和扩散过程中，非平衡空穴的数目因复合而逐渐减少。非平衡空穴浓度随时间和空间位置的变化，由连续性方程(6.60)决定。

首先，假设没有外加电场，并忽略非平衡载流子的复合。这时，式(6.60)简化为

$$\frac{\partial \Delta p}{\partial t} = D_{\mathrm{p}} \frac{\partial^2 \Delta p}{\partial x^2} \tag{6.100}$$

在少子空穴以脉冲形式注入时，起始条件是，在 t=0 时，在样品的单位截面积内注入的空穴数为 N，而且都局限在 x=0 附近极窄的区域内。在这种情况下，式(6.100)的解为高斯分布

$$\Delta p = \frac{N}{\sqrt{4\pi D_{\mathrm{p}} t}} \exp\left(-\frac{x^2}{4 D_{\mathrm{p}} t}\right) \tag{6.101}$$

其次，计入复合，仍然假设没有外加电场，连续性方程(6.60)则变为

$$\frac{\partial \Delta p}{\partial t} = D_{\mathrm{p}} \frac{\partial^2 \Delta p}{\partial x^2} - \frac{\Delta p}{\tau} \tag{6.102}$$

设这个方程的解为

$$\Delta p = f(x,t) \mathrm{e}^{-t/\tau}$$

并将它代入式(6.102)，可得出

$$\frac{\partial f(x,t)}{\partial t} = \mathrm{D}_{\mathrm{p}} \frac{\partial^2 f(x,t)}{\partial x^2} \tag{6.103}$$

这个方程同式(6.100)的形式完全相同，两者应该有相同的解。因此，利用式(6.101)，得出式(6.102)的解为

$$\Delta p = \frac{N}{\sqrt{4\pi D_{\mathrm{p}} t}} \mathrm{e}^{-t/\tau} \exp\left(-\frac{x^2}{4 D_{\mathrm{p}} t}\right) \tag{6.104}$$

式(6.104)表示，没有外加电场时，注入的空穴由注入点向两边扩散，同时不断发生复合，少子脉冲中心在 x=0 处。随着时间的增加，脉冲高度不断降低，单位截面积内非平衡空

穴总数逐渐减少。将式(6.104)从 $x = -\infty$ 到 $x = +\infty$ 积分，可得 t 时刻的非平衡空穴总数 $N(t)$ 为

$$N(t) = \int_{-\infty}^{\infty} \Delta p(x, t)\mathrm{d}x = N\mathrm{e}^{-t/\tau}, \quad (\text{这里用到定积分公式：} \int_{-\infty}^{\infty} \mathrm{e}^{-\xi^2}\mathrm{d}\xi = \sqrt{\pi})$$

不同时刻 t，非平衡空穴的分布如图 6.10(b)所示。

最后，考虑有电场存在的情形。少子空穴除了扩散和复合，还要在电场作用下漂移。在这种情况下，非平衡空穴的浓度变化应由少子连续性方程(6.105)来决定：

$$\frac{\partial \Delta p}{\partial t} = D_p \frac{\partial^2 \Delta p}{\partial x^2} - \mu_p E \frac{\partial \Delta p}{\partial x} - \frac{\Delta p}{\tau} \tag{6.105}$$

利用变量代换：

$$\begin{aligned} x' &= x - \mu_p E t \\ t' &= t \end{aligned} \tag{6.106}$$

由式(6.105)可以得出，$\Delta p(x', t')$ 所满足的方程为

$$\frac{\partial \Delta p}{\partial t'} = D_p \frac{\partial^2 \Delta p}{\partial x'^2} - \frac{\Delta p}{\tau} \tag{6.107}$$

式(6.107)与式(6.102)有相同的形式，只是变量不同，它们应该有相同的解。因此，同时计入空穴的扩散、漂移和复合以后，Δp 随时间和位置的变化可以从式(6.104)直接得到

$$\begin{aligned} \Delta p &= \frac{N}{\sqrt{4\pi D_p t'}} \mathrm{e}^{-t'/\tau} \exp\left[-\frac{x'^2}{4D_p t'}\right] \\ &= \frac{N}{\sqrt{4\pi D_p t}} \mathrm{e}^{-t/\tau} \exp\left[-\frac{(x - \mu_p E t)^2}{4D_p t}\right] \end{aligned} \tag{6.108}$$

由式(6.108)可以看出，当有电场存在时，在 t 时刻，脉冲的极大值不再是位于注入点 $x=0$ 处，而是在与注入点距离为 $\mu_p E t$ 的地方，整个脉冲以速度 $\mu_p E$ 沿着电场的方向漂移。同时，非平衡空穴不断向两边扩散并进行复合，这种情形如图 6.10(c)所示。

上面的例子，实际上就是著名的测量载流子漂移迁移率的实验，是由海恩斯和肖克莱首先完成的，也称为海恩斯-肖克莱(Haynes-Shockley)实验。图 6.11 是实验装置的示意图，测量的样品是 N 型半导体。e 和 c 分别是注入空穴和收集空穴的探针。在正向电压脉冲作用下，从探针 e 向样品中注入空穴。电池 E_1 在样品中产生均匀的电场 E，它使注入的空穴的脉冲由 e 向 c 漂移，同时不断地扩散和复合。电池 E_2 给收集探针 c 加负偏压，这使探针与样品的接触处有很高的电阻，所以收集回路中的电流是很小的。但是，当注入的空穴脉冲到达探针 c 时，便立刻被收集，使回路中的电流显著地增大。电流的变化使电阻 R_2 上的电压发生改变，后者可以通过示波器来观察。在实验中，测量出空穴脉冲由探针 e 漂移到探针 c 的时间 t_1、两个探针之间的距离 d 和所加的电场 E，就可以求出少子空穴的迁移率 μ_p 为

$$\mu_{\mathrm{p}} = \frac{d}{tE} \tag{6.109}$$

这样测得的迁移率通常称为漂移迁移率。在 $n \gg p$ 或 $p \gg n$ 的情况下，少子的漂移迁移率就等于少子的电导迁移率。下面我们将指出，当 $n \approx p$ 时，这两种迁移率就不再相等了。

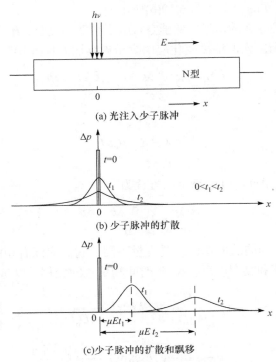

(a) 光注入少子脉冲

(b) 少子脉冲的扩散

(c)少子脉冲的扩散和飘移

图 6.10　少子脉冲的扩散和漂移

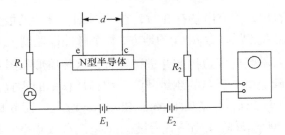

图 6.11　海恩斯-肖克莱实验装置图

6.5　近本征半导体中非平衡载流子的扩散和漂移

教学要求

1. 考虑两种载流子的连续性方程。
2. 双极扩散系数和双极迁移率的意义。

上面我们假设了 $\Delta n \approx \Delta p$，并且认为电场 $\partial E / \partial x$ 是可以忽略的，根据少子的连续性方程(式(6.60))，分析了非本征半导体($n \gg p$ 或 $p \gg n$)中非平衡少子的扩散和漂移。实际上，在讨论少子扩散时，假设了样品中不存在电场。在讨论少子的扩散和漂移时，假设了电场是均匀的。

本节将讨论近本征半导体中非平衡载流子的扩散和漂移，近本征半导体是指电子和空穴的平衡浓度相差不多的半导体。在这种情况下，必须考虑，由于两种载流子扩散和漂移运动的差异所引起的电场分布的变化，以及它对两种载流子运动的影响。

6.5.1 双极扩散

先讨论非平衡载流子的扩散。如图 6.8 所示，光照在表面薄层内产生电子-空穴对，使表面的电子和空穴浓度比内部高，这必然引起它们由表面向内部扩散。由于 $D_n > D_p$，电子比空穴扩散快，结果将在样品中产生沿 x 方向的电场 E。在这种情况下，空穴和电子的电流密度分别由式(6.27)和式(6.28)给出，它们都包含扩散电流和漂移电流两个部分。在达到稳定态时，总的电流密度 $j_n + j_p = 0$，即

$$q(n\mu_n + p\mu_p)E + q\left(D_n\frac{\mathrm{d}\Delta n}{\mathrm{d}x} - D_p\frac{\mathrm{d}\Delta p}{\mathrm{d}x}\right) = 0 \tag{6.110}$$

略去 Δn 和 Δp 之间的微小差别($\Delta n \approx \Delta p$)，由式(6.110)可得电场 E 为

$$E = -\frac{D_n - D_p}{n\mu_n + p\mu_p}\frac{\mathrm{d}\Delta p}{\mathrm{d}x} \tag{6.111}$$

这个电场是由于电子和空穴扩散运动的差异引起的。显然，只有在 $D_n = D_p$，即电子和空穴的扩散完全同步的特殊条件下，才会有 $E=0$。

将式(6.111)分别代入电流密度公式(6.27)和式(6.28)，可得

$$j_p = -qD\frac{\mathrm{d}\Delta p}{\mathrm{d}x} \tag{6.112}$$

$$j_n = qD\frac{\mathrm{d}\Delta p}{\mathrm{d}x} \tag{6.113}$$

式中

$$D = \frac{n\mu_n D_p + p\mu_p D_n}{n\mu_n + p\mu_p} \tag{6.114}$$

利用爱因斯坦关系，式(6.114)可以改写成

$$D = \frac{(n+p)D_n D_p}{nD_n + pD_p} \tag{6.115}$$

通常称 D 为双极扩散系数。在非平衡载流子浓度很小时，式(6.114)中的 n 和 p 可以分别用 n_0 和 p_0 来代替。

从式(6.112)和式(6.113)可以看出，空穴流密度 j_p/q 和电子流密度 $j_n/(-q)$ 完全相同，它

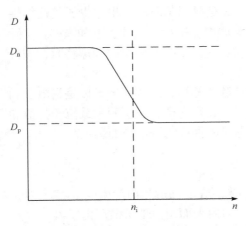

图 6.12　双极扩散系数与电子浓度的关系

们与式(6.21)和式(6.22)给出的扩散流密度具有相同的形式，只是 D_p 和 D_n 被一个双极扩散系数 D 所代替。D 综合了载流子的扩散运动和漂移运动，就好像电子和空穴都以双极扩散系数做单纯的扩散运动一样。

在小注入情况下，对于 N 型半导体($p \ll n$)，$D \approx D_p$；对于 P 型半导体($n \ll p$)，$D \approx D_n$。这个结果表明，式(6.111)给出的电场，对于少子的影响可以忽略不计。但是对于多子来说，正是漂移项的作用才使多子的运动和少子的运动保持同步。对于本征半导体，$D = 2D_nD_p/(D_n+D_p)$。图 6.12 给出了 D 随电子浓度的变化曲线。

6.5.2　双极扩散和漂移

现在讨论有外电场存在时，非平衡载流子的扩散和漂移。对于近本征半导体，尽管电中性条件仍能近似成立，即 $\Delta n \approx \Delta p$。但是在连续性方程式(6.57)和式(6.58)中，等号右边的第二项却不再可以忽略。因为($\Delta p - \Delta n$)虽然很小，但是它们前面的系数中包含的 p 或 n 却比较大，使这一项可以同其他项相比较。在这种情况下，为了简化连续性方程，有必要设法消去包含($\Delta p - \Delta n$)的项，而在其他项中，仍可以近似地取 $\Delta n = \Delta p$。

用 $n\mu_n$ 乘式(6.57)，用 $p\mu_p$ 乘以式(6.58)，然后把两者加起来，再用($n\mu_n + p\mu_p$)除等式两边，则有

$$\frac{\partial \Delta p}{\partial t} = -\mu E \frac{\partial \Delta p}{\partial x} + D \frac{\partial^2 \Delta p}{\partial x^2} - \frac{\Delta p}{\tau} + G \tag{6.116}$$

式中

$$\mu = \frac{(n-p)\mu_n\mu_p}{n\mu_n + p\mu_p} \tag{6.117}$$

μ 称为双极迁移率，D 是由式(6.115)给出的双极扩散系数。式(6.116)与少子连续性方程式(6.59)形式完全相同，只是用 μ 和 D 代替了少子的迁移率 μ_p 和扩散系数 D_p。但是必须指出，在式(6.116)中，双极迁移率 μ 与电场 E 的乘积，并不是载流子本身的漂移速度，而是代表扰动 Δp(或 Δn)的漂移速度。假如材料是 N 型的，由于 $n>p$，则有 $\mu>0$。在这种情况下，扰动将沿着正电荷在电场中的漂移方向运动，也就是说，沿着非平衡空穴的漂移方向运动。如果材料是 P 型的，$\mu<0$，则扰动将沿着相反方向，即沿着非平衡电子的漂移方向运动。由此可见，扰动在电场中沿着少子的漂移方向运动。在 $n \gg p$，或者 $p \gg n$ 的情况下，扰动的漂移速度才等于少子的漂移速度，即 $\mu \approx \mu_p$，或者 $\mu \approx -\mu_n$。对于本征半导体，$\mu = 0$，电场不影响非平衡载流子的空间分布。

在海恩斯-肖克莱实验中，根据非平衡少子浓度 Δp 的漂移所得到的迁移率，称为漂

移迁移率。在近本征材料中，它是由式(6.117)给出的双极迁移率。只有在非本征半导体中($n \gg p$或者$p \gg n$)，少子的漂移迁移率才等于电导迁移率。

6.6　复　合　机　理

1. 直接复合和间接复合过程。
2. 引起复合和产生过程的内部作用。
3. 俄歇效应。
4. 表面复合的作用和表面复合率。

在 6.1 节中讨论非平衡载流子的产生和复合时，引入寿命来表征它们的平均存在时间，但是没有具体分析决定寿命的各种因素。本节的目的是概括地说明各种复合过程的机理。在这个基础上将分别导出各种复合过程的寿命公式。

6.6.1　两种复合过程

半导体中非平衡载流子的复合过程分为直接复合和间接复合两种基本类型。在直接复合过程中，电子由导带直接跃迁到价带的空状态，使电子和空穴成对地消失。其逆过程是电子由价带激发到导带，产生电子-空穴对。在图 6.13 中它们分别用 a 和 b 来表示。

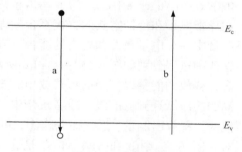

图 6.13　直接复合

为了明确起见，在本节中规定图中画出的是跃迁前的情况；在导带中只画出电子，价带中只画出空穴；用箭头表示电子的跃迁方向。

间接复合也称为通过复合中心的复合。复合中心是指晶体中的一些杂质或缺陷，它们在禁带中引入离导带底和价带顶都比较远的局域化深能级，即复合中心能级。如图 6.14 所示，在间接复合过程中，导带电子先跃迁到复合中心能级 E_t(a 过程)，然后再跃迁到价带的空状态(c 过程)，使电子和空穴成对地消失；在间接产生过程中，价带电子先跃迁到复合中心能级 E_t(d 过程)，然后再跃迁到导带(b 过程)，使电子和空穴成对地产生。或者从复合中心的视角描述，复合中心能级从导带俘获一个电子，从价带俘获一个空穴，完成电子-空穴对的复合；复合中心能级向价带激发一个空穴，向导带激发一个电子，完成电子-空穴对的产生。

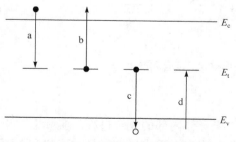

图 6.14　通过复合中心的复合
a-电子的俘获；b-电子的产生；c-空穴的俘获；d-空穴的产生

6.6.2　引起复合和产生过程的内部作用

载流子的复合或产生是它们在能级之间的跃迁过程,必然伴随有能量的放出或吸收。根据能量转换形式的不同,引起电子和空穴复合及产生过程的内部作用,有以下三种。

1. 电子与电磁波的作用

在温度为 T 的物体内,存在着温度为 T 的黑体辐射。这种黑体辐射也就是电磁波,它们可以引起电子在能级之间的跃迁。这种跃迁称为电子的光跃迁或辐射跃迁。在跃迁过程中,电子以吸收或发射光子的形式同电磁波交换能量。

2. 电子与晶格振动的相互作用

在前面讨论载流子散射时,已经指出,晶格振动可以使电子由一个量子态跃迁到另一个量子态,即引起电子在能级之间的跃迁,这种跃迁称为热跃迁。在跃迁过程中,电子以吸收或发射声子的形式与晶格交换能量。

3. 电子间的相互作用

电子之间的库仑相互作用,也可以引起电子在能级之间的跃迁。这种跃迁过程称为俄歇效应(Auger effect)。为了具体起见,以直接复合和产生过程为例,说明俄歇效应。在导带电子和价带空穴的直接复合过程中,释放出的能量可以给予第三个载流子,即把导带中一个电子激发到更高的能级,或者把价带中一个空穴激发到其能量更高的能级,这两种过程分别如图 6.15 中(a)和(c)所示。处于高能态的第三个载流子,会弛豫回到低能态,释放的能量以声子的形式放出。复合的逆过程是产生过程,导带中一个电子由足够高的能级跃迁到低能级,或者价带中一个空穴由空穴能量足够高的能级跃迁到能量低的能级,释放出能量,通过库仑作用,可以把一个电子由价带激发到导带,产生电子-空穴对,图 6.15 中(b)和(d)表示的就是这两种过程。总之,在以上这些跃迁过程中,都是一个电子能量的增高伴随着另一个电子能量的降低。这类跃迁过程称为俄歇效应。

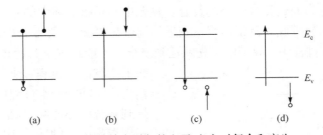

图 6.15　俄歇效应引起的电子-空穴对复合和产生

6.6.3　表面复合

前面研究非平衡载流子的寿命时,只考虑了半导体内部的复合过程。实际上,半导体表面也存在着复合中心,少数载流子寿命在很大程度上受半导体样品的形状和表面状态的影响。

表面复合是指在半导体表面发生的复合过程，这种复合是通过表面处的杂质和表面缺陷在禁带中形成的表面能级进行的。这种表面能级也是一种复合中心。因此，表面复合实际上也是一种间接复合过程，只不过是复合中心在样品的表面。

下面讨论表面复合对非平衡载流子稳态分布的影响。

通常用表面复合速度来表征表面复合作用的强弱，定义单位时间内在单位表面积上复合掉的非平衡载流子数为表面复合率。实验证明，表面复合率与表面处的非平衡载流子浓度 Δp 成正比，因此可以写为

$$\text{表面复合率} = s\Delta p \tag{6.118}$$

比例系数 s 具有速度的量纲，称为表面复合速度。根据式(6.118)可以给出 s 一个直观的定义：由于表面复合而失去的非平衡载流子数目，就如同在表面处的非平衡载流子都以大小为 s 的垂直速度流出了表面。

考虑一个表面为矩形的片状 N 型样品，如图 6.16 所示。样品的长和宽都比厚度大得多。坐标原点选在样品的中心，x 轴与样品表面垂直。用光照射样品表面，并假定光在样品中被均匀地吸收，电子-空穴对的产生率为 G。如果不存在表面复合，在达到稳定的情况下，样品中的非平衡空穴均匀分布，即 Δp 是与位置无关的常数。设想 $x = \pm a$ 的表面存在表面复合，表面复合速度都是 s。表面复合使这两个表面上非平衡空

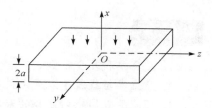

图 6.16 片状样品的表面复合

穴浓度比体内低，空穴将从体内向表面扩散。在稳定情况下，空穴的连续性方程式(6.59)简化为

$$D_{\mathrm{p}} \frac{\partial^2 \Delta p}{\partial x^2} - \frac{\Delta p}{\tau} + G = 0 \tag{6.119}$$

显然，非平衡空穴在 x 方向上相对于原点是对称分布的。于是，式(6.119)的解可以写为

$$\Delta p = G\tau + A \cosh \frac{x}{L_{\mathrm{p}}} \tag{6.120}$$

式中，A 是待定常数。

在这个问题中，表面复合作为边界条件决定非平衡空穴的分布。在 $x = \pm a$ 两个表面的边界条件是

$$-D_{\mathrm{p}} \frac{\mathrm{d}\Delta p}{\mathrm{d}x}\bigg|_{x=a} = s\Delta p\big|_{x=a} \tag{6.121}$$

$$D_{\mathrm{p}} \frac{\mathrm{d}\Delta p}{\mathrm{d}x}\bigg|_{x=-a} = s\Delta p\big|_{x=-a} \tag{6.122}$$

式(6.121)和式(6.122)表示，流向表面的扩散流密度的数值等于表面复合率。利用式(6.121)或式(6.122)求出常数 A，可得

$$\Delta p = G\tau \left[1 - \frac{s\tau \cosh(x / L_{\mathrm{p}})}{s\tau \cosh(a / L_{\mathrm{p}}) + L_{\mathrm{p}} \sinh(a / L_{\mathrm{p}})} \right] \tag{6.123}$$

考虑表面复合的影响，实际测得的寿命应是体内复合和表面复合共同作用的结果。设体内复合寿命为 τ_v，表面复合寿命为 τ_s，则总的复合概率为

$$\frac{1}{\tau} = \frac{1}{\tau_v} + \frac{1}{\tau_s} \tag{6.124}$$

式中，τ 称为有效寿命。

表面复合具有重要的作用。半导体器件表面复合速度若高，会使更多的注入的载流子在表面复合消失，严重影响器件的性能。因而在大多数器件生产中，希望获得良好且稳定的表面，以尽量地降低表面复合速度，从而改善器件的性能。而在某些物理测量中，为了消除金属探针注入效应的影响，要设法增大表面复合，以获得较准确的测量结果。

6.7 直接辐射复合

教学要求

1. 复合率和复合系数。
2. 产生率与载流子浓度无关的原因。
3. 载流子直接辐射复合的寿命及其影响机制。

导带的电子直接跃迁到价带中的空状态，实现电子-空穴对的复合，同时发射光子，这种直接复合过程，称为直接辐射复合，也称为带间辐射复合。

6.7.1 复合率和产生率

在带间辐射复合过程中，单位时间内，在单位体积中复合的电子-空穴对数为 R，应该与电子浓度 n 和空穴浓度 p 成正比：

$$R = \gamma np \tag{6.125}$$

式中，R 为复合率，比例系数 γ 称为复合系数。γ 实际上是一个平均量，它代表不同热运动速度的电子和空穴复合系数的平均值。在非简并半导体中，电子和空穴的运动速度都服从于玻尔兹曼分布。因此，在一定温度下平均值 γ 有完全确定的值，与电子和空穴的浓度无关。

上述直接复合过程的逆过程是电子-空穴对的产生过程，它是价带中的电子向导带中空状态的跃迁。如果价带中缺少一些电子，也就是说，存在一些空穴，产生率就会相应地减少。同样，如果导带中有些状态已经被电子占据，当然也会影响产生率。但是，在非简并情况下，无论是价带中的空穴数与价带中状态数的比率，还是导带中的电子数与导带中状态数的比率，都是非常小的。我们可以近似地认为，价带基本上充满电子，而导带基本上是空的，产生率 G 与载流子浓度 n 和 p 无关。因此，在所有非简并情况下，产生率基本上是相同的，就等于热平衡时产生率 G_0。

在热平衡时，电子和空穴的复合率 R_0 应该等于产生率 G_0。

$$G_0 = R_0 \tag{6.126}$$

根据式(6.126)和式(6.125)，可得出产生率

$$G = G_0 = \gamma n_0 p_0 = \gamma n_i^2 \tag{6.127}$$

6.7.2 净复合率和寿命

在非平衡情况下，复合率 R 和产生率 G 不再相等。利用式(6.125)和式(6.127)，得出电子-空穴对的净复合率 U 为

$$U = R - G = \gamma(np - n_0 p_0) \tag{6.128}$$

把 $n = n_0 + \Delta n$ 和 $p = p_0 + \Delta p$ 代入式(6.128)，在 $\Delta n = \Delta p$ 的情况下，则得到

$$U = \gamma(n_0 + p_0 + \Delta p)\Delta p \tag{6.129}$$

净复合率 U 代表非平衡载流子的复合率，在 6.1 节中已经指出，它与非平衡载流子寿命 τ 的关系是

$$U = \frac{\Delta p}{\tau} \tag{6.130}$$

将式(6.130)代入式(6.129)，得到寿命 τ 为

$$\tau = \frac{1}{\gamma(n_0 + p_0 + \Delta p)} \tag{6.131}$$

在小注入条件下，即 $\Delta p \ll n_0 + p_0$ 时，式(6.131)可近似为

$$\tau = \frac{1}{\gamma(n_0 + p_0)} \tag{6.132}$$

对于本征半导体($n_0 = p_0 = n_i$)，寿命 τ_i 为

$$\tau_i = \frac{1}{2\gamma n_i} \tag{6.133}$$

显然，在一定温度下，禁带宽度越小的半导体，τ_i 越短。对于 N 型($n_0 \gg p_0$)和 P 型($p_0 \gg n_0$)半导体，分别得出

$$\tau = \frac{1}{\gamma n_0} = 2\tau_i \frac{n_i}{n_0} \tag{6.134}$$

$$\tau = \frac{1}{\gamma p_0} = 2\tau_i \frac{n_i}{p_0} \tag{6.135}$$

式(6.134)和式(6.135)表明，在杂质半导体中，寿命 τ 比本征半导体的寿命 τ_i 短。τ 和多子浓度成反比，或者说，样品的电导率越高，寿命 τ 越短。

在大注入情况下，$\Delta p \gg n_0 + p_0$，式(6.131)可近似为

$$\tau = \frac{1}{\gamma \Delta p} \tag{6.136}$$

这时，寿命随着非平衡载流子浓度而变化，因而在衰减过程中，τ 不再是常数。

6.7.3 复合系数

由式(6.131)可以看出，寿命 τ 的大小首先决定于复合系数 γ。对于直接辐射复合，通过计算产生率 G_0，可以求出复合系数 γ 的值。

辐射跃迁引起的电子-空穴对的产生率 G_0，实际上就等于单位时间在单位体积内被吸收的光子数。设单位时间内频率为 ν 的光子被吸收的概率为 $P(\nu)$，频率在 $\nu \sim \nu+\mathrm{d}\nu$ 间隔内的光子密度为 $\rho(\nu)\mathrm{d}\nu$，则有

$$G_0 = \int P(\nu)\rho(\nu)\mathrm{d}\nu \tag{6.137}$$

在热平衡情况下，在单位体积中，波长在 $\lambda \sim \lambda+\mathrm{d}\lambda$ 间隔内的光子数 $\rho'(\lambda)\mathrm{d}\lambda$ 由普朗克公式给出：

$$\rho'(\lambda)\mathrm{d}\lambda = \frac{8\pi}{\lambda^4}\frac{\mathrm{d}\lambda}{\mathrm{e}^{h\nu/KT}-1} \tag{6.138}$$

利用波长 λ 和频率 ν 之间的关系

$$\lambda = c/n\nu \tag{6.139}$$

可得

$$-\mathrm{d}\lambda = \frac{c}{(n\nu)^2}\frac{\mathrm{d}(n\nu)}{\mathrm{d}\nu}\mathrm{d}\nu \tag{6.140}$$

式中，n 为折射率；c 为真空中的光速。根据式(6.139)和式(6.140)，式(6.138)可以写成

$$\rho(\nu)\mathrm{d}\nu = \frac{8\pi n^2\nu^2}{c^3\left[\mathrm{e}^{h\nu/KT}-1\right]}\frac{\mathrm{d}(n\nu)}{\mathrm{d}\nu}\mathrm{d}\nu \tag{6.141}$$

由式(6.139)，可得出光子的群速度为

$$\upsilon_{\mathrm{g}} = \frac{\mathrm{d}\nu}{\mathrm{d}(1/\lambda)} = c\frac{\mathrm{d}\nu}{\mathrm{d}(n\nu)} \tag{6.142}$$

如果把复数折射率 n_{c} 表示成 $n_{\mathrm{c}} = n(1-\mathrm{i}\kappa)$，则吸收系数 α 与吸收指数 κ 之间的关系为

$$\alpha = \frac{4\pi\nu n\kappa}{c} \tag{6.143}$$

吸收系数的倒数 $1/\alpha$，表示频率为 ν 的光子在样品中平均穿透的深度，所以光子在样品中平均存在的时间就是 $1/(\alpha\upsilon_{\mathrm{g}})$。于是得出

$$p(\nu) = \alpha\upsilon_{\mathrm{g}} = 4\pi\nu n\kappa\frac{\mathrm{d}\nu}{\mathrm{d}(n\nu)} \tag{6.144}$$

将式(6.141)和式(6.144)代入式(6.137)，则有

$$\begin{aligned}
G_0 &= \frac{32\pi^2}{c^3}\int_{\nu_0}^{\infty}\frac{\kappa n^3\nu^3}{\mathrm{e}^{h\nu/KT}-1}\mathrm{d}\nu = \frac{32\pi^2(KT)^4}{c^3h^4}\int_{u_0}^{\infty}\frac{\kappa n^3u^3}{\mathrm{e}^u-1}\mathrm{d}u \\
&= 1.785\times10^{22}\left(\frac{300}{T}\right)^4\int_{u_0}^{\infty}\frac{\kappa n^3u^3}{\mathrm{e}^u-1}\mathrm{d}u
\end{aligned} \tag{6.145}$$

式中，积分下限 v_0 由禁带宽度来确定，$v_0=E_g/h$，积分变数 $u=hv/KT$。

对于一定的半导体材料，如果测量出本征光吸收的实验数据 $n(v)$ 和 $\kappa(v)$，就可以根据式(6.145)计算 G_0，再由式(6.127)求出复合系数 γ。

为了直观起见，常用复合截面 σ 表示复合系数的大小。设想电子是具有一定半径的球，其截面积为 σ，那么空穴和这个假想的球相碰撞的概率，就代表空穴和电子复合的概率。如果空穴和电子的相对运动速度为 v，则单位时间内，一个电子和空穴复合的概率就是 σvp。于是，电子和空穴的复合率可以写成 $R=\sigma vpn$。把这个式子与式(6.125)相比较，则有

$$\gamma = \sigma v \tag{6.146}$$

在表 6.2 中，对于三种典型的半导体材料，给出了直接辐射复合的有关数据。InSb 是直接禁带半导体，它的复合截面 σ 具有较大的数值，而在间接禁带的 Ge 和 Si 中，σ 却要小 3～4 个数量级。

表 6.2 直接辐射复合的有关数据(300K)

半导体	E_g/eV	n_i/cm³	σ/cm²	τ_i
Si	1.1	1.5×10^{10}	$\sim10^{-22}$	$\sim3h$
Ge	0.65	2.3×10^{13}	$\sim10^{-21}$	0.43s
InSb	0.17	1.7×10^{16}	$\sim10^{-18}$	$0.6\times10^{-6}s$

这是因为在 Ge 和 Si 的辐射复合过程中，除了放出一个光子，还必须同时发射或吸收一个声子，以满足准动量守恒。这种跃迁是一种二级过程，概率比较小。在表 6.2 中列出的 τ_i，是本征材料的直接辐射复合寿命。在 Ge 和 Si 这类间接禁带半导体中，τ_i 要比实际可达到的寿命高得多。例如，纯度高、完整性好的硅中，寿命也只能达到毫秒数量级，可是 τ_i 的理论值却可达 3 个小时。显然，大多数半导体中，直接辐射复合不是决定寿命的主要复合过程。

6.8 直接俄歇复合

教学要求

1. 复合率体现出涉及三个载流子的过程。
2. 产生率与载流子浓度的关系。
3. 载流子俄歇复合的寿命及其影响机制。

对于带间直接复合过程，多声子参与引起的无辐射跃迁的概率极小。另一种形式的无辐射复合，在电子和空穴直接复合的过程中，释放出的能量把第三个载流子(导带中的电子或价带中空穴)激发到其能量更高的状态。前面介绍过，这种复合过程称为直接俄歇复合，或称为带间俄歇复合。俄歇效应引起的电子-空穴对的复合和产生如图 6.15 所示。

6.8.1 带间俄歇复合过程

首先讨论图 6.15（a）。在电子和空穴复合时，导带中另一个电子被激发到更高的能级。这种有其他电子参与的复合过程，其复合率 R_{nn} 应该与 $n^2 p$ 成正比

$$R_{nn} = \gamma_n n^2 p \tag{6.147}$$

式中，γ_n 是这种过程的复合系数。

在热平衡情况下，复合率 R_{nn0} 可以写成

$$R_{nn0} = \gamma_n n_0{}^2 p_0 \tag{6.148}$$

根据式(6.147)和式(6.148)，则有

$$R_{nn} = R_{nn0} \frac{n^2 p}{n_0{}^2 p_0} \tag{6.149}$$

图 6.15（b）中，导带中能量足够高的电子从高能级跃迁至低能级，释放出的能量通过碰撞(库仑作用)，使得价带电子跃迁至导带，产生电子-空穴对，这种过程称为碰撞电离。在碰撞电离过程中，涉及价带中的电子、导带中的空状态和导带中能量高的电子。在非简并情况下，价带基本上充满电子，而导带基本上是空的。因此，电子-空穴对的产生率 G_{nn} 应该只与导带电子浓度 n 成比例，它可以表示为

$$G_{nn} = G_{nn0} \frac{n}{n_0} \tag{6.150}$$

式中，G_{nn0} 是热平衡情况下的产生率。

在热平衡时，应该有 $G_{nn0}=R_{nn0}$，所以产生率 G_{nn} 可以改写为

$$G_{nn} = R_{nn0} \frac{n}{n_0} \tag{6.151}$$

上面讨论的图 6.15（a）和（b）是与导带电子相碰撞引起的带间复合和产生过程。根据式(6.149)和式(6.151)，可以得出电子-空穴对的净复合率为

$$U_{nn} = R_{nn} - G_{nn} = R_{nn0} \frac{np - n_i{}^2}{n_i{}^2} \frac{n}{n_0} \tag{6.152}$$

与价带空穴相碰撞引起的带间复合和产生过程，如图 6.15（c）和（d）所示，相应的复合率和产生率分别用 R_{pp} 和 G_{pp} 来表示。与上面完全类似的分析，可以得出

$$R_{pp} = R_{pp0} \frac{np^2}{n_0 p_0{}^2} \tag{6.153}$$

$$G_{pp} = R_{pp0} \frac{p}{p_0} \tag{6.154}$$

式中，R_{pp0} 为热平衡情况下这种过程的复合率

$$R_{pp0} = \gamma_p n_0 p_0{}^2 \tag{6.155}$$

式中，γ_p 是复合系数。由式(6.153)和式(6.154)，容易得到电子-空穴对的净复合率 U_pp 为

$$U_\mathrm{pp} = R_\mathrm{pp0} \frac{np - n_\mathrm{i}^2}{n_\mathrm{i}^2} \frac{p}{p_0} \tag{6.156}$$

6.8.2 非平衡载流子寿命

上面分析的两种带间俄歇复合过程是同时存在的，所以电子-空穴对总的净复合率 U 为

$$U = U_\mathrm{nn} + U_\mathrm{pp} = \frac{R_\mathrm{nn0} np_0 + R_\mathrm{pp0} pn_0}{n_\mathrm{i}^4}(np - n_\mathrm{i}^2) \tag{6.157}$$

在式(6.157)中代入 $n = n_0 + \Delta n$ 和 $p = p_0 + \Delta p$，并设 $\Delta n = \Delta p$，根据寿命 τ 的定义式(6.130)，可得

$$\tau = \frac{n_\mathrm{i}^4}{(R_\mathrm{nn0} np_0 + R_\mathrm{pp0} pn_0)(n_0 + p_0 + \Delta p)} \tag{6.158}$$

由量子力学计算给出

$$R_\mathrm{nn0} \sim \exp\left[-\left(\frac{1+2b}{1+b}\right)\frac{E_\mathrm{g}}{KT}\right] \tag{6.159}$$

$$R_\mathrm{pp0} \sim \exp\left[-\left(\frac{2+b}{1+b}\right)\frac{E_\mathrm{g}}{KT}\right] \tag{6.160}$$

式中，$b = m_\mathrm{n}/m_\mathrm{p}$，$m_\mathrm{n}$ 和 m_p 分别是电子和空穴的有效质量。在得出上面的结果时，假设能带的极值是位于 $k = 0$ 的简单能带。对于 $b<1$ 的情形，与导带电子碰撞的过程占优势；而在 $b>1$ 时，则与价带空穴碰撞的过程更为重要。因此，在式(6.158)的分母中，第一个圆括号里的两项之中常常是只有一项起主要作用。

在小注入条件下，$\Delta p \ll n_0 + p_0$，式(6.158)近似地简化为

$$\tau = \frac{n_\mathrm{i}^2}{(R_\mathrm{nn0} + R_\mathrm{pp0})(n_0 + p_0)} = \frac{1}{(\gamma_\mathrm{n} n_0 + \gamma_\mathrm{p} p_0)(n_0 + p_0)} \tag{6.161}$$

对于非本征半导体，τ 可近似为

$$\tau = \frac{1}{\gamma_\mathrm{n} n_0^2} = \frac{n_\mathrm{i}^2}{R_\mathrm{nn0} n_0} \tag{6.162}$$

或

$$\tau = \frac{1}{\gamma_\mathrm{p} p_0^2} = \frac{n_\mathrm{i}^2}{R_\mathrm{pp0} p_0} \tag{6.163}$$

对于本征半导体，则有

$$\tau = \frac{1}{2(\gamma_\mathrm{n} + \gamma_\mathrm{p})n_\mathrm{i}^2} = \frac{n_\mathrm{i}}{2(R_\mathrm{nn0} + R_\mathrm{pp0})} \tag{6.164}$$

从式(6.162)~式(6.164)可以看出，俄歇复合的寿命 τ 与载流子浓度的平方成反比。虽然由于俄歇复合涉及两个电子和一个空穴，或两个空穴和一个电子，是一种三体过程，它们发生的概率比较小，但在载流子浓度较高时，该过程仍有可能起重要作用。

寿命的大小还决定于 γ_n 和 γ_p 或 R_{nn0} 和 R_{pp0}。由式(6.159)和式(6.160)可见，在复合率 R_{nn0} 和 R_{pp0} 的公式中含有激活能，它大于禁带宽度 E_g，具体数值与 b 有关。当 $b=1$ 时，激活能为 $1.5E_g$。这个结果表明，动能(和相应的动量)为零的电子和空穴，即位于导带极小值的电子和价带极大值的空穴，不可能实现俄歇复合。因为它们不能提供必要的动量，把导带中的一个电子激发到能量较高的状态，以满足能量守恒和动量守恒。因此，引起俄歇复合的跃迁只能发生在能量间距大于禁带宽度的地方。在 E_g 较小的材料中，由于复合率 R_{nn0} 和 R_{pp0} 有较大的数值，直接俄歇复合可起重要作用。已经有数据表明，在一些窄禁带半导体，例如，$Hg_{1-x}Cd_xTe$ 中，这种复合过程确实起主要作用。

6.9　通过复合中心的复合

教学要求

1. 载流子通过复合中心复合与产生的四个过程。
2. 俘获系数与激发概率。
3. 肖克莱-瑞德公式。
4. 载流子浓度对寿命的影响。
5. 有效的复合中心的特点。
6. 温度对寿命的影响。

在 6.6 节中已经提到，非平衡载流子还可以通过复合中心完成复合，这是一种通过复合中心能级进行的复合过程。实验证明，在大多数半导体中，它都是一种最重要的复合过程。

6.9.1　通过复合中心的复合过程

我们来分析由热跃迁和光跃迁引起的通过复合中心的复合。用 E_t 表示复合中心能级，用 N_t 和 n_t 分别表示复合中心浓度和复合中心上的电子浓度。通过复合中心复合和产生的四种过程，如图 6.14 所示。

1. 电子的俘获过程

图 6.14 中的过程 a，是导带电子被复合中心俘获的过程。俘获概率应该与导带电子浓度 n 成正比；也与空的复合中心浓度 $(N_t - n_t)$ 成正比。所以，电子的俘获率 R_n 可以表示为

$$R_n = c_n n (N_t - n_t) \tag{6.165}$$

式中，c_n 为电子的俘获系数。

2. 电子的产生过程

图 6.14 中的过程 b，是过程 a 的逆过程，可以称为电子的产生过程。在一定温度下，每个复合中心上的电子都有一定的概率被激发到导带中的空状态。电子的激发概率 s_n 与复合中心上的电子浓度 n_t 成正比；在非简并情况下，可以认为导带基本上是空的，s_n 与导带电子浓度无关。则电子的产生率 G_n 可写成

$$G_n = s_n n_t \tag{6.166}$$

在热平衡情况下，电子的产生率和俘获率相等，即

$$s_n n_{t0} = c_n n_0 (N_t - n_{t0}) \tag{6.167}$$

式中，n_0 和 n_{t0} 分别是热平衡时的导带电子浓度和复合中心上的电子浓度：

$$n_0 = N_c \exp\left(-\frac{E_c - E_F}{KT}\right) \tag{6.168}$$

$$n_{t0} = \frac{N_t}{\exp\left(\dfrac{E_t - E_F}{KT}\right) + 1} \tag{6.169}$$

将式(6.168)和式(6.169)代入(6.167)，可得

$$s_n = c_n N_c \exp\left(-\frac{E_c - E_t}{KT}\right) = c_n n_1 \tag{6.170}$$

式中

$$n_1 = N_c \exp\left(-\frac{E_c - E_t}{KT}\right) = n_i \exp\left(\frac{E_t - E_i}{KT}\right) \tag{6.171}$$

n_1 恰好等于费米能级 E_F 与复合中心能级 E_t 重合时的平衡电子浓度。利用式(6.170)，产生率 G_n 可改写为

$$G_n = c_n n_1 n_t \tag{6.172}$$

3. 空穴的俘获过程

图 6.14 中的过程 c 是空穴被复合中心俘获的过程，空穴被俘获的概率与价带空穴浓度 p 成正比。这个过程实际上是复合中心上的电子向价带跃迁的过程，因此，只有已经被电子占据的复合中心才能从价带俘获空穴，所以空穴被俘获的概率也与 n_t 成正比。于是，空穴的俘获率 R_p 可写成

$$R_p = c_p p n_t \tag{6.173}$$

式中，c_p 为空穴的俘获系数。

4. 空穴的产生过程

图 6.14 中的过程 d 是过程 c 的逆过程，价带中的电子跃迁到复合中心能级上的空状态中，在价带留下空穴，可以看成价带空穴的产生过程。价带中的电子只能激发到空着

的复合中心上去，或者说，只有被空穴占据的复合中心才能向价带激发空穴，因此，复合中心上的空穴激发到价带的概率 s_p 与复合中心上的空穴浓度 $N_t - n_t$ 成正比；在非简并情况下，价带基本上充满电子，复合中心上的空穴激发到价带的概率 s_p 与价带的空穴浓度无关。因此，空穴的产生率 G_p 可以表示为

$$G_p = s_p(N_t - n_t) \tag{6.174}$$

在热平衡时，空穴的产生率与俘获率相等，即

$$s_p(N_t - n_{t0}) = c_p p_0 n_{t0} \tag{6.175}$$

这里，p_0 是平衡空穴浓度：

$$p_0 = N_V \exp\left(-\frac{E_F - E_v}{KT}\right) \tag{6.176}$$

将式(6.176)和式(6.169)代入式(6.175)，可得

$$s_p = c_p p_1 \tag{6.177}$$

式中

$$p_1 = N_V \exp\left(-\frac{E_t - E_V}{KT}\right) = n_i \exp\left(\frac{E_i - E_t}{KT}\right) \tag{6.178}$$

p_1 恰好等于费米能级 E_F 与复合中心能级 E_t 重合时的平衡空穴浓度。利用式(6.177)，空穴的产生率 G_p 可改写为

$$G_p = c_p p_1(N_t - n_t) \tag{6.179}$$

上面讨论的 a 和 b 两个过程是电子在导带和复合中心能级之间的跃迁引起的俘获和产生过程。根据式(6.165)和式(6.172)，可以得出电子的净俘获率 U_n 为

$$U_n = R_n - G_n = c_n\left[n(N_t - n_t) - n_1 n_t\right] \tag{6.180}$$

过程 c 和 d 看成空穴在价带和复合中心能级之间的跃迁引起的俘获和产生过程。空穴的净俘获率 U_p 为

$$U_p = R_p - G_p = c_p\left[p n_t - p_1(N_t - n_t)\right] \tag{6.181}$$

6.9.2 寿命公式

对于通过复合中心的复合，一般都是在稳态情况下导出非平衡载流子的寿命公式。达到稳态的条件是维持恒定的外界激励源。在稳定时，各种能级上的电子或空穴数目应该保持不变。显然，复合中心上的电子浓度不变的条件是复合中心对电子的净俘获率 U_n 等于对空穴的净俘获率 U_p，这也就是电子-空穴对的净复合率 U

$$U = U_n = U_p \tag{6.182}$$

将式(6.180)和式(6.181)代入式(6.182)的稳定条件，有

$$c_n\left[n(N_t - n_t) - n_1 n_t\right] = c_p\left[p n_t - p_1(N_t - n_t)\right] \tag{6.183}$$

由式(6.183)可解出 n_t 为

$$n_t = \frac{N_t(c_n n + c_p p_1)}{c_n(n + n_1) + c_p(p + p_1)} \tag{6.184}$$

把得到的 n_t 代入式(6.183)的左边或右边，并利用 $n_1 p_1 = n_i^2$，便得到电子和空穴的净复合率 U 为

$$U = \frac{c_n c_p N_t}{c_n(n + n_1) + c_p(p + p_1)}(np - n_i^2) \tag{6.185}$$

引入

$$\tau_p = \frac{1}{c_p N_t}, \quad \tau_n = \frac{1}{c_n N_t} \tag{6.186}$$

可将式(6.185)表示为

$$U = \frac{np - n_i^2}{\tau_p(n + n_1) + \tau_n(p + p_1)} \tag{6.187}$$

利用关系式

$$n = n_0 + \Delta n, \quad p = p_0 + \Delta p \tag{6.188}$$

并假设

$$\Delta n = \Delta p \tag{6.189}$$

在小注入条件下，$\Delta p \ll n_0 + p_0$，式(6.187)可改写成

$$U = \frac{(n_0 + p_0)\Delta p}{\tau_p(n_0 + n_1) + \tau_n(p_0 + p_1)} \tag{6.190}$$

根据定义寿命的公式 $U = \Delta p / \tau$，则得到

$$\tau = \tau_p \frac{n_0 + n_1}{n_0 + p_0} + \tau_n \frac{p_0 + p_1}{n_0 + p_0} \tag{6.191}$$

式(6.191)就是通过复合中心复合的小信号(小注入)寿命公式，称为肖克莱-瑞德(Shockley-Read)公式。

从空穴的俘获率式(6.173)可以看出，$1/\tau_p = c_p N_t$ 是复合中心充满电子时对每个空穴的俘获概率。完全类似，$1/\tau_n = c_n N_t$ 是复合中心完全空着时对每个电子的俘获概率。

在一般情况下，如果考虑复合中心上电子浓度的变化 Δn_t，电中性条件应写成

$$\Delta p = \Delta n + \Delta n_t \tag{6.192}$$

在这种情况下，由于

$$U = \frac{\Delta n}{\tau_n'} = \frac{\Delta p}{\tau_p'} \tag{6.193}$$

而 $\Delta n \neq \Delta p$，电子的寿命 τ_n' 和空穴的寿命 τ_p' 不再相等。只有当复合中心的浓度远小于多

数载流子浓度时，电中性条件 $\Delta n = \Delta p$ 才近似地成立，$\tau_n{}' = \tau_p{}' = \tau$。所以，式(6.191)实际上是低复合中心浓度的寿命公式。

6.9.3 寿命随载流子浓度的变化

在复合中心的种类及其浓度不变的情况下，讨论寿命 τ 随电子的平衡浓度 n_0(或 p_0)

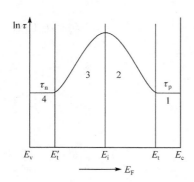

图 6.17 非平衡载流子寿命
随费米能级的变化

的变化。由于 n_0 和 p_0 是费米能级 E_F 的函数，样品的电导率也是 E_F 的函数，所以也可以说讨论的是 τ 随 E_F 或电导率的变化。设复合中心能级 E_t 在禁带的上半部，寿命 τ 随 E_F 变化的一般规律如图 6.17 所示。

由肖克莱-瑞德公式(式(6.191))可以看出，寿命 τ 取决于 n_0、p_0、n_1 和 p_1 的值。由于 N_c 和 N_v 具有相近的数值，所以这四个量基本上分别由 $(E_c - E_F)$、$(E_F - E_v)$、$(E_c - E_t)$ 和 $(E_t - E_v)$ 来决定。当费米能级 E_F 在禁带中变化时，n_0、p_0、n_1 和 p_1 之间可以相差几个数量级，在式(6.191)中只需保留数值最大者，使寿命公式大为简化。为了方便起见，引入能级 E_t'，它表示在 E_i 之下与 E_t 对称的位置。如图 6.17 所示，分四个区域讨论 τ 随 E_F 的变化。

1. 强 N 型区

费米能级 E_F 在 E_t 和导带底 E_C 之间($E_t<E_F<E_C$)。这时，$n_0 \gg p_0, n_1, p_1$。于是，式(6.191)简化为

$$\tau = \tau_p = \frac{1}{c_p N_t} \tag{6.194}$$

即寿命是一个与载流子浓度无关的常数，它取决于复合中心对空穴的俘获概率。这个结果是容易理解的。在这种情况下，复合中心能级 E_t 在 E_F 之下，它基本上充满电子，导带中又有足够多的电子。因此，空穴一旦被复合中心能级所俘获，就可以立刻从导带俘获电子，完成电子-空穴对的复合。

2. 弱 N 型区

费米能级 E_F 在本征费米能级 E_i 和 E_t 之间($E_i<E_F<E_t$)。这时，n_0、p_0、n_1 和 p_1 四个量之中，n_1 最大，而且 $n_0 > p_0$。寿命 τ 可近似为

$$\tau = \tau_p \frac{n_1}{n_0} \tag{6.195}$$

在这种情况下，寿命与电子(多子)的浓度 n_0 成反比。越接近本征区，与空穴复合的电子数目越少，τ 则越长。

在图 6.18 中，对于 N 型锗样品，画出了非平衡载流子寿命随电子浓度变化的实验曲线，它与上面得出的结论是完全一致的。

3. 弱 P 型区

E_F 在本征费米能级 E_t' 和 E_i 之间（$E_t' < E_F < E_i$）。在这种情况下，n_0、p_0、n_1 和 p_1 四个量之中，仍然是 n_1 最大，但是 $p_0 > n_0$。寿命 τ 可近似为

$$\tau = \tau_p \frac{n_1}{p_0} \qquad (6.196)$$

这时，寿命与空穴(多子)的浓度 p_0 成反比。越偏离本征区，与电子复合的空穴数目越多，寿命则越短。

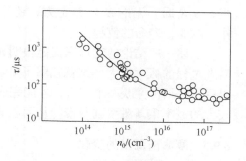

图 6.18　N 型锗中寿命随电子浓度的变化

4. 强 P 型区

E_F 在价带顶 E_v 和 E_t' 之间（$E_v < E_F < E_t'$）。这时，$p_0 \gg n_0, n_1, p_1$，式(6.191)可简化为

$$\tau = \tau_n = \frac{1}{c_n N_t} \qquad (6.197)$$

即寿命是一个与载流子浓度无关的常数，它的数值由复合中心对电子的俘获概率来决定。

应该指出，通常所遇到的掺杂半导体，在室温下，大多数都可以被认为是属于强 N 型或强 P 型。上面得到的结果表明，在这种情况下，通过复合中心复合的寿命是常数，复合中心基本上被多子填满，它们对少子的俘获概率决定寿命的数值。

思考题　如果复合中心能级 E_t 在禁带的下半部，得到的结果与式(6.194)～式(6.197)有无差别？

6.9.4　寿命与复合中心能级位置的关系

复合中心能级 E_t 在禁带中的位置不同，它对非平衡载流子复合的影响将有很大差别。一般来说，只有 E_t 比费米能级离导带底或价带顶更远的深能级杂质，才能成为有效的复合中心。

为了简单起见，假设复合中心对电子和空穴的俘获系数相等，这时 τ_n 和 τ_p 也相等。令 $\tau_n = \tau_p = \tau_0$，净复合率(式(6.187))可改写为

$$U = \frac{1}{\tau_0} \cdot \frac{np - n_i^2}{(n+p) + (n_1 + p_1)} \qquad (6.198)$$

将式(6.171)和式(6.178)代入式(6.198)，则有

$$U = \frac{1}{\tau_0} \cdot \frac{np - n_i^2}{(n+p) + 2n_i \cosh\left(\dfrac{E_t - E_i}{KT}\right)} \qquad (6.199)$$

容易看出，当 $E_t = E_i$ 时，式(6.199)分母中第二项的值最小，U 的值则最大。也就是说，当复合中心能级与本征费米能级重合时，复合中心的复合作用最强，寿命 τ 达到极小值。当 $E_t \neq E_i$ 时，无论 E_t 在 E_i 上方，还是在 E_i 下方，它与 E_i 的距离越大，复合中心的复合作用越弱，寿命的值越大。

上述一般结论的物理意义是很明显的。当 E_t 离开 E_i 而偏向 E_c 或 E_v 时，电子或空穴激发过程的概率增大，这就减弱了复合中心的复合作用。因为当复合中心俘获一个电子以后，必须再俘获一个空穴，才能完成复合。例如，如果 E_t 偏向 E_c，被俘获的电子将有较大的概率重新激发到导带，从而阻碍了复合过程的完成。

6.9.5 寿命随温度的变化

对于一定的样品，当温度变化时，n_0、p_0、n_1 和 p_1 都要随之改变，从而引起寿命 τ 的变化。设样品是 N 型的，复合中心能级 E_t 在禁带的上半部，如图 6.19(b)所示。下面根据肖克莱-瑞德公式(式(6.191))，分三个温度区讨论寿命随温度的变化。

(1) 在温度较低时，随着温度的升高，费米能级 E_F 从导带底附近单调下降，一直到它与复合中心能级 E_t 重合。在这个温度范围内，由于 $n_0 \gg p_0, n_1, p_1$，所以

$$\tau \approx \tau_p \tag{6.200}$$

即寿命是常数。

(2) 温度再升高，E_F 继续下降，一直到饱和电离区的最高温度。在此温度区内，n_0 是常数，并且 $n_1 \gg n_0$，$n_0 \gg p_0, p_1$。于是，式(6.191)简化为

$$\tau \approx \tau_p \frac{n_1}{n_0} = AT^{3/2} \exp\left(-\frac{E_c - E_t}{KT}\right) \tag{6.201}$$

式中，A 是与 T 无关的常数。式(6.201)表明，随着温度的升高，寿命基本上按指数规律增大。因此，根据实验数据画出 $\ln\tau \sim 1/T$ 曲线，由其斜率可确定复合中心能级的位置 $(E_C - E_t)$。

(3) 温度继续上升，进入本征激发区以后，$n_0 \approx p_0 = n_i$，式(6.191)可以写为

$$\tau = \frac{\tau_p}{2}\left(1 + \frac{n_1}{n_i}\right) + \frac{\tau_n}{2}\left(1 + \frac{p_1}{n_i}\right)$$
$$= \frac{\tau_p}{2}\left[1 + \exp\left(\frac{E_t - E_i}{KT}\right)\right] + \frac{\tau_n}{2}\left[1 + \exp\left(\frac{E_i - E_t}{KT}\right)\right] \tag{6.202}$$

当 $E_t - E_i \gg KT$ 时

$$\tau \approx \frac{\tau_p}{2}\exp\left(\frac{E_t - E_i}{KT}\right) = B\exp\left[\frac{E_t - (E_c + E_v)/2}{KT}\right] \tag{6.203}$$

式中，B 是与 T 无关的常数。随着温度的升高，寿命按指数规律减小。

当 $E_t - E_i \ll KT$ 时

$$\tau \approx \tau_p + \tau_n \tag{6.204}$$

即寿命又变成常数。

在图 6.19 中，分别画出 n_0、E_F 和 τ 随 $1/T$ 变化的示意图。图 6.19(c)的 3′ 和 3″ 两段曲线，分别表示式(6.203)和式(6.204)给出的寿命随温度的变化曲线。

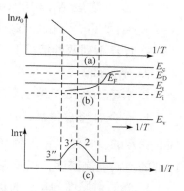

6.9.6　金在硅中的复合作用

半导体中的复合中心通常是一些深能级杂质，硅中的金就是一个典型的例子。金在硅中引入两个深能级：在导带底之下 0.54eV 的受主能级 E_A 和在价带顶之上的 0.35eV 的施主能级 E_D。在 N 型硅中，由于存在浅施主杂质，金原子接受一个电子，成为负电中心 Au^-，即基本上被电子填满的受主能级起

图 6.19　N 型半导体中电子浓度、费米能级和寿命随温度的变化曲线

复合中心能级作用(图 6.20(a))。前面已经指出，在 N 型样品中，寿命取决于复合中心对空穴的俘获概率：

$$\tau = \frac{1}{c_p N_t} \tag{6.205}$$

金的负离子对空穴有静电吸引作用，这将增加对空穴的俘获能力，使金在 N 型硅中成为有效的复合中心。

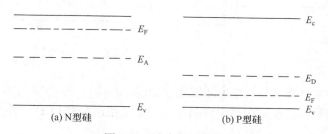

图 6.20　硅中的金能级

在 p 型硅中，金原子成为正电中心 Au^+，基本上是空的施主能级起复合中心能级作用(图 6.20(b))，它对电子的俘获概率决定样品的寿命：

$$\tau = \frac{1}{c_n N_t} \tag{6.206}$$

金的正离子对电子有较强的俘获能力，所以金在 P 型硅中也是有效的复合中心。

习　　题

1. 用光照射 N 型半导体样品(小注入)，假设光被均匀地吸收，电子-空穴对的产生率为 G，空穴的寿命为 τ。光照开始时，即 $t=0$，$\Delta p = 0$，试求出：

① 光照开始后任意时刻 t 的过剩空穴浓度 $\Delta p(t)$。

② 在光照下，达到稳定态时的过剩空穴浓度。

2. 施主浓度 $N_D = 10^{15}\,\text{cm}^{-3}$ 的 N 型硅，由于光的照射产生了非平衡载流子 $\Delta n = \Delta p = 10^{14}\,\text{cm}^{-3}$，试计算这种情况下准费米能级的位置，并与原来的费米能级做比较。

3. 计算下列两种情况下的介电弛豫时间：

① 本征硅。

② 掺有 $10^{15}\,\text{cm}^{-3}$ 施主杂质的硅(硅的相对介电常数为 12)。

4. 一个 N 型硅样品，$\mu_{\text{p}} = 430\,\text{cm}^2/(\text{V}\cdot\text{s})$，空穴寿命为 $5\,\mu\text{s}$。在它的一个平面形的表面有稳定的空穴注入，过剩空穴浓度 $\Delta p = 10^{13}\,\text{cm}^{-3}$。试计算从这个表面扩散进入半导体内部的空穴电流密度，以及在离表面多远处过剩空穴浓度等于 $10^{12}\,\text{cm}^{-3}$？

5. 光照射厚度为 d，面积近似为无限大的 N 型半导体样品(题图 6.1)，在表面薄层内电子-空穴对的产生率为 $Q(\text{cm}^{-2}\cdot\text{s}^{-1})$。设背面的表面复合速度为无限大，试证明样品中的过剩少子分布为

$$\Delta p(x) = \frac{L_{\text{P}}Q}{D_{\text{P}}\cosh\dfrac{d}{L_{\text{P}}}}\sinh\frac{d-x}{L_{\text{P}}}$$

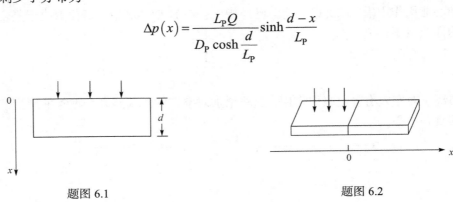

题图 6.1　　　　　　　　　　　　　题图 6.2

6. 一个均匀的 P 型样品，左半部被光照射(题图 6.2)，电子-空穴的产生率为 G (G 是与位置无关的常数)。试求出在整个样品中稳定电子浓度分布 $n(x)$，并画出曲线，设样品的长度很长并满足小注入条件。

7. 如题图 6.3 所示，一个很长的 N 型半导体样品，其中心附近长度为 $2a$ 的范围内被光照射，假设光均匀地穿透样品，电子-空穴对的产生率为 G (G 为常数)。试求出小注入情况下样品中稳态少子分布。

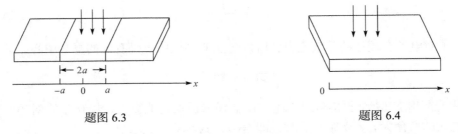

题图 6.3　　　　　　　　　　　　　题图 6.4

8. 光照射如题图 6.4 所示的 N 型样品，假设光被均匀地吸收，电子-空穴对的产生率为 G (小注入)，试在下述两种情况下分别求出稳态的过剩空穴浓度分布：

① 不考虑表面复合。

② 在 $x=0$ 的表面复合速度为 S。

9. 估计上题(8 题)中 $x=0$ 的表面附近的电场；计算单位时间内，对应单位表面积离开表面三个扩散长度的体积内复合的空穴数。

10. 已知半导体样品的复合中心能级和本征费米能级分别为 E_t 和 E_i，本征载流子浓度为 n_i。设 $\tau_n = \tau_p = \tau_0$ 是与样品中掺杂浓度无关的常数，试利用肖克莱-瑞德公式求出：

① 当非平衡载流子寿命取极大值时，电子浓度 $n_0 = ?$

② 寿命的极大值 $\tau_{max} = ?$

11. 已知 N 型锗中存在能级 E_t 在禁带下半部的复合中心，在饱和电离的温度范围内，实验上发现寿命 τ 的变化规律是 $\tau \propto e^{-\Delta E/KT}$，试说明激活能 ΔE 的物理意义和利用上式确定 E_t 的方法。

12. N 型硅和 P 型硅中均含有浓度为 10^{15}cm^{-3} 的金原子，试分别求出它们在小注入时的寿命。已知金复合中心对电子和空穴的俘获系数如题表 6.1 所示。

题表 6.1

	$C_p/(\text{cm}^3/\text{s})$	$C_n/(\text{cm}^3/\text{s})$
Au$^-$	1.15×10^{-7}	1.65×10^{-9}
Au$^+$	2.4×10^{-8}	6.3×10^{-8}

13. 一个高阻 N 型硅样品，电子浓度 n_0' 为 $2.8 \times 10^{12} \text{cm}^{-3}$，另一个低阻 N 型硅样品，电子浓度 n_0'' 为 10^{16}cm^{-3}。在室温下(300K)测出它们的载流子寿命 τ' 和 τ'' 分别为 $1000 \mu s$ 和 $10 \mu s$。假设两个样品中起复合作用的杂质相同，而且复合中心能级 E_t 在禁带的上半部，试用肖克莱-瑞德公式求出 E_t 的位置。

14. 在 P 型样品中，存在一种复合中心。在小注入时，被复合中心俘获的电子发射回导带的过程和它与空穴复合的过程有相同的概率。试估计这种复合中心的能级 E_t 在禁带中的位置，并说明它是否成为有效的复合中心？

15. 光照射复合中心浓度为 N_t、能级为 E_t 的半导体在体内均匀地产生电子-空穴对，产生率为 G。试分别写出导带中电子浓度的增加率 dn/dt 和价带中空穴浓度的增加率 dp/dt；给出达到稳定态的条件，并说明其物理意义。

16. 设 f_t 为复合中心能级 E_t 被电子占据的概率，N_C 和 N_V 分别为导带和价带的有效状态密度。

① 解释下列方程的物理意义：

$$\frac{dn}{dt} = -\frac{n(1-f_t)}{\tau_n} + \frac{N_C f_t}{\tau_n'}$$

$$\frac{dp}{dt} = -\frac{pf_t}{\tau_p} + \frac{N_V(1-f_t)}{\tau_p'}$$

并求出常数 τ_n' 和 τ_n 以及 τ_p' 和 τ_p 之间的关系。

② 假设复合中心浓度较低，使 $\Delta n = \Delta p$ 成立，试证明：

$$\frac{\mathrm{d}n}{\mathrm{d}t} = \frac{\mathrm{d}p}{\mathrm{d}t} = -\frac{np - n_i^2}{\tau_p(n + n_1) + \tau_n(p + p_1)}$$

并利用上式，求出通过复合中心复合的小信号寿命公式(6.191)。这里

$$n_1 = N_c \exp\left(-\frac{E_c - E_t}{KT}\right)$$

$$p_1 = N_v \exp\left(-\frac{E_t - E_v}{KT}\right)$$

第 7 章

金属和半导体的接触

7.1 外电场中的半导体

1. 外电场作用下，半导体表面层中载流子重新分布导致的一系列物理量的变化与分布。
2. 能带弯曲。
3. 表面势。

无外电场时，半导体中的净空间电荷等于零。当施加外电场时，在半导体中引起载流子的重新分布，产生电荷密度为 $\rho(r)$ 的空间电荷，以及强度为 $E(r)$ 的电场。载流子的重新分布只在半导体表面层进行，空间电荷对外电场有屏蔽作用。

图 7.1 表示半导体中施加外电场的电路图。在图 7.1 中的情况下，半导体表面的电子浓度增加(图 7.2(a))而产生负空间电荷(图 7.2(b))，空间电荷密度在表面处最大，随着与样品表面距离增加而减少，直到半导体体内(图 7.1 虚线处)，空间电荷为零。空间电荷形成电场 E。在半导体表面 E 最大(图 7.2(c))。这个电场引起电势变化(图 7.2(d))，进而改变电子的势能(图 7.2(e))。

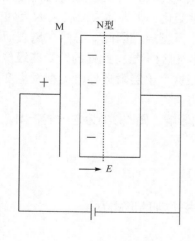

图 7.1 半导体中施加外电场的电路图

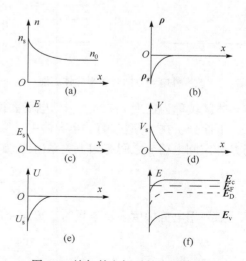

图 7.2 施加外电场时的半导体表面

电子势能的变化量为 $U(x) = -qV(x)$，其中 $V(x)$ 为半导体中 x 点电势与体内的电势

差(分布见图 7.2(d))。因此，电场将改变半导体的能带，即

$$\begin{cases} E_c(x) = E_c + U(x) = E_c - qV(x) \\ E_v(x) = E_v + U(x) = E_v - qV(x) \\ E_D(x) = E_D + U(x) = E_D - qV(x) \end{cases} \qquad (7.1)$$

这时所有能级的位置都发生变化，包括禁带中所有杂质能级(图 7.2(f))。由于半导体处于热平衡状态，费米能级不变。因此，费米能级和能带之间的距离发生变化。如果无外电场时这个距离为

$$E_c - E_F \text{ 和 } E_F - E_v \qquad (7.2)$$

外电场存在时则为

$$\left[E_c + U(x) \right] - E_F \text{ 和 } E_F - \left[E_v + U(x) \right] \qquad (7.3)$$

从式(7.3)和式(7.2)的比较中看出，如果 E_c 和 E_F 之间的距离减少 $U(x)$ 值，那么 E_F 和

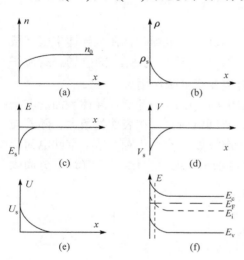

图 7.3　改变外电场方向时的半导体表面

E_v 之间的距离则增加相同的值。E_F 和能带边之间距离的改变体现了电子分布的变化。例如，图 7.2(f)所示的情况，在远离半导体表面处(体内)是非简并的 N 型半导体，并在施主能级上有电子(因为费米能级位于杂质能级之上)。在半导体表面虽然仍保持 N 型，却是简并化的，因为费米能级已在导带中。

当外电场方向改变时，N 型半导体表面的电子浓度比体内减少(图 7.3(a))，空穴浓度增加。这时如图 7.3(f)所示，在半导体表面，$p > n$，导电类型发生变化，半导体表面层从 N 型变为 P 型，即产生反型层。因此，必然在离表面某距离处形成本征区(I 层)。此处的费米能级位于禁带中间。在这个 I 层附近导电类型发生变化的半导体区域称为物理 PN 结。当外电场去掉时，它将消失。

下面分析在 N 型非简并半导体中一维外电场的影响。图 7.3(f)为它的能带图。外电场 E 和空间电荷 ρ 之间有如下关系(泊松方程)：

$$\frac{\mathrm{d}E}{\mathrm{d}x} = \frac{1}{\varepsilon_r \varepsilon_0} \rho(x) \qquad (7.4)$$

如果用电势梯度表示电场时，$E = -\mathrm{d}V/\mathrm{d}x$，泊松方程的形式为

$$\frac{\mathrm{d}^2 V}{\mathrm{d}x^2} = -\frac{1}{\varepsilon_r \varepsilon_0} \rho(x) \qquad (7.5)$$

假设半导体内的电子浓度为 $n_0(x \to \infty)$，由于半导体是非简并的，所以表面电子浓度为

$$n = N_c \exp\left[-\left(E_c + U - E_F\right)/KT\right] = n_0 \exp(-U/KT) \tag{7.6}$$

在半导体表面层中由电离施主和自由电子决定空间电荷。如果施主杂质全部电离,即 $N_D^+ = n_0$,此时表面层中的空间电荷为

$$\rho = q\left(N_D^+ - n\right) = q\left(n_0 - n\right) = qn_0\left(1 - e^{-U/KT}\right) \tag{7.7}$$

我们对 $|U| \ll KT$ 情况,即在弱电场作用下能带变化不大的情况进行分析。这时 $e^{-U/KT}$ 展开成级数并只取第一项。根据式(7.7)得

$$\rho = \frac{qn_0 U}{KT} = -\frac{q^2 n_0}{KT}V \tag{7.8}$$

当引入 $L_d^2 = \varepsilon_r \varepsilon_0 KT / q^2 n_0$ 关系时,式(7.5)具有如下形式:

$$\frac{d^2 V}{dx^2} - \frac{V}{L_d^2} = 0 \tag{7.9}$$

这个方程的解

$$V = A_1 e^{-x/L_d} + A_2 e^{x/L_d} \tag{7.10}$$

因为当 $x \to \infty$ 时 $V \to 0$,所以 $A_2 = 0$,而在 $x = 0$ 处, $V = V_s$, V_s 为半导体表面与体内的电势差,定义为表面势,则 $A_1 = V_s$ 。

表面层电势分布为

$$V(x) = V_s e^{-x/L_d} \tag{7.11}$$

电场强度分布为

$$E(x) = -\frac{dV}{dx} = \frac{V_s}{L_d}e^{-x/L_d} = E_s e^{-x/L_d} \tag{7.12}$$

电子的势能分布为

$$U(x) = -qV(x) = -qV_s e^{-x/L_d} = U_s e^{-x/L_d} \tag{7.13}$$

表面空间电荷密度为

$$\rho_s = \frac{qn_0}{KT}U_s \tag{7.14}$$

因此,当半导体置于外电场中时,表面层的能带发生弯曲,电子和空穴浓度将发生变化。当电子势能变化量 $U_s > 0$ 时,能带向上弯曲,电子浓度减少而空穴浓度增加。当 $U_s < 0$ 时能带向下弯曲,电子浓度增加而空穴浓度减小。

式(7.10)~式(7.13)中的 L_d 为德拜屏蔽长度,是外电场在半导体中其强度减少 e 倍(2.7倍)时的渗透距离。对于金属, $n_0 = 10^{22} \mathrm{cm}^{-3}$, $\varepsilon_r = 1$,在室温下电场渗透距离 L_d 大约为 $10^{-8} \mathrm{cm}$;在 Ge 中, $n_0 = 10^{14} \mathrm{cm}^{-3}$, $\varepsilon_r = 16$, L_d 为 4μm 。可以看出,空间电荷密度越大,对外电场的屏蔽作用越强。

7.2　热电子功函数

1. 热电子发射。
2. 真空电子能级。
3. 电子功函数和电子亲和势。

从固体向真空发射电子需要一定的能量。这说明固体和真空界面存在势垒阻止电子

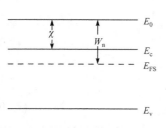

图 7.4　电子功函数和电子亲和势

从固体逸出。因此，只有能量高于势垒的电子才能从固体中发射出去。温度越高，克服势垒而发射的电子越多。用热激发从固体发射出电子的现象称为热电子发射。

下面确定非简并半导体中热电子发射的电流密度。为此必须计算克服势垒而逸出半导体的电子数。用 E_0 表示从半导体逸出到真空之后相对样品静止(电子动能为零)的电子能量(真空能级)，如图 7.4 所示。这时从导带底到真空能级的能量 χ 为

$$\chi = E_0 - E_c \tag{7.15}$$

χ 称为电子亲和势，数值上它等于电子从导带底转移到真空能级时所做的功。为克服高度为 χ 的直角形势垒，速度为 v_x 的电子动能应不小于势垒高度，即

$$\frac{1}{2}m^* v_x^2 \geqslant \chi \tag{7.16}$$

晶体单位体积中，在 $v \sim v + dv$ 速度范围内的量子态数由如下公式求出

$$dZ = 2\left(m^*/h\right)^3 dv_x dv_y dv_z \tag{7.17}$$

半导体中电子能够逸出时应满足 $E - E_F \gg KT$ 关系，满足这个关系的电子数为

$$dn = \int_0 dZ = 2\left(m^*/h\right)^3 e^{-(E-E_F)/KT} dv_x dv_y dv_z \tag{7.18}$$

越过势垒的所有电子不再回到半导体。如果向晶体表面流动速度为 v_x 的电子流等于 $dn v_x$，那么从真空向半导体流入的电流密度为

$$J = q\int_{U_{x\min}}^{\infty}\iint_{\infty} dn v_x = 2q\left(m^*/h\right)^3 e^{E_F/KT}\int_{U_{x\min}}^{\infty}\iint_{\infty} dn v_x = 2q\left(m^*/h\right)^3 e^{-E/KT} v_x dv_x dv_y dv_z \tag{7.19}$$

考虑到电子的总能量为

$$E = E_c + \frac{m^*}{2}\left(v_x^2 + v_y^2 + v_z^2\right)$$

式(7.19)可以写成

$$J = \frac{2qm^{*3}}{h^3} e^{-(E_c-E_F)/KT} \int_{U_{xmin}}^{\infty} e^{-m^{\cdot}v_x^2/2KT} v_x \mathrm{d}v_x \int_{-\infty}^{\infty} e^{-m^{\cdot}v_y^2/2KT} \mathrm{d}v_y \int_{-\infty}^{\infty} e^{-m^{\cdot}v_z^2/2KT} \mathrm{d}v_z \qquad (7.20)$$

为了求出 J，利用如下关系：

$$\int_{-\infty}^{\infty} e^{-\alpha y^2} \mathrm{d}y = \sqrt{\frac{\pi}{\alpha}} \qquad (7.21)$$

考虑式(7.16)，对 v_x 进行积分时得

$$\int_{v_{xmin}}^{\infty} e^{-m^{\cdot}v_x^2/2KT} v_x \mathrm{d}v_x = \frac{KT}{m^*} e^{-m^{\cdot}v_{xmin}^2/2KT} = \frac{KT}{m^*} e^{-\chi/KT} \qquad (7.22)$$

根据式(7.20)～式(7.22)，热电子发射电流密度为

$$J = \frac{4\pi qm^* K^2}{h^3} T^2 e^{-(E_0-E_F)/KT} = AT^2 e^{-W/KT} \qquad (7.23)$$

式中

$$\begin{cases} A = 4\pi qm^* K^2 / h^3 \\ W = \chi + E_c - E_F = E_0 - E_F \end{cases} \qquad (7.24)$$

能量 W 称为热电子功函数。根据式(7.24)它等于真空能级 E_0 和该半导体费米能级 E_F 之差。在金属和半导体中，W 一般是几个电子伏特量级。

因为半导体中费米能级与温度、杂质浓度等有关，所以热电子功函数也与这些参数有关。对本征半导体功函数 W_i 等于

$$W_i = \chi + \frac{1}{2} E_g + \frac{KT}{2} \ln \left(\frac{m_n^*}{m_p^*} \right)^{3/2} \qquad (7.25)$$

从式(7.25)看出，本征半导体的功函数与禁带宽度、温度、电子和空穴的有效质量之比有关。对 N 型半导体，在弱电离区有

$$W_n = \chi + \frac{E_c - E_D}{2} + \frac{KT}{2} \ln \frac{g_D N_c}{N_D} \qquad (7.26)$$

对强电离区

$$W_n = \chi + KT \ln \frac{N_c}{N_D} \qquad (7.27)$$

对 P 型半导体，在弱电离和强电离区有

$$W_p = \chi + E_g + \frac{E_v - E_A}{2} - \frac{KT}{2} \ln \frac{g_A N_v}{N_A} \qquad (7.28)$$

$$W_p = \chi + E_g - KT \ln \frac{N_v}{N_A} \qquad (7.29)$$

比较式(7.27)和式(7.29)，可以看出，在同一种半导体材料中，P 型半导体中的电子

功函数比 N 型半导体的大。

下面讨论金属的电子功函数。在 0K 时，金属中的电子填满了费米能级 E_F 以下的所有能级，而高于 E_F 的能级全部空着。在一定温度下，只有 E_F 附近的少数电子受到热激发，由低于 E_F 的能级跃迁到高于 E_F 的能级上去。因此，要使电子从金属中逸出，需要克服费米能级和真空能级之间存在的势垒。参考式(7.24)，可以把金属的电子功函数定义为

$$W_M = E_0 - E_F \tag{7.30}$$

7.3 金属-半导体接触

教学要求

1. 金半接触对半导体表面层的影响。
2. 表面空间电荷区的各个物理量的分布。
3. 不同条件金半接触的能带图。
4. 接触电势差。

讨论金属和非简并 N 型半导体的接触，设它们有相同的真空能级 E_0，且金属的电子功函数大于半导体的电子功函数 ($W_M > W_S$)，则金属的费米能级 E_{FM} 低于半导体费米能级 E_{FS}，接触之前的能带图如图 7.5 所示。使它们紧密接触，由于 $E_{FS} > E_{FM}$，半导体中的电子流向金属，使金属表面形成负的空间电荷区，而半导体表面层形成正的空间电荷区，正负电荷的数值相等，整个系统仍保持电中性。由于存在空间电荷区，在接触层产生由半导体指向金属的自建电场 E_i，使金属的电势低于半导体的电势，并使电子由金属向半导体漂移，阻止电子继续从半导体向金属移动。这种电子的移动一直继续到半导体和金属的费米能级相等(图 7.6(a))，电子的移动达到动态平衡。这时两边的热电子发射电流相等，即

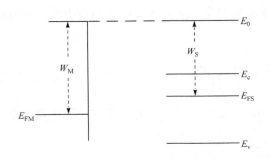

图 7.5　金属与 N 型半导体接触之前的能带图，$W_M > W_S$

$$J_{M0} = J_{N0} \tag{7.31}$$

在这种平衡态中形成的半导体与金属之间的电势差 V_D 称为接触电势差。从式(7.31)可以求出金半接触电势差为

$$qV_D = W_M - W_S \tag{7.32}$$

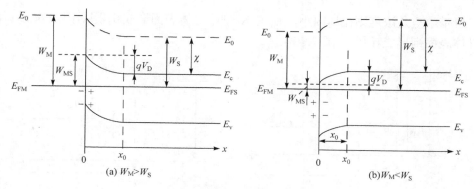

图 7.6　金属与 N 型半导体接触

由于自建电场强度为

$$E_i = \int \frac{1}{\varepsilon_r \varepsilon_0} \rho \mathrm{d}x = \frac{1}{\varepsilon_r \varepsilon_0} Q$$

　　这里 Q 为空间电荷面密度。当空间电荷相等条件下，接触电势差与空间电荷层厚度成比例。但在金属中空间电荷层厚度不超过 $10^{-7} \sim 10^{-6}$cm。而在半导体中可以达到 10^{-4}cm 或更大。因此，金属空间电荷层中的电势差比半导体的小很多，可以认为接触电势差实际上全部发生在半导体一侧，则接触电势差近似等于半导体体内与表面的电势差，则有 $V_D = -V_s$，即等于表面势的负值。接触电势差引起的电场强度不超过 10^6V/cm。而晶格离子形成的电场强度为 10^8V/cm。因此，通常情况下的接触电势差不可能改变半导体的禁带宽度。

　　根据上述分析可知，金半接触使得半导体表面层形成空间电荷区，电势发生变化，必然导致电子势能的变化，使表面层能带发生弯曲。

　　若 $W_M > W_S$，则 $E_{FS} > E_{FM}$，半导体中的电子流向金属，使金属表面形成负的空间电荷区，而半导体表面层主要由电离杂质正电荷形成正的空间电荷区，则在半导体表面层产生由体内指向表面的自建电场，使表面电势低于体内电势，则表面电子势能高于体内电子势能，能带向上弯曲，如图 7.6(a)和图 7.7(a)所示。

　　如果接触表面层中的能带向上弯曲，导带底 E_c 和费米能级 E_{FS} 间距离增加，而价带顶 E_v 则相反，与费米能级 E_{FS} 间距离减小。因此，在接触表面层中，导带电子浓度比体内减少，价带中空穴浓度则增加。此时 N 型半导体接触表面层中的电子浓度比体内小(图 7.6(a))，即产生电导率比体内小的薄层。这种接触表面层称为耗尽层，因此，耗尽层指多子耗尽情况；在 P 型半导体中接触表面层的空穴浓度比体内的大(图 7.7(a))，电导率大于体内电导率，这种电导率增加的接触表面层称为积累层，同样，积累层也是指多子积累情况。

　　若 $W_M < W_S$，则 $E_{FM} > E_{FS}$，金属中的电子流向半导体，使半导体表面由于电子积聚形成负的空间电荷区，而金属表面形成正的空间电荷区，则在半导体表面层产生由表面指向体内的自建电场，使表面电势高于体内电势，则表面电子势能低于体内电子势能，能带向下弯曲，如图 7.6(b)和图 7.7(b)所示。这种情况下，半导体表面层中电子浓度比体内

的大，价带中空穴浓度则比体内小。则在 N 型半导体表面形成积累层(图 7.6(b))。而 P
型半导体表面则形成耗尽层(图 7.7(b))。

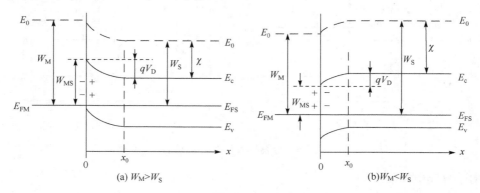

图 7.7　金属与 P 型半导体接触

在接触表面层中，少数载流子浓度很高时，导电类型可以发生变化，形成导电类型
相反的反型层而构成物理 PN 结。另外，如果接触表面层中的多数载流子浓度大量增加，
可导致这个层变成简并半导体。

在本征半导体中，无论是 $W_M > W_S$ 或 $W_M < W_S$，能带的弯曲使接触表面层中的电导率
都增加，接触能带图如图 7.8 所示。

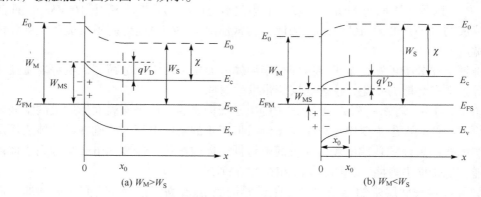

图 7.8　金属与本征半导体接触

把式(7.32)改写成

$$qV_D = (W_M - \chi) - (W_S - \chi) = W_{MS} - W_{SM} \tag{7.33}$$

式中，$W_{MS} = W_M - \chi$ 为电子从金属费米能级转移到半导体导带底时需克服的势垒高度
(图 7.6～图 7.8)，$W_{SM} = W_S - \chi$ 为体内半导体导带底和费米能级之差。

假设电场渗透到 N 型半导体中的深度为 x_0(图 7.6(a))，x_0 为半导体接触表面层的厚度。

下面在施主杂质全部电离的 N 型半导体中进行 x_0 计算。由于接触表面层导带底电子
的能量等于 $E_c - qV(x)$，根据式(7.7)，此层中的空间电荷为

$$\rho = q(N_D - n) = qn_0 \left[1 - e^{qV(x)/KT} \right] \tag{7.34}$$

因为接触电势差全部落在半导体的接触表面层中，可以认为 $|qV(x)| \gg KT$，能带向上弯曲，则 $qV(x) < 0$。这个层中的空间电荷近似为

$$\rho = qn_0 \tag{7.35}$$

这表示在半导体表面层中的电子全部耗尽而只剩下电离施主的正电荷。

考虑到式(7.35)，在空间电荷层中的泊松方程式可写成

$$\frac{\mathrm{d}^2 V}{\mathrm{d}x^2} + \frac{q}{\varepsilon_r \varepsilon_0} n_0 = 0 \tag{7.36}$$

此方程的一般解为

$$V(x) = -\frac{qn_0}{2\varepsilon_r \varepsilon_0}(x_0 - x)^2 + A(x_0 - x) + B \tag{7.37}$$

电场只渗透 x_0 距离。因此，式(7.37)应满足边界条件

$$\begin{cases} V(x_0) = 0 \\ E(x_0) = -\dfrac{\mathrm{d}V}{\mathrm{d}x}\Big|_{x=x_0} = 0 \end{cases} \tag{7.38}$$

在式(7.37)中代入边界条件，有

$$\begin{cases} V(x_0) = B = 0 \\ \dfrac{\mathrm{d}V}{\mathrm{d}x}\Big|_{x=x_0} = -A = 0 \end{cases} \tag{7.39}$$

因此，N 型半导体接触表面层中的电势与 x 坐标的关系为

$$V(x) = -\frac{qn_0}{2\varepsilon_r \varepsilon_0}(x_0 - x)^2 \tag{7.40}$$

为了确定 x_0，利用 $x=0$ 点的边界条件而得

$$V(0) = -V_{\mathrm{D}} = -\frac{1}{q}(W_{\mathrm{M}} - W_{\mathrm{S}}) \tag{7.41}$$

根据式(7.32)和式(7.40)可以确定电场渗透半导体的深度为

$$x_0 = \sqrt{2\varepsilon_r \varepsilon_0 V_{\mathrm{D}} / qn_0} = \sqrt{2\varepsilon_r \varepsilon_0 (W_{\mathrm{M}} - W_{\mathrm{S}}) / q^2 n_0} \tag{7.42}$$

从式(7.42)看出，n_0 越小，$(W_{\mathrm{M}} - W_{\mathrm{S}})$ 越大，x_0 就越大，从德拜长度公式和式(7.42)可知道

$$x_0 / L_{\mathrm{d}} = \sqrt{2(W_{\mathrm{M}} - W_{\mathrm{S}}) / KT}$$

因此，在金半接触中功函数相差大约 1eV 时，x_0 比 L_{d} 大 10 倍左右。如果接触表面为耗尽层，此时金半接触具有电容特性。这种电容称为势垒电容。其容量为

$$C = \varepsilon_r \varepsilon_0 / x_0 = \sqrt{\varepsilon_r \varepsilon_0 qn_0 / 2V_{\mathrm{D}}} \tag{7.43}$$

7.4　肖特基结及其整流现象

1. 肖特基结的特点。
2. 肖特基结的整流特性。

在金属和 N 型半导体接触中，如果满足 $W_M > W_S$ 条件时，平衡态下接触表面层的能带弯曲形成耗尽层(多子阻挡层)(图 7.6(a))，这种结构称为肖特基结(Schottky junction)，相应的势垒称为肖特基势垒，具有二极管整流特性，由其制作的二极管也称为肖特基二极管。

在半导体体内($x > x_0$)的多数载流子浓度为

$$n_0 = N_c \exp\left[-(E_c - E_F)/KT \right] = N_c e^{\xi_0/KT} \tag{7.44}$$

式中，$\xi_0 = E_F - E_c$ 为半导体的体内从 E_c 算起的 E_F 能级的位置。在热平衡态下，整个系统的费米能级应相同。即

$$E_F = E_c + \xi_0 = E_c - qV(x) + \xi(x) = 常数 \tag{7.45}$$

式中，$qV(x)$ 为电子的势能变化量；$\xi(x)$ 为从 E_c 算起的 E_F 能级的位置。

在金半接触中施加外电场时，半导体变成非平衡态，而电子浓度则由准费米能级决定，即

$$E_{FN} = E_c - qV_1(x) + \xi_1(x) \tag{7.46}$$

式中，$\xi_1(x)$ 和 $eV_1(x)$ 为准费米能级和导带底的距离及电子势能变化量。这时在半导体表面 $0 \leqslant x < x_0$ 处的自由载流子浓度类似于式(7.44)，可写成

$$n(x) = N_c e^{\xi_1(x)/KT} \tag{7.47}$$

由于接触表面层中的电子浓度与位置 x 有关，准费米能级不是常数，为了确定它的变化，先计算通过半导体的电流。它的电流密度为

$$J = qn\mu_n E + qD_n \frac{dn}{dx} \tag{7.48}$$

电流密度还可以用电子的电势和浓度表示

$$J = n\mu_n \frac{d\left[-qV(x) \right]}{dx} + \frac{nqD_n}{KT}\frac{d\xi_1}{dx} \tag{7.49}$$

利用爱因斯坦关系，改写成

$$J = n\mu_n \frac{d\left[-qV(x) + \xi_1 \right]}{dx} \tag{7.50}$$

从式(7.50)和式(7.46)的比较，可以写成

$$J = n\mu_n \frac{dE_{FN}}{dx} \tag{7.51}$$

下面求出半导体中两点之间准费米能级变化。这两点的电流密度相等，即

$$\int_1^2 dE_{FN} = \int_1^2 \frac{J dx}{n\mu_n} = qJS \int_1^2 \frac{dx}{qn\mu_n S} = qI \int_1^2 dR \tag{7.52}$$

式中，$dR = dx / \sigma S$，是电导率 $\sigma = qn\mu_n$ 的截面积 S 和 dx 半导体区域的电阻。求出式(7.52)的积分，将得

$$\Delta E_{FN} = E_{FN}(2) - E_{FN}(1) = qI(R_2 - R_1) = q(V_2 - V_1) \tag{7.53}$$

式中，$V_2 - V_1$ 为两点间电势差。因此，当外电场存在时，准费米能级的位置由电势差决定。

下面求出外电场方向不同时，通过金半接触结的电流密度。通常规定外加电场方向与空间电荷区内建电场方向相反时，为正向偏压；外加电场方向与内建电场方向相同时，为反向偏压。在半导体施加负电压而金属施加正电压 V 时(正向偏压)，外电压 V 几乎降落在半导体一侧的接触表面层中。半导体体内的费米能级相对于 E_c 不变，但相对于金属中的费米能级将移动 qV。因此，金半接触电势差将减少 V，并等于 $V_D - V$，而在接触表面层的准费米能级从 E_{FS} 变到 E_{FM}(图 7.9(a))。结果平衡态被破坏而金半接触中通过电流

$$J = J_1 - J_2 \tag{7.54}$$

式中，J_1 为从金属到半导体的热电子发射电流；J_2 为反向的电流。在半导体中势垒高度的下降使更多的电子从半导体过渡到金属而使电流增加。这个电流密度与平衡态时不同，等于

$$J_1 = AT^2 \exp\left[-(W_S + qV_D - qV)/KT\right] = AT^2 \exp\left[-(W_M - qV)/KT\right] \tag{7.55}$$

在正偏压时(图 7.9(a))，金属一侧的势垒高度不变。因此，从半导体到金属的电流密度与平衡态相同，即

$$J_2 = AT^2 e^{-W_M/KT} \tag{7.56}$$

总电流密度为

$$J = J_1 - J_2 = AT^2 e^{-W_M/KT}\left(e^{qV/KT} - 1\right) = J_s\left(e^{qV/KT} - 1\right) \tag{7.57}$$

式中，J_s 为

$$J_s = AT^2 e^{-W_M/KT} \tag{7.58}$$

称它为饱和电流密度。

当金属中施加负电压时(反向偏压)，在半导体一侧的势垒高度增加 qV。这时通过金半接触的电流密度为

$$J = AT^2 \exp\left[-(W_S + qV_D + qV)/KT\right] - AT^2 \exp\left[-W_M/KT\right] = J_s\left(e^{-qV/KT} - 1\right) \tag{7.59}$$

如果正向偏压时认为 $V > 0$，而反向偏压时 $V < 0$，这时式(7.57)和式(7.59)可以写成统

一的形式

$$J = J_s \left(e^{qV/KT} - 1 \right) \tag{7.60}$$

从式(7.60)看出，正偏压时($V>0$)通过金半接触的电流密度随偏压按指数规律增加，而反偏压时($V<0$)电流密度则增加到 J_s。因此，金半接触具有整流作用。

在存在外电场时，半导体表面的空间电荷层厚度为

$$x_{1,2} = \sqrt{\frac{2\varepsilon_r \varepsilon_0 (V_D - V)}{q n_0}} \tag{7.61}$$

式中，V 的符号与偏压的极性有关。正偏压时 $V>0$，空间电荷层厚度 x_1 比热平衡态时的耗尽层宽度 x_0 小，而反偏压时 $V<0$，则 $x_2>x_0$(参看图 7.9)。

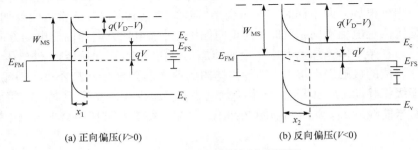

(a) 正向偏压($V>0$)　　　　　(b) 反向偏压($V<0$)

图 7.9　金半接触中非平衡能带图

7.5　肖特基结整流理论

教学要求

掌握肖特基结基于二极管理论的整流计算。

根据二极管和扩散理论，可以计算金半接触伏安特性中的饱和电流，如果电子自由程 l 比耗尽层厚度 x_0 小很多时，载流子通过耗尽层时进行多次散射。这时必须考虑扩散和漂移电流成分。当弱电场时，可以利用欧姆定律求出漂移电流。根据弱电场条件有

$$E_s \ll \delta \frac{KT}{ql} \tag{7.62}$$

根据式(7.40)和式(7.42)，金半界面($x=0$)最大电场强度 E_s 为

$$E_s = E_{max} = \frac{dV}{dx}\Big|_{x=0} = -\frac{q n_0 x_0}{\varepsilon_r \varepsilon_0} = -\frac{2V_D}{x_0} \tag{7.63}$$

式(7.63)的 E_s 值代入式(7.62)可得扩散整流理论适用的条件

$$x_0 \gg \frac{2q V_D}{\delta KT} l \tag{7.64}$$

如果 l 和 x_0 的关系为

$$l \gg \frac{\delta KT}{2qV_D} x_0 \tag{7.65}$$

时，可以认为载流子通过耗尽层时几乎不进行碰撞。此时肖特基结耗尽层类似于真空电子管中电极之间的真空间隙。因此，在这种条件下计算金半接触伏安特性可以基于二极管理论。

根据式(7.65)，二极管理论的适用条件为

$$\frac{\delta KTx_0}{2qV_D l} \ll 1 \tag{7.66}$$

当 x_0 越小和 l 越大时容易满足这个条件。然而，从式(7.42)看出，平衡自由电子浓度 n_0 越大时耗尽层厚度越小。同时根据迁移率和 l 的关系，电子迁移率越大其自由程长度 l 也越长。因此，在载流子浓度大而且迁移率大的半导体和金属接触时，可以利用二极管理论分析整流特性。例如，对 $\mu_n = 3900 \mathrm{cm}^2 / (\mathrm{V \cdot s})$，$\varepsilon_r = 16.5$，$m_n^* = 0.3 m_0$ 的 N 型 Ge，当 $n_0 = 10^{14} \mathrm{cm}^{-3}$ 时，$qV_D = 0.3 \mathrm{eV}$，$x_0 = 2.3 \times 10^{-4} \mathrm{cm}$，$l = 1.5 \times 10^{-5} \mathrm{cm}$。当它们的比值为 $KTx_0 / 2qV_D l = 0.6 < 1$，如果电子浓度为 $n_0 = 10^{16} \mathrm{cm}^{-3}$ 时，$KTx_0 / 2qV_D l = 0.06$，完全可以使用二极管整流理论。

当半导体中载流子的浓度和迁移率都小时，情况就不同。例如，对 P 型氧化亚铜，$\mu_p = 60 \mathrm{cm}^2 / (\mathrm{V \cdot s})$，$\varepsilon_r = 8.75$。当 $n_0 = 10^{14} \mathrm{cm}^{-3}$ 时，$qV_D = 0.5 \mathrm{eV}$，$x_0 = 2.2 \times 10^{-4} \mathrm{cm}$，$l = 4 \times 10^{-7} \mathrm{cm}$。所以 $KTx_0 / 2qV_D l = 15 \gg 1$。在这种情况下计算金半接触伏安特性时应用扩散整流理论。

在金半接触中势垒宽度非常窄时，电子可以通过隧道效应穿过这个势垒进行运动。根据量子力学理论，势垒高度 W_0 和厚度为 d 时，其隧穿概率为

$$D = \exp \left\{ -\frac{2d}{h} \left[2m^* (W_0 - E_x) \right]^{1/2} \right\} \tag{7.67}$$

式中，$E_x = m^* v_x^2 / 2$，v_x 为沿样品表面方向运动的电子速度，如果取 $W_0 \approx 1 \mathrm{eV}$，$d = 10^{-8} \mathrm{cm}$，那么在 $E_x \ll W_0$ 条件下得 $D = 1/3$。这表示实际上对电子透明的势垒宽度大小。因此，可以认为能量超过 W_{MS} 的所有电子都能够过渡到半导体中去。

电子从半导体过渡到金属，它们应在 x 方向具有足够的速度，才能克服势垒高度 $q(V_D - V)$。根据式(7.23)，这些电子形成的电流密度为

$$J_1 = q \int_{x\min}^{\infty} \iint_{\infty} v_x \mathrm{d}n = \frac{4\pi q m^* (KT)^2}{h^3} \mathrm{e}^{(E_F - E_c)/KT} \mathrm{e}^{-q(V_D - V)/KT} \tag{7.68}$$

在式(7.68)中代入半导体表面层中的平衡电子浓度

$$n_0 = 2 \left(2\pi m^* KT / h^2 \right)^{3/2} \mathrm{e}^{-(E_c - E_F)/KT} \tag{7.69}$$

和它的热平均速度

$$v_0 = \left(8KT / \pi m^*\right)^{1/2} \tag{7.70}$$

时得

$$J_1 = \frac{1}{4}qn_0v_0\mathrm{e}^{-q(V_\mathrm{D}-V)/KT} = \frac{1}{4}qn_\mathrm{s}v_0\mathrm{e}^{qV/KT} \tag{7.71}$$

式中

$$n_\mathrm{s} = n_0\mathrm{e}^{-qV_\mathrm{D}/KT} \tag{7.72}$$

为 $V=0$ 时半导体表面电子浓度。

在金属一侧的势垒高度不随外加偏压变化(图 7.9)。因此，从金属向半导体的电子流与外加电压无关，并等于平衡态时从半导体向金属的电子流。

$$J_2 = J_1\big|_{V=0} = \frac{1}{4}qn_\mathrm{s}v_0 \tag{7.73}$$

通过金半接触的总电流密度为

$$J = J_1 - J_2 = \frac{1}{4}qn_\mathrm{s}v_0\left(\mathrm{e}^{qV/KT} - 1\right) = J_\mathrm{s}\left(\mathrm{e}^{qV/KT} - 1\right) \tag{7.74}$$

式中

$$J_\mathrm{s} = \frac{1}{4}qn_\mathrm{s}v_0 \tag{7.75}$$

式(7.75)就是肖特基结的饱和电流密度。它与电子的热速度和半导体表面的载流子浓度有关。

7.6 肖特基结的扩散整流

教学要求

掌握同时考虑载流子漂移和扩散时，肖特基结的整流计算及分析。

在确定通过金半接触电流的扩散整流理论中，既考虑漂移电流，也要考虑扩散电流的成分。为了计算这种理论的伏安特性，在式(7.48)两边乘上 $\mathrm{e}^{qV(x)/KT}$，利用爱因斯坦关系，有

$$J\mathrm{e}^{qV(x)/KT} = n\mu_\mathrm{n}\mathrm{e}^{qV(x)/KT}\frac{\mathrm{d}(qV)}{\mathrm{d}x} + \mu_\mathrm{n}KT\mathrm{e}^{qV(x)/KT}\frac{\mathrm{d}n}{\mathrm{d}x} = \mu_\mathrm{n}KT\frac{\mathrm{d}}{\mathrm{d}x}\left[n\mathrm{e}^{qV(x)/KT}\right] \tag{7.76}$$

在耗尽层内对 x 进行式(7.76)的积分得

$$J\int_0^{x_0}\mathrm{e}^{qV(x)/KT}\mathrm{d}x = \mu_\mathrm{n}KT\int_0^{x_0}\frac{\mathrm{d}}{\mathrm{d}x}\left[n\mathrm{e}^{qV(x)/KT}\right]\mathrm{d}x \tag{7.77}$$

与 x 无关的电流密度表达式为

$$J = \frac{\mu_\mathrm{n}KT\left[n(x_0)\mathrm{e}^{qV(x_0)/KT} - n(0)\mathrm{e}^{qV(0)/KT}\right]}{\int_0^x\mathrm{e}^{qV(x)/KT}\mathrm{d}x} \tag{7.78}$$

利用边界条件，计算式(7.78)的分子式。由于半导体内没有电场，则有如下的条件：

$$V(x_0) = 0, n(x_0) = n_0 \tag{7.79}$$

而与金属接触的界面 $x=0$ 处有

$$V(0) = V_D - V \tag{7.80}$$

当弱电场及表面层为耗尽层时

$$V_D - V \gg KT/q \tag{7.81}$$

在上述条件下半导体表面电子浓度实际上与电压无关。因此，在可容许误差范围内写出如下形式：

$$n(0) = n_s = n_0 e^{-qV_D/KT} \tag{7.82}$$

考虑到式(7.79)、式(7.80)和式(7.82)的边界条件，式(7.78)的电流密度具有如下形式：

$$J = \frac{n_0 \mu_n KT \left(1 - e^{-qV(x)/KT}\right)}{\int_0^{x_0} e^{qV(x)/KT} dx} \tag{7.83}$$

为了计算式(7.83)的分子，进行如下的变换：

$$\int_0^{x_0} e^{qV(x)/KT} dx = \int_{V_D-V}^0 e^{qV(x)/KT} \left(\frac{dV}{dx}\right)^{-1} dV \tag{7.84}$$

在积分中贡献最大的是 $V(x)$ 极大值处，即 $x=0$ 处。随着 x 的增加 $V(x)$ 很快下降，此时可以忽略它的贡献。因此，可以近似地把 $x=0$ 点的 $(dV/dx)^{-1}$ 值拿到积分符号外边。并且引入如下关系：

$$\left(\frac{dV}{dx}\right)^{-1} = -E_s^{-1} \tag{7.85}$$

这时可得

$$\int_{V_D-V}^0 e^{qV(x)/KT} \left(\frac{dV}{dx}\right)^{-1} dV = E_s^{-1} \frac{KT}{q} \left[1 - e^{q(V_D-V)/KT}\right] = E_s^{-1} \frac{KT}{q} e^{q(V_D-V)/KT} \tag{7.86}$$

根据条件 $e^{q(V_D-V)/KT} \gg 1$，忽略了式(7.86)括号中的 1。

在式(7.83)中代入式(7.86)，则得

$$J = qn_0 \mu_n E_s e^{-qV_D/KT} \left(e^{qV/KT} - 1\right) \tag{7.87}$$

利用式(7.82)可得扩散整流理论的金半接触伏安特性表达式

$$J = qn_s \mu_n E_s \left(e^{qV/KT} - 1\right) = J_s \left(e^{qV/KT} - 1\right) \tag{7.88}$$

这里 $J_s = qn_s \mu_n E_s = qn_s v_s$ 与二极管理论中的饱和电流不同，与外电场有关。图 7.10 为二极管理论(曲线 1)和扩散理论(曲线 2)的金半接触伏安特性曲线。

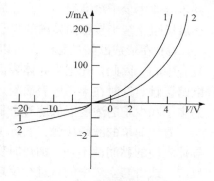

图 7.10　整流接触的伏安特性

7.7 欧 姆 接 触

1. 欧姆接触的特点。
2. 形成欧姆接触结的方法。

前面讨论了金属和半导体的整流接触特性。金属和半导体的接触还可以形成非整流接触，称为欧姆接触。欧姆接触具有电阻特性，接触电阻小而且阻值与电流方向的变化无关，如此可以不影响半导体体内载流子的行为。欧姆接触的伏安特性如图 7.11 所示。另外，在这种欧姆接触中应该满足电学和机械性能的稳定性，而且不应该存在少子的注入现象。很好的欧姆接触应当具有 $10^{-5}\,\Omega\cdot cm$ 或者更低的电阻率。

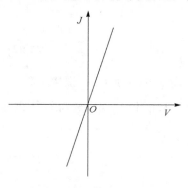

图 7.11 欧姆接触的伏安特性

半导体器件的电极以及进行半导体电学性质的测量时，都需要良好的欧姆接触。半导体的欧姆接触是一个重要的研究方向。实现欧姆接触的方法主要有以下几种。

(1) 选择合适电子功函数的金属，使半导体接触表面层形成积累层。

对于 N 型半导体，$W_M < W_S$ 时，半导体表面层形成多子积累层，如图 7.6(b)所示。对于 P 型半导体，$W_M > W_S$ 时，半导体表面层形成多子积累层，如图 7.7(a)所示。然而，带有这种性质的金属和半导体的组合较少。另外，这种金半接触多少存在少子的注入现象，干扰半导体的载流子性质。

(2) 利用金属与 N^+N 或 P^+P 结的接触，由于重掺杂半导体中的杂质浓度非常高，使金属和 N^+ 或 P^+ 半导体之间形成很窄的耗尽层，则载流子可以通过隧道效应无阻尼地穿过势垒。隧道效应可以参考第 8 章 8.4 节(图 8.9 和图 8.10)。因此，结电阻很小。由于简并半导体中少子浓度很小，向非简并区的少子注入实际上可以忽略不计，因此这种结构还可以阻止金半接触向体内的少子注入。

(3) 在形成欧姆接触时，可以使金属和半导体之间形成具有很高载流子复合速度的复合中心。因此，先把半导体表面用研磨等方式变成粗糙的表面之后，镀上金属而形成欧姆接触。这时在半导体表面附近形成起有效复合中心的晶格缺陷，使半导体表面附近的多子和少子的浓度近似地等于平衡态的浓度。

看似简单的欧姆接触，实际上并不容易制作。很多可以做欧姆接触的金属常常与半导体表面的黏润性不好，加热时变成球状而附着不好。有的金属甚至与半导体进行化学反应，或者与空气中的氧进行反应而变成氧化物。因此，制备很好的欧姆接触是很复杂的技术问题。

习 题

1. 如果半导体内部的电子浓度、空穴浓度和本征费米能级，分别用 n_0、p_0 和 E_{i0} 表示，则有

$$n_0 = n_i \exp\left(\frac{E_F - E_{i0}}{KT}\right)$$

$$p_0 = n_i \exp\left(\frac{E_{i0} - E_F}{KT}\right)$$

试证明：在表面空间电荷区中，载流子浓度可以写成

$$n(x) = n_0 \exp\left[\frac{qV(x)}{KT}\right]$$

$$p(x) = p_0 \exp\left[-\frac{qV(x)}{KT}\right]$$

式中，$V(x)$ 是表面空间电荷区中的电势与半导体内部的电势差。

2. 施主浓度为 10^{17}cm^{-3} 的 N 型硅，室温下的功函数是多少？如果不考虑表面态的影响，试画出它与金接触的能带图，并标出势垒高度和接触电势差(自建电势)的数值。已知硅的电子亲和势 $\chi = 4.05\text{eV}$，金的功函数为 4.58eV。

3. 在金属和 N 型半导体接触中，半导体的施主浓度 $N_D = 10^{16}\text{cm}^{-3}$，相对介电常数 $\varepsilon_r = 10$，电子亲和势 $\chi = 4.0\text{eV}$，导带有效状态密度 $N_C = 10^{19}\text{cm}^{-3}$，金属的功函数为 4.7eV。试在室温下(300K)求出：

① 零偏压下的势垒高度和自建电势。

② 反向偏压为 10V 时的势垒宽度和单位面积的势垒电容。

4. 设想金属、表面态和 N 型半导体三个电子系统未相互接触，如题图 7.1 所示，它们各自处于电中性时的费米能级分别为 E_{FM}、$(E_F)_S$ 和 E_{FS}。这些能级与真空中静止电子能量 E_0 之差分别为 $W_M = 4.20\text{eV}$，$(W)_S = 4.78\text{eV}$ 和 $W_S = 4.36\text{eV}$。试在表面态密度近似为零和表面态密度趋于无限大两种情况下，分别画出金属-半导体接触的能带图，并标明半导体的表面势 V_S 的数值各是多少？

5. 由金和施主杂质浓度 $N_D = 10^{15}\text{cm}^{-3}$ 的 N-Si 组成肖特基二极管。试在室温下(300K)求出：

① 肖特基势垒高度。

② 半导体一边的势垒高度 qV_D。

③ 从热电子发射理论，求室温下加正偏压 0.3V 时从半导体流向金属的电子流密度 j_{SM} 及从金属流向半导体的电子流密度 j_{MS}。

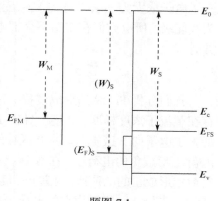

题图 7.1

第 8 章

半导体 PN 结

半导体 PN 结是很多半导体器件的核心结构，无论是集成电路中的二极管和晶体管，还是半导体激光器、发光二极管(LED)、太阳能电池和光电二极管(探测器)等，都基于 PN 结进行工作。

PN 结是由 N 型半导体和 P 型半导体接触形成的。为了形成 PN 结，在半导体中掺入施主和受主杂质。此时半导体的一部分含有施主杂质而成为 N 型半导体，另一部分则含有受主杂质而形成 P 型半导体，在交界面形成从 N 型变为 P 型半导体的过渡区。这种过渡区称为 PN 结。

8.1　平　衡　PN　结

教学要求

1. PN 结的形成过程。
2. 平衡 PN 结及其能带图。
3. 空间电荷区(势垒区)的各个物理量的分布。
4. 接触电势差、载流子浓度与接触电势差的关系。
5. 载流子分布。
6. 耗尽层近似。

假定 P 型半导体中的受主浓度大于 N 型半导体中的施主浓度，即 $N_A > N_D$，杂质浓度分布如图 8.1(a)所示。令 P 区的多子空穴浓度为 p_{P0}，少子电子浓度为 n_{P0}，而 N 区的多子电子浓度为 n_{N0}，少子空穴浓度为 p_{N0}。认为施主和受主能级离导带底和价带顶很近，为浅能级。所以它们在室温下全部电离。这时有 $p_{P0} \approx N_A$，$n_{N0} \approx N_D$。热平衡条件下非简并时有

$$p_{P0}n_{P0} = n_{N0}p_{N0} = n_i^2 \tag{8.1}$$

我们分析 PN 结的形成过程。N 型半导体和 P 型半导体接触，由于两块半导体之间存在载流子浓度梯度，P 型半导体(P 区)中的多子空穴向 N 型半导体(N 区)扩散，N 区中的多子电子向 P 区扩散。在 P 区接触层，空穴离开后，留下了不可动的电离受主杂质(负电荷)，形成负的电荷区。在 N 区接触层，电子离开后，留下了不可动的电离施主杂质(正电荷)，形成正的电荷区。这些正、负电荷所形成的区域称为 PN 结的空间电荷区(图 8.1(b)和(c))，图 8.1(c)所示为空间电荷分布。

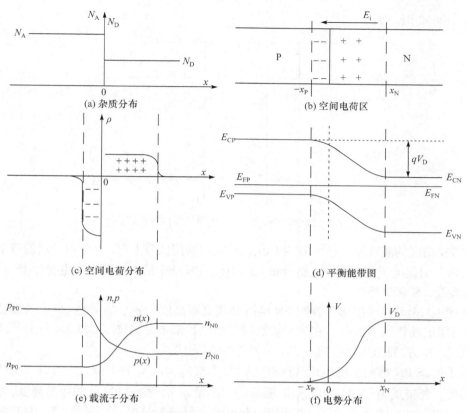

图 8.1 PN 结中的分布情况

空间电荷区中产生了从正电荷指向负电荷，即从 N 区指向 P 区的电场，即 PN 结的自建电场 E_i。在自建电场的作用下，载流子做漂移运动。显然，电子和空穴的漂移运动方向与它们各自的扩散运动方向相反。因此，自建电场阻止电子和空穴的进一步扩散。

随着扩散运动的进行，PN 结空间电荷逐渐增多，空间电荷区逐渐扩大；同时，自建电场也逐渐增强，加剧了载流子的漂移运动。在无外加电场时，载流子的扩散和漂移最终达到动态平衡。平衡后，载流子的扩散电流和漂移电流大小相等、方向相反，相互抵消，因此，流过 PN 结的净电流为零。这时，空间电荷数量、空间电荷区宽度、自建电场强度都不再变化。这时的 PN 结称为平衡 PN 结。

下面分析平衡 PN 结的能带图。接触之前的 P 型和 N 型半导体能带结构如图 8.2 所示，它们的真空能级相同，且因为是同一种材料，因此接触之前，它们的导带底能级相同，价带顶能级也相同。N 型和 P 型半导体的费米能级分别为 E_{FN} 和 E_{FP}。如同第 7 章 7.3 节金半接触中半导体表面层中各项物理性质的变化，当形成 PN 结时，由于 $E_{FN} > E_{FP}$，则 N 区电子向 P 区扩散，P 区空穴向 N 区扩散；形成空间电荷区，产生了由 N 区指向 P 区的自建电场；导致 N 区电势升高，P 区电势降低；N 区电子能级下移，E_{FN} 随之下移；P 区电子能级上移，E_{FP} 随之上移；达到平衡时，$E_{FN} = E_{FP}$，PN 结有统一的费米能级。平衡 PN 结的能带图如图 8.1(d) 所示。由同一种半导体材料形成的 PN

结，称为同质 PN 结。

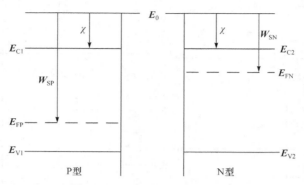

图 8.2　接触之前，P 型和 N 型半导体的能带图

在 PN 结区的能带发生弯曲(图 8.1(d))，N 区电荷层能带上弯，P 区电荷层能带下弯。能带的弯曲引起电子和空穴的重新分布(图 8.1(e))，PN 结中的电势随之发生变化(图 8.1(f))，P 区电势低，N 区电势高。

从图 8.1(d)可以看出多子渡跃 PN 结时必须克服高度为 qV_D 的势垒。少子的过渡则在 PN 结自建电场作用下进行。在热平衡态时，多子扩散电流密度 J_{Pp} 和 J_{Nn} 与少子漂移电流密度 J_{Np} 和 J_{Pn} 完全抵消，通过 PN 结的总电流等于零。

热平衡态 PN 结的空间电荷区两端间的电势差 $V_D = V(x_N) - V(x_P)$，称为 PN 结的接触电势差，相应的电子电势能之差即能带的弯曲量 qV_D，称为 PN 结的势垒高度，故 PN 结的空间电荷区又称为势垒区。假设 W_N 为 N 型半导体的热电子功函数，W_P 为 P 型半导体的热电子功函数，接触电势差 V_D 由式(8.2)决定

$$qV_D = W_P - W_N = (\chi + E_c - E_{FP}) - (\chi + E_c - E_{FN}) = E_{FN} - E_{FP} > 0 \tag{8.2}$$

N 区和 P 区平衡电子浓度分别为

$$n_{N0} = n_i \exp\left(\frac{E_{FN} - E_i}{KT}\right) \tag{8.3}$$

$$n_{P0} = n_i \exp\left(\frac{E_{FP} - E_i}{KT}\right) \tag{8.4}$$

式（8.3）和式（8.4）相除并取对数，得

$$\ln\frac{n_{N0}}{n_{P0}} = \frac{1}{KT}\left(E_{FN} - E_{FP}\right) \tag{8.5}$$

由于施主和受主全部电离，则 $n_{N0} \approx N_D$，$p_{P0} \approx N_A$，$n_{P0} \approx \dfrac{n_i^2}{N_A}$，利用这些关系，可以由式(8.2)得到

$$V_D = \frac{1}{q}\left(E_{FN} - E_{FP}\right) = \frac{KT}{q}\left(\ln\frac{n_{N0}}{n_{P0}}\right) = \frac{KT}{q}\left(\ln\frac{N_D N_A}{n_i^2}\right) \tag{8.6}$$

式(8.6)表明，接触电势差 V_D 与温度、PN 结两区材料的禁带宽度以及杂质浓度有关。杂质浓度越高、禁带宽度越大的半导体构成的 PN 结，接触电势差越大。

从式(8.6)还可以得到

$$qV_{\mathrm{D}} = KT \ln \frac{n_{\mathrm{N0}} p_{\mathrm{P0}}}{n_{\mathrm{i}}^2} \tag{8.7}$$

则

$$\frac{p_{\mathrm{N0}}}{p_{\mathrm{P0}}} = \frac{n_{\mathrm{P0}}}{n_{\mathrm{N0}}} = \mathrm{e}^{-qV_D/KT} \tag{8.8}$$

式(8.8)体现出 PN 结两区间半导体载流子浓度梯度是决定接触电势差大小的主要因素。由式(8.8)也可以得到多子浓度和少子浓度的关系

$$\begin{cases} p_{\mathrm{N0}} = p_{\mathrm{P0}} \mathrm{e}^{-qV_{\mathrm{D}}/KT} \\ n_{\mathrm{P0}} = n_{\mathrm{N0}} \mathrm{e}^{-qV_{\mathrm{D}}/KT} \end{cases} \tag{8.9}$$

由式(8.6)，对于非简并半导体，V_{D} 的最大值为

$$V_{\mathrm{Dmax}} = \frac{1}{q} E_{\mathrm{g}} \tag{8.10}$$

半导体的电子功函数都比较大(几个电子伏特)，在室温下电子实际不会离开半导体。然而，电子完全可以克服势垒从 N 区过渡到 P 区。

下面计算平衡 PN 结的空间电荷区参数。由于 P 区杂质浓度比 N 区高，即 $p_{\mathrm{P0}} \gg n_{\mathrm{N0}}$，所以 P 区空间电荷层厚度 x_{P} 比 N 区的 x_{N} 小，即 $x_{\mathrm{N}} > x_{\mathrm{P}}$ (图 8.1(c))。而整个空间电荷区宽度为

$$x_0 = x_{\mathrm{N}} + x_{\mathrm{P}} \tag{8.11}$$

在 $-x_{\mathrm{P}} \leqslant x < 0$ 区，负空间电荷由电离受主浓度决定，在完全电离、完全耗尽近似下，有

$$\rho = -qN_{\mathrm{A}}^- = -qp_{\mathrm{P0}} \tag{8.12}$$

这个区的泊松方程式为

$$\frac{\mathrm{d}^2 V}{\mathrm{d}x^2} = \frac{qp_{\mathrm{P0}}}{\varepsilon_r \varepsilon_0} \tag{8.13}$$

在 $0 \leqslant x < x_{\mathrm{N}}$ 区，正空间电荷则由电离施主浓度决定，在完全电离、完全耗尽近似下，有

$$\rho = qN_{\mathrm{D}}^+ = qn_{\mathrm{N0}} \tag{8.14}$$

这个区的泊松方程式为

$$\frac{\mathrm{d}^2 V}{\mathrm{d}x^2} = -\frac{qn_{\mathrm{N0}}}{\varepsilon_r \varepsilon_0} \tag{8.15}$$

式(8.13)和式(8.15)的一般解为

$$V(x) = -\frac{qn_0}{2\varepsilon_r \varepsilon_0}(x_0 - x)^2 + A(x_0 - x) + B \tag{8.16}$$

式(8.16)中的载流子浓度 n_0，对于式(8.13)，为 p_{P0}；对于式(8.15)，为 n_{N0}。这时边界条件为

$$V(-x_{\mathrm{P}})=0, \quad \left.\frac{\mathrm{d}V}{\mathrm{d}x}\right|_{x=-x_{\mathrm{P}}}=0 \tag{8.17}$$

$$V(x_{\mathrm{N}})=V_{\mathrm{D}}, \quad \left.\frac{\mathrm{d}V}{\mathrm{d}x}\right|_{x=x_{\mathrm{N}}}=0 \tag{8.18}$$

则在负空间电荷区($-x_{\mathrm{P}} \leqslant x<0$)，有

$$V_{\mathrm{P}}(x)=\frac{qp_{\mathrm{P0}}}{2\varepsilon_{\mathrm{r}}\varepsilon_{0}}(x_{\mathrm{P}}+x)^{2} \tag{8.19}$$

在正空间电荷区($0 \leqslant x<x_{\mathrm{N}}$)，有

$$V_{\mathrm{N}}(x)=V_{\mathrm{D}}-\frac{qn_{\mathrm{N0}}}{2\varepsilon_{\mathrm{r}}\varepsilon_{0}}(x_{\mathrm{N}}-x)^{2} \tag{8.20}$$

在 $x=0$ 处电势和它的导数是连续的，如图 8.1(f)所示，因此，有

$$\begin{cases} V_{\mathrm{P}}(0)=V_{\mathrm{N}}(0) \\ \left.\dfrac{\mathrm{d}V_{\mathrm{P}}}{\mathrm{d}x}\right|_{x=0}=\left.\dfrac{\mathrm{d}V_{\mathrm{N}}}{\mathrm{d}x}\right|_{x=0} \end{cases} \tag{8.21}$$

上述条件应用到式(8.19)和式(8.20)时得

$$n_{\mathrm{N0}}x_{\mathrm{N}}=p_{\mathrm{P0}}x_{\mathrm{P}} \tag{8.22}$$

因此，在半导体 PN 结两边的空间电荷数相等，这就是电中性守恒条件。式(8.22)也表明，载流子浓度高的半导体，对应的空间电荷区窄。

从式(8.22)不难得到如下关系：

$$\frac{x_{\mathrm{N0}}}{x_{0}}=\frac{p_{\mathrm{P0}}}{n_{\mathrm{N0}}+p_{\mathrm{P0}}}, \qquad \frac{x_{\mathrm{P0}}}{x_{0}}=\frac{n_{\mathrm{N0}}}{n_{\mathrm{N0}}+p_{\mathrm{P0}}} \tag{8.23}$$

利用这些条件，根据式(8.19)～式(8.21)得

$$V_{\mathrm{D}}=\frac{q}{2\varepsilon_{\mathrm{r}}\varepsilon_{0}}\left(n_{\mathrm{N0}}x_{\mathrm{N}}^{2}+p_{\mathrm{P0}}x_{\mathrm{P}}^{2}\right)=\frac{q}{2\varepsilon_{\mathrm{r}}\varepsilon_{0}}x_{0}^{2}\frac{n_{\mathrm{N0}}p_{\mathrm{P0}}}{n_{\mathrm{N0}}+p_{\mathrm{P0}}} \tag{8.24}$$

从而得到 PN 结空间电荷层的总长度为

$$x_{0}=\sqrt{\frac{2\varepsilon_{\mathrm{r}}\varepsilon_{0}}{q}V_{\mathrm{D}}\frac{n_{\mathrm{N0}}+p_{\mathrm{P0}}}{n_{\mathrm{N0}}p_{\mathrm{P0}}}} \tag{8.25}$$

从式(8.25)看出，N 区和 P 区掺杂浓度越高 x_0 越小。如果一个区的掺杂浓度比另一个区高很多时，电势的更多部分落在高阻区(图 8.1(f))。

从图 8.1(e)看出，在 PN 结中载流子浓度非常小。所以结区电阻比半导体体内大很多。PN 结表现出低电导率夹在高电导率之间的电容器的作用。单位面积的容量一般称为势垒容量，它由式(8.26)决定

$$C=\frac{\varepsilon_{\mathrm{r}}\varepsilon_{0}}{x_{0}}=\sqrt{\frac{q\varepsilon_{\mathrm{r}}\varepsilon_{0}}{2V_{\mathrm{D}}}\frac{n_{\mathrm{N0}}p_{\mathrm{P0}}}{n_{\mathrm{N0}}+p_{\mathrm{P0}}}} \tag{8.26}$$

下面分析平衡 PN 结的载流子分布。令 P 区电势为零，则 N 区电势为 V_{D}，PN 结中任一点 x 处的电势与 P 区电势差为 $V(x)$，根据势垒区电势分布(图 8.1(f))，$V(x)>0$。参考平衡 PN 结能带图(图 8.1(d))，平衡时，系统有统一的费米能级，因此可以将 PN 结的导带底能级表示为

$$E_c(x) = E_{CP} + (-q)V(x) \tag{8.27}$$

或

$$E_c(x) = E_{CN} + (-q)(V(x) - V_D) \tag{8.28}$$

平衡 PN 结的电子浓度为

$$n(x) = N_C \exp\left[-\frac{E_C(x) - E_F}{KT}\right] \tag{8.29}$$

将式(8.27)和式(8.28)分别代入式(8.29)，得到

$$n(x) = n_{P0}\exp\left[\frac{qV(x)}{KT}\right] = n_{N0}\exp\left[\frac{q(V(x) - V_D)}{KT}\right] \tag{8.30}$$

同理，可求得 PN 结空穴浓度分布为

$$p(x) = p_{P0}\exp\left[\frac{-qV(x)}{KT}\right] = p_{N0}\exp\left[\frac{q(V_D - V(x))}{KT}\right] \tag{8.31}$$

PN 结中载流子浓度分布如图 8.1(e)所示。利用式(8.30)和式(8.31)，可以计算 PN 结的载流子浓度。例如，室温下，设 PN 结势垒高度为 0.7eV，势垒区中电子势能比 N 区导带底 E_{CN} 高 0.1eV 的点 x 处的载流子浓度为

$$n(x) = n_{N0}\exp\left[\frac{q(V(x) - V_D)}{KT}\right] = n_{N0}\exp\left[\frac{-0.1}{0.026}\right] \approx \frac{n_{N0}}{50} \approx \frac{N_D}{50}$$

$$p(x) = p_{P0}\exp\left[\frac{-qV(x)}{KT}\right] = p_{P0}\exp\left[\frac{-0.6}{0.026}\right] \approx 10^{-10}p_{P0} \approx 10^{-10}N_A$$

由此可见，势垒区中，价带空穴浓度仅为 P 区多子的 10^{-10}，导带电子浓度仅为 N 区多子的 1/50。所以，在一定温度下，即使杂质已全部电离，但绝大部分势垒区的载流子浓度比起 N 区和 P 区的多子浓度小得多，好像已经耗尽了，所以通常也称势垒区为耗尽层。即认为其中载流子浓度很小，可以忽略，空间电荷密度就等于电离杂质浓度，这也称为耗尽层近似。

8.2 非平衡 PN 结

教学要求

1. 正、反向偏压下载流子扩散与漂移运动分析。
2. 正、反向偏压下 PN 结势垒区的变化。
3. 正、反向偏压下非平衡 PN 结能带图。
4. PN 结的整流特性。

平衡 PN 结中，存在着具有一定宽度和势垒高度的空间电荷区，其中存在自建电场；每一种载流子的扩散电流和漂移电流互相抵消，PN 结中净电流为零。PN 结中费米能级处处相等。

当 PN 结两端施加电压时，PN 结将处于非平衡状态，空间电荷区及其中的电场，以及费米能级及载流子分布都相应地发生变化。

在 PN 结施加正向偏压 $V>0$(P 区为正极，N 区为负极)时，如图 8.3(b)所示，由于势垒区的载流子浓度低、电阻大，而 P 区和 N 区的载流子浓度高、电阻很小，所以外加电压基本加在势垒区，产生了与自建电场相反的电场，使势垒区电场强度减小，导致势垒区空间电荷减少，耗尽层宽度减小，同时势垒高度由 qV_D 降低到 $q(V_D-V)$。

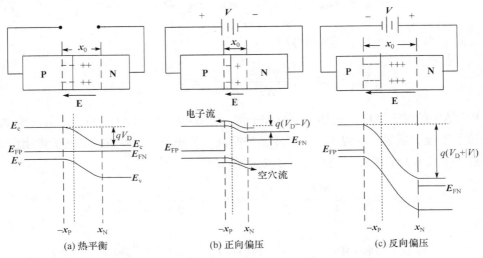

(a) 热平衡　　　　　　(b) 正向偏压　　　　　　(c) 反向偏压

图 8.3　PN 结势垒的变化

耗尽层宽度发生变化。为了计算这个宽度 x_0，利用式(8.32)代替式(8.25)

$$x_0 = \sqrt{\frac{2\varepsilon_r\varepsilon_0(V_D-V)}{q}\frac{n_{N0}+p_{P0}}{n_{N0}p_{P0}}} \tag{8.32}$$

势垒区电场减弱，势垒高度下降，导致载流子扩散与漂移之间的平衡被破坏，多子扩散流大于反向的少子漂移流，形成净扩散流，分别是电子由 N 区向 P 区的净扩散流和空穴由 P 区向 N 区的净扩散流。尽管势垒区电场减弱，但由于 P 区和 N 区的少子浓度很低，通过 PN 结的少子漂移流基本上不变。

电子越过势垒扩散进入 P 区，在势垒区边界 $-x_P$ 处积累(一部分被势垒区电场作用漂移回 N 区)，成为 P 区的非平衡少子 Δn，形成非平衡电子的电注入，使得 $-x_P$ 处的电子浓度高于 P 区体内电子浓度，电子将向 P 区体内扩散，并与 P 区多子空穴复合，浓度逐渐降低，经过几倍于扩散长度的距离后，全部被复合。这个区域称为电子扩散区。在一定的正向偏压下，从 N 区向 P 区的电子净扩散流密度是不变的。同理，P 区空穴向 N 区的扩散形成了非平衡空穴的电注入，注入的少子空穴 Δp 在势垒区边界 x_N 处积累(同样，一部分被势垒区电场作用漂移回 P 区)，并向 N 区体内扩散，在一定区域内，与 N 区多子电子复合直至消失。这个区域也称为空穴扩散区。在一定的正向偏压下，从 P 区向 N 区的空穴净扩散流密度也是不变的。

电子扩散流方向是和外加电场方向相反的，形成了沿外加电场方向的扩散电流；空穴扩散流方向与外加电场方向相同，也形成沿外加电场方向的扩散电流。这些扩散电流构成了 PN 结区的正向电流。

在正向偏压下，N 区中的多子电子向势垒区漂移，形成多子漂移电流；到达边界 x_N 后，扩散越过势垒进入 P 区，在势垒区形成电子净扩散电流，因此，少子注入电流是扩散电流；注入电子在边界 $-x_P$ 处向 P 区体内扩散，并与 P 区空穴复合，形成逐渐减小的电子扩散电流 J_n，并转换为多子空穴电流，即由 P 区体内漂移来的多子空穴漂移电流 J_p。P 区总电流密度 $J = J_n + J_p$。N 区电流可进行类似分析。

由于在外加偏压作用下，在势垒区及其两侧的非平衡少子扩散区中，载流子浓度都发生了变化，属于非平衡情况。

在 P 区边界 $-x_P$ 处的电子浓度和 N 区边界 x_N 处的空穴浓度为

$$\begin{cases} n(-x_P) = n_{P0} + \Delta n(-x_P) \\ p(x_N) = p_{N0} + \Delta p(x_N) \end{cases} \tag{8.33}$$

通常情况下，势垒区很窄，载流子的往来很频繁，因此势垒区各处的导带电子之间，基本上是相互平衡的，彼此间近似满足玻尔兹曼分布。势垒区中的空穴具有同样的性质。若正向偏压为 V，势垒高度降低了 $q(V_D - V)$。则势垒区两侧边界上的载流子浓度，存在下面的关系

$$\begin{cases} n(-x_P) = n(x_N)e^{-q(V_D-V)/KT} \\ p(x_N) = p(-x_P)e^{-q(V_D-V)/KT} \end{cases} \tag{8.34}$$

在正向偏压较小时，在 P 区和 N 区边界上的少子注入浓度较小，对多子浓度的影响可以忽略，则可以认为

$$\begin{cases} n(x_N) = n_{N0} \\ p(-x_P) = p_{P0} \end{cases} \tag{8.35}$$

根据式(8.35)和式(8.9)，有

$$\begin{cases} n(-x_P) = n_{N0}e^{-q(V_D-V)/KT} = n_{P0}e^{qV/KT} \\ p(x_N) = p_{P0}e^{-q(V_D-V)/KT} = p_{N0}e^{qV/KT} \end{cases} \tag{8.36}$$

由式(8.36)和式(8.33)，得到势垒区两侧边界处的非平衡少子浓度为

$$\Delta n(-x_P) = n_{P0}\left(e^{qV/KT} - 1\right) \tag{8.37}$$

$$\Delta p(x_N) = p_{N0}\left(e^{qV/KT} - 1\right) \tag{8.38}$$

从式(8.37)和式(8.38)可以看出,随着 PN 结正偏压增加,少子注入浓度呈 e 指数增加,导致通过 PN 结的正向电流很快增大,如图 8.4 中 $V>0$ 的曲线所示。

在 PN 结施加反向偏压 $V<0$(P 区为负极,N 区为正极)时,如图 8.3(c)所示,产生了与自建电场相同方向的外加电场,使势垒区电场强度增强,导致势垒区空间电荷增加,势垒区宽度增大,同时势垒高度由 qV_D 升高到 $q(V_D+|V|)$。势垒区电场增强,势垒高度升高,载流子扩散与漂移之间的平衡被破坏,漂移流大于扩散流。这时,N 区边界 x_N 处的空穴和 P 区边界 $-x_P$ 处的电子分别在增强的电场作用下向 P 区和 N 区漂移,减去各自反方向的扩散流,这些净漂移流形成了沿外加电场方向的反向净电流。因此反向偏压下,PN 结的电流较小并且趋于不变,形成反向饱和电流 J_s。

在式(8.25)中代入 $V_D+|V|$ 可以求出反偏压时的空间电荷层厚度。随着反偏压的增加,势垒高度增大,越过势垒的扩散多子减少。因此,接触表面层中的少子比平衡态时减少。为了满足电中性条件,多子数量也相应地减少。这种现象称为载流子的抽取。P 区过剩电子浓度仍然由式(8.37)求出,但 V 的符号应取负号。因此,在反偏压下通过 PN 结的多子电流比平衡态时小。由于少子浓度低,而扩散长度基本不变化,所以反向偏压时少子浓度梯度也较小,基本不随反向偏压变化,少子电流则基本上不变。这样通过 PN 结的总电流为从 N 区流向 P 区的净漂移流,而且随着反偏压的增加开始增加一些,然后趋向于饱和电流 J_s,如图 8.4 中 $V<0$ 的曲线所示。因此,PN 结具有正向导通、反向截止的非线性伏安特性,即整流特性。

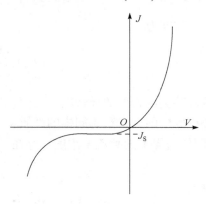

图 8.4 PN 结伏安特性

下面分析非平衡 PN 结的能带图。在 PN 结加正向偏压时,通过扩散注入非平衡少子,PN 结处于非平衡状态。在非平衡载流子存在的区域,需用准费米能级 E_{FN} 和 E_{FP} 讨论载流子的分布。如图 8.5(a)所示,如果外电压 V 不是很大时,过剩载流子存在于结附近几个扩散长度 L_n 和 L_p 之内,且由于与多子的复合,浓度不断降低。因此,在过剩少子扩散区中,准费米能级随位置变化斜线下降。在 N 区的过剩空穴扩散区,电子浓度高,故电子的准费米能级 E_{FN} 的变化很小,可看作不变;但过剩空穴浓度很小,故空穴的扩散引起准费米能级 E_{FP} 的变化很大。在 P 区的过剩电子扩散区,可做类似分析。

在 PN 结加反向偏压时,通过漂移注入非平衡多子,PN 结也处于非平衡状态。如图 8.5(b)所示,在增强的势垒区电场作用下,$-x_P$ 处的电子向 N 区漂移,形成了非平衡载流子的注入。在 N 区,由于注入的是过剩多子,且属于小注入,因此对于多子电子浓度影响很小,所以在注入区域电子准费米能级变化很小,可看作不变。但由于 P 区少子向 N 区漂移,P 区 $-x_P$ 处电子浓度降低,P 区体内电子通过扩散和漂移运动过来进行补充,但由于少子浓度低,无法充分补充,而热激发产生载流子的速率也较慢,因此使得 P 区 $-x_P$ 处电子缺乏,形成了势垒区边界附近的少子抽取现象。因此,这个区域的电子准费米能级斜线下降。在 N 区的少子空穴准费米能级的变化可做类似分析。

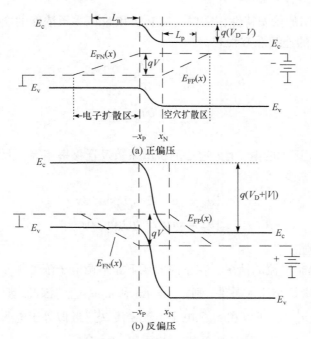

图 8.5　PN 结中的准费米能级

　　因为过剩载流子扩散区比势垒区大，准费米能级的变化主要发生在扩散区，在势垒区中的变化则忽略不计，所以在势垒区中，准费米能级保持不变。在准费米能级相等处，表示注入的非平衡载流子已完全复合，为热平衡态。

8.3　窄 PN 结理论

　　1. 窄 PN 结条件。
　　2. 正、反偏压下，PN 结中电流分布。

　　为进行 PN 结伏安特性的计算，假设如下几个条件。
　　(1) 结宽很窄，载流子通过空间电荷层时不进行复合，这表示耗尽层宽度 x_0 比扩散长度 L_D 小很多，即

$$x_0 \ll L_D \tag{8.39}$$

　　(2) 两边半导体的杂质浓度很高，即 $p_{P0} \gg n_i$ 和 $n_{N0} \gg n_i$。因此，半导体体内的压降可以忽略。
　　(3) 与外电路形成的欧姆电极远离 PN 结。这样少子到达电极之前全部复合掉。同时忽略电极上的压降，外部的全部电势差降落在 PN 结。
　　(4) 没有俘获中心和表面复合，过剩载流子的减少只与体内复合有关，而且认为是线性减少的。

为了计算 PN 结的伏安特性，需要找出 P 区和 N 区多子浓度的变化规律。因此，必须解出空穴和电子的连续性方程式

$$\frac{\partial p}{\partial t} = \frac{1}{q}\frac{\partial J_p}{\partial x} - \frac{\Delta p}{\tau_p} \tag{8.40}$$

$$\frac{\partial n}{\partial t} = \frac{1}{q}\frac{\partial J_n}{\partial x} - \frac{\Delta n}{\tau_n} \tag{8.41}$$

假定 P 区和 N 区中的电子(或空穴)的扩散系数及迁移率相等。此时空穴和电子的漂移和扩散的总电流密度为

$$\begin{cases} J_p = qp\mu_p E - qD_p \mathrm{d}p / \mathrm{d}x \\ J_n = qn\mu_n E + qD_n \mathrm{d}n / \mathrm{d}x \end{cases} \tag{8.42}$$

式中，E 为外电场强度。

先分析 N 区电子电流的情况。在正向偏压下非平衡电子浓度为 $n_N = n_{N0} + \Delta n$。由于 N 区掺杂浓度高，满足小注入条件，则 $n_{N0} \gg \Delta n$ 和 $n_N \approx n_{N0}$。因此，漂移电流成分 $J_{n1}^{(N)}$ 远大于扩散电流成分 $J_{n2}^{(N)}$。所以在 N 区电子电流密度 $J_n^{(N)}$ 近似等于电子的漂移电流成分

$$J_n^{(N)} = J_{n1}^{(N)} = qn_{N0}\mu_n E \tag{8.43}$$

再分析 N 区空穴电流的情况。在 N 区，由于 $n_{N0} \gg p_{N0}$，$\Delta p \gg p_{N0}$。所以在 PN 结附近的非平衡少子空穴浓度 $p_N = p_{N0} + \Delta p$ 基本上由 P 区注入的过剩空穴数 Δp 决定。这时空穴的扩散电流成分将超过漂移电流成分，即 $J_{p2}^{(N)} \gg J_{p1}^{(N)}$，因此，有

$$J_p^{(N)} = J_{p2}^{(N)} = -qD_p \frac{\mathrm{d}p_N}{\mathrm{d}x} \tag{8.44}$$

考虑式(8.44)时，静态下对 N 区中空穴的连续性方程式可写成

$$D_p \frac{\mathrm{d}^2 p_N}{\mathrm{d}x^2} - \frac{p_N - p_{N0}}{\tau_p} = 0 \tag{8.45}$$

利用 $L_p^2 = D_p\tau_p$ 关系得

$$\frac{\mathrm{d}^2\Delta p}{\mathrm{d}x^2} - \frac{\Delta p}{L_p^2} = 0 \tag{8.46}$$

这个方程式的一般解为

$$\Delta p = A\mathrm{e}^{-x/L_p} + B\mathrm{e}^{x/L_p} \tag{8.47}$$

由于 Δp 在半导体内$(x \to \infty)$的浓度降低为零，因此 $B=0$。这时有

$$p_N = p_{N0} + \Delta p = p_{N0} + A\mathrm{e}^{-x/L_p} \tag{8.48}$$

根据式(8.36)，在耗尽层边界 $x = x_N$ 的少子空穴浓度等于

$$p(x_N) = p_{N0}\mathrm{e}^{qV/KT} \tag{8.49}$$

考虑式(8.49)，并从式(8.48)中的 $x = x_N$ 可求出 A

$$A = p_{N0}\left(e^{qV/KT} - 1\right)e^{x_N/L_p} \tag{8.50}$$

在 $x > x_N$ 的 N 区中少子空穴浓度的变化规律为

$$p_N(x) = p_{N0} + p_{N0}\left(e^{qV/KT} - 1\right)e^{-(x-x_N)/L_p} \tag{8.51}$$

并根据式(8.44)，对空穴电流得

$$J_p^{(N)} = \frac{qD_p p_{N0}}{L_p}\left(e^{qV/KT} - 1\right)e^{-(x-x_N)/L_p} \tag{8.52}$$

进行类似的计算求出 P 区 $x < -x_P$ 中少子电子浓度的变化规律，即

$$n_P(x) = n_{P0} + n_{P0}\left(e^{qV/KT} - 1\right)e^{(x+x_P)/L_n} \tag{8.53}$$

电子电流成分为

$$J_n^{(P)} = \frac{qD_n n_{P0}}{L_n}\left(e^{qV/KT} - 1\right)e^{(x+x_P)/L_n} \tag{8.54}$$

在半导体任意截面中电子和空穴电流密度的总和为常数，也就是

$$J = J_p^{(P)} + J_n^{(P)} = J_n^{(N)} + J_p^{(N)} = 常数 \tag{8.55}$$

由于空间电荷层足够窄，其内部没有载流子复合，P 区和 N 区的空穴电流在耗尽层边界应相等

$$J_p^{(P)}\Big|_{x=-x_p} = J_p^{(N)}\Big|_{x=x_N} \tag{8.56}$$

注意上述条件，通过 PN 结的总电流密度可利用如下公式表述

$$J = J_p^{(P)}\Big|_{x=-x_p} + J_n^{(P)}\Big|_{x=-x_p} = J_p^{(N)}\Big|_{x=x_N} + J_n^{(P)}\Big|_{x=-x_p} \tag{8.57}$$

根据式(8.52)和式(8.54)，相应的电流密度为

$$J_p^{(N)}\Big|_{x=x_N} = \frac{qD_p p_{N0}}{L_p}\left(e^{qV/KT} - 1\right) \tag{8.58}$$

$$J_n^{(P)}\Big|_{x=-x_p} = \frac{qD_n n_{P0}}{L_n}\left(e^{qV/KT} - 1\right) \tag{8.59}$$

因此，窄 PN 结的伏安特性可以写成

$$J = q\left(\frac{D_n n_{P0}}{L_n} + \frac{D_p p_{N0}}{L_p}\right)\left(e^{qV/KT} - 1\right) = J_s\left(e^{qV/KT} - 1\right) \tag{8.60}$$

式中，饱和电流密度为

$$J_s = J_{sn} + J_{sp} = \frac{qD_n n_{P0}}{L_n} + \frac{qD_p p_{N0}}{L_p} = qn_i^2 + \left(\frac{D_n}{L_n p_{P0}} + \frac{D_p}{L_p n_{N0}}\right) = q\left(\frac{n_{P0}L_n}{\tau_n} + \frac{p_{N0}L_p}{\tau_p}\right) \tag{8.61}$$

图 8.6 为平衡态及过剩载流子浓度分布曲线和通过 PN 结的电流曲线。这些曲线是根据式(8.51)～式(8.59)画出的，同时也表示了反偏压下的那些曲线。

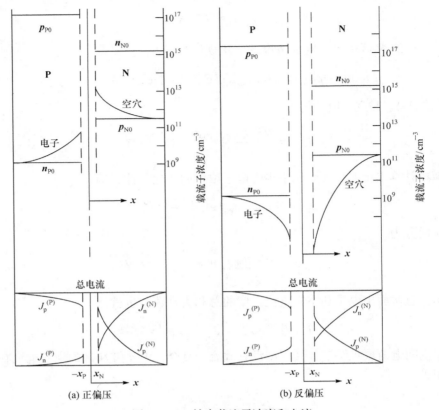

图 8.6 PN 结中载流子浓度和电流

从式(8.60)看出，在正偏压下通过 PN 结的正向电流随施加电压的增加按指数规律上升，而反向电流则稍增加之后达到饱和值。因此，PN 结具有很强的整流作用。饱和电流越小，整流特性越好。根据式(8.61)，饱和电流密度 J_s 随着多子 n_N 和 p_P 浓度的增加以及少子寿命 τ_n 和 τ_p 的增加而减少，随着温度的升高，本征载流子浓度 n_i 也增加。因此，饱和电流密度 J_s 也增加。

根据式(8.58)和式(8.59)，通过 PN 结的电子电流和空穴电流密度的比值为

$$\frac{J_{sn}}{J_{sp}}=\frac{D_n n_P L_p}{D_p p_N L_n}=\frac{\mu_n n_N L_p}{\mu_p p_P L_n}=\frac{\sigma_n L_p}{\sigma_p L_n} \tag{8.62}$$

从式(8.62)看出。通过 PN 结的电子电流和空穴电流之比主要由 N 和 P 区的多子浓度之比决定。如果两边的掺杂浓度差不多($\sigma_n \approx \sigma_p$)时，PN 结注入相同数量级的电子和空穴，总电流密度为

$$J=\left(J_{sn}+J_{sp}\right)\left(e^{qV/KT}-1\right) \tag{8.63}$$

当 P 区杂质浓度远大于 N 区($\sigma_p \gg \sigma_n$)时，$J_{sp} \gg J_{sn}$，通过 PN 结的电流主要是空穴电流。当 $\sigma_n \gg \sigma_p$ 时正好相反，电子电流的贡献是主要的。

从图 8.4 看出，达到临界反偏压时，饱和电流很快增加。这种电流的急剧增加与电

子和空穴在耗尽层中得到足够的动能碰撞电离价带电子有关。这时产生的自由载流子又被电场加速而参与电子-空穴对的产生。这样引起自由载流子浓度的雪崩增加。这种 PN 结击穿现象称为雪崩击穿。

为了求出准费米能级位置的变化，需要确定 $-x_\mathrm{P}$ 处的非平衡电子浓度，由式(8.36)及载流子浓度表达式，得到

$$n(-x_\mathrm{P}) = n_\mathrm{P0}\mathrm{e}^{qV/KT} = N_\mathrm{c}\mathrm{e}^{-\left[E_\mathrm{c}(-x_\mathrm{P})-E_\mathrm{FN}\right]/KT} \tag{8.64}$$

式中，E_FN 为 $-x_\mathrm{P}$ 处的电子准费米能级。

由于 n_P0 为 P 区平衡电子浓度，故有

$$n_\mathrm{P0} = N_\mathrm{c}\mathrm{e}^{-(E_\mathrm{c}-E_\mathrm{FP})/KT} \tag{8.65}$$

将式(8.65)代入式(8.64)，得到

$$E_\mathrm{FN} - E_\mathrm{FP} = qV \tag{8.66}$$

式(8.66)表明，加正向偏压($V>0$)时，在势垒区，电子准费米能级比空穴准费米能级提高 qV 值。同理，加反向偏压($V<0$)时，式(8.66)仍然成立，电子准费米能级比空穴准费米能级降低 qV 值。qV 值也是施加偏压 V 后，势垒高度的变化值。

8.4 简并半导体的 PN 结，隧道二极管

教学要求

1. 隧道 PN 结的特点。
2. 隧道二极管的伏安特性分析。
3. 不同偏压条件下隧道结的能带图。
4. 不同偏压条件下隧道结的状态密度分布。

在 P 型和 N 型半导体的杂质浓度为 $10^{18} \sim 10^{20}\ \mathrm{cm}^{-3}$ 数量级的简并半导体 PN 结中，PN 结厚度非常窄，电子可以通过隧道效应穿过 PN 结势垒。因此，这种结构的伏安特性与一般 PN 结二极管特性有根本的区别。由于存在载流子隧道效应，在反偏压下(P 区负极)观察到电流急增，而在正偏压下则出现负微分电阻区(图 8.7)。在厚度约为 10nm 的 PN 结中，接触电势差约为 1V，这时电场强度接近 $10^6\mathrm{V/cm}$，将产生很大的隧道电流。这种厚度的 PN 结，对大多数半导体来说，在上述掺杂范围内是可以实现的。

下面分析隧道二极管的伏安特性。图 8.8 表示零偏压时简并半导体 PN 结的简单能带图。斜线部分表示电子占

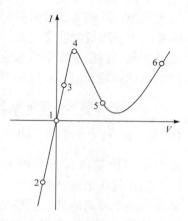

图 8.7 隧道二极管的伏安特性

据状态。ξ_N 和 ξ_P 表示半导体的简并程度并决定准许带的总重叠。

由于存在这种重叠，电子可以通过隧道效应穿过形状近似三角形的势垒而从一个区过渡到另一个区。隧穿概率 D 与势垒形状有一定关系，并认为与电子的运动方向无关。在没有偏压时，N 区与 P 区的费米能级相同，通过 PN 结的总电流为零。这一点对应于图 8.7 伏安特性中的 1 点。

令 PN 结施加反偏压。这时从图 8.9 中看出，N 区能带相对于 P 区下降，这时，结两边能量相同的量子态中，P 区价带费米能级以下的量子态有电子占据，N 区导带费米能级以上有空状态。电子从 P 区价带隧穿进入 N 区导带，形成电子隧穿流，隧穿电流则从 N 区流向 P 区，与外电场方向相同；而由于势垒增高，从 N 区向 P 区的电子扩散流则减少。这一点对应于图 8.7 的 2 点。随着反偏压的增加，结两边能量相同的占据态和空状态重叠更多，隧道电流继续增加。

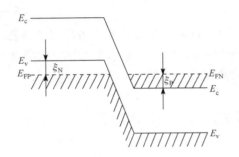

图 8.8　零偏压时隧道二极管能带图　　图 8.9　反向偏压时隧道二极管能带图

当对 PN 结施加不大的正偏压时，如图 8.10 所示，N 区能带相对于 P 区上升，这时，结两边能量相同的量子态中，N 区导带费米能级以下的量子态有电子占据，P 区价带费米能级以上有空状态。电子从 N 区导带隧穿进入 P 区价带，形成电子隧穿流，隧穿电流是从 P 区流向 N 区的，与外电场方向相同；而由于势垒降低，从 N 区向 P 区的电子扩散流也增加，形成从 P 区流向 N 区的电子扩散电流，但较小。此时的正向电流主要是快速隧穿的电子形成的隧穿电流。这一点对应于图 8.7 的 3 点。随着正偏压的增加，结两边能量相同的占据态和空状态重叠更多，隧道电流继续增加。当重叠达到最大时，正向隧道电流达到最大值，对应于图 8.7 的 4 点。

偏压继续增大，这种重叠通过极大值之后开始下降。因此，导致隧道电流的下降（图 8.11），对应于图 8.7 的 5 点。当偏压增加到 $V = \dfrac{1}{q}(\xi_N + \xi_P)$ 时，即 E_C 和 E_V 一致时，此时 P 区价带和 N 区导带无重叠，隧道电流降到最小。

当正偏压继续升高，N 区导带和 P 区价带无能量重叠，因而无隧穿电流，但 PN 结势垒高度下降而能够克服势垒的多子扩散将增加。这时正向电流按一般二极管的正向电流规律增加。这一点对应于图 8.7 的 6 点。

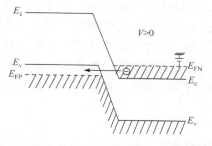

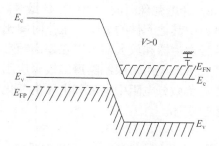

图 8.10　正向偏压开始时的隧道二极管能带图　　　图 8.11　正向偏压下电流开始下降时的隧道
二极管能带图

从图 8.12 看出，隧道二极管伏安特性的理论计算值和实际测量值的最大偏差发生在正向电流的极小值处。这时测量值超过计算得到的隧道电流和扩散电流的总和。这种偏差的主要原因是，简并半导体禁带边附近的状态密度发生变化。也就是状态密度出现尾巴并深入到禁带中。因此，才会有这种现象。当考虑这个现象时，正偏压等于 $V = \dfrac{1}{q}\left(\xi_N + \xi_P\right)$ 时隧道电流并不降到零。因为此时 N 和 P 区还存在状态重叠。

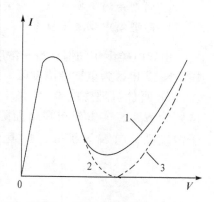

图 8.12　隧道二极管正向伏安特性
1-实验曲线；2-隧道电流；3-扩散电流

隧道二极管伏安特性中正向电流极小值的测量值和理论值不一致的第二个原因是，在半导体禁带中存在深能级而引起多余隧道电流的结果。在图 8.13 中 A 表示一种可能产生的隧道电流。即导带电子通过隧道效应到达 P 区禁带中的深能级上，而后转移到价带的空状态中形成电流。另外一种可能形成的隧道电流是图 8.13 中表示的 B 过程。即 N 型半导体中深能级杂质上的电子通过隧道效应过渡到 P 区价带中，放出电子的深能级则从导带再俘获一个电子。这样就形成隧道电流。所通过的隧道电流与深能级杂质总浓度和它们在禁带中的分布状态有关。

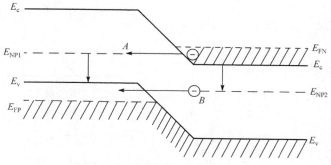

图 8.13　通过杂质能级电子隧道效应

由于伏安特性中负微分电阻的存在，隧道二极管被作为信号放大器和信号发生器得到广泛应用。这种器件是以多数载流子工作的，它的惰性由介电弛豫时间决定。例如，对 Ge，介电弛豫时间为 10^{-13}s 数量级。但在实际工作的快速二极管中，由于 PN 结电容和电路中其他元件的影响，工作时间比介电弛豫时间差一些。虽然如此，隧道二极管作为信号发生器和放大器可以在超高频带下工作。另外，隧道二极管还可以作为双稳态快速开关器件应用。限制隧道二极管应用的主要缺点是隧道二极管的输出功率太小。这主要是与负微分电阻中电流和电压的变化不大的原因有关。多余隧道电流的存在使二极管的参数变坏。

8.5 N⁺N 和 P⁺P 结

教学要求

1. 同型结的空间电荷区(势垒区)的特点。
2. 同型结的伏安特性。
3. 同型结中载流子分布。

由导电类型相同但载流子浓度不同的半导体形成的 N⁺N 结或者 P⁺P 结也具有重要应用。N⁺或 P⁺区为重掺杂浓度区。这种结称为同型结。

下面分析理想的窄 N⁺N 结。如图 8.14(a)所示，N⁺区施主杂质浓度为 N_{D1}，N区则为 N_{D2}，杂质分布在结面陡变，称为陡变结。两块半导体接触后，由于 N⁺区电子浓度高，向 N 区扩散，N⁺区接触层主要由不可动的电离施主形成正空间电荷区，

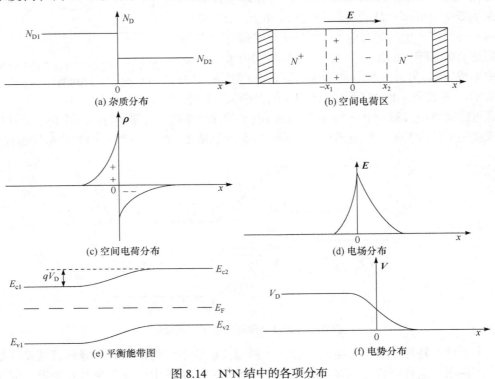

(a) 杂质分布   (b) 空间电荷区

(c) 空间电荷分布   (d) 电场分布

(e) 平衡能带图   (f) 电势分布

图 8.14 N⁺N 结中的各项分布

在 N 区接触层电子流入积累而形成负空间电荷区，如图 8.14(b)所示；空间电荷分布如图 8.14(c)所示；空间电荷区中产生了从正电荷指向负电荷，即由 N⁺区指向 N 区的自建电场，电场分布如图 8.14(d)所示；图 8.14(f)所示为对应的结区电势分布，N⁺区电势高，N 区电势低，若设 N 区电势为零，则 N⁺区电势为 V_D，V_D 为 N⁺区电势与 N 区的电势差，$V_D = V(-x_1) - V(x_2) > 0$，即 N⁺N 结的接触电势差；结区能带发生弯曲并形成势垒(图 8.14(e))。

N⁺N 结性质与 PN 结类似，但 PN 结的负空间电荷区主要是由不可动的电离受主形成的，而 N⁺N 结的负空间电荷区是由载流子电子积累形成的。PN 结的正、负空间电荷区都是耗尽区(高阻区)，而 N⁺N 结只有正空间电荷区是耗尽区，负空间电荷区电阻率很低。因此在结特性及应用方面具有差异。

为了确定接触电势差 V_D，假定 N⁺ 和 N 区具有一定的厚度并且其施主杂质全部电离。此时 N⁺ 和 N 区体内的平衡电子浓度为

$$n_{10} = N_c e^{-(E_{c1} - E_F)/KT} = N_{D1} \tag{8.67}$$

$$n_{20} = N_c e^{-(E_{c2} - E_F)/KT} = N_{D2} \tag{8.68}$$

式中，角标 1 和 2 表示 N⁺ 和 N 区。根据式(8.2)，有

$$V_D = -\frac{E_{c1} - E_{c2}}{q} = -\frac{KT}{q} \ln\left(\frac{n_{20}}{n_{10}}\right) = -\frac{KT}{q} \ln\left(\frac{N_{D2}}{N_{D1}}\right) \tag{8.69}$$

N⁺区电子浓度比 N 区大得多，因此 N⁺N 结的一个重要特性是空间电荷区基本上扩展在轻掺杂的 N 区。

在 N⁺N 结构中，电阻率最高的区域是 N 区(平衡态时的 N 中性区)，因此施加偏压时，大部分电压降落在高阻 N 区，一部分外电压降落在空间电荷区增加或减小势垒高度。当施加正偏压时，即 N 区为正极时，由于外电场 E 在 N 区的方向与空间电荷自建电场 E_i 的方向相反，势垒高度下降，在反偏压时，即 N 区为负极时，E 的方向和 E_i 一致，势垒高度提高。

下面分析 N⁺N 结非线性伏安特性及载流子分布特点。认为 N⁺ 和 N 区长度比德拜屏蔽长度和扩散长度大很多，外部欧姆电极基本上不影响 N⁺N 结附近的电子和空穴分布。

由于 N⁺区电子浓度 n_{10} 很高，在任意外电场方向下 N⁺区内电场 E_1 比 N 区的 E_2 小很多。由于 $p_{10} \ll p_{20}$，对应空穴的漂移电流密度 $J_{p1} \ll J_{p2}$，在反偏压下与自建电场方向一致的 E_2 很快把空穴从 x_2 边界向 N 区体内扫走。由于热激发空穴产生速率较慢，来不及补充 x_2 边界附近的空穴，而 N⁺区少子空穴浓度很低，只能漂移过来很少的空穴。因此，在 N 区缺乏空穴(图 8.15(b)中的曲线 1)。为满足电中性条件，N 区的电子浓度应当降低到空穴的值。而且 x_2 边界处的空穴浓度最缺乏，即出现载流子的抽取现象。这时 N 区的空穴浓度随坐标按指数规律增加。

随着电场强度的增加，载流子耗尽区向 N 区深度扩展(图 8.15(b)中的曲线 2)。因此，N 区电阻将增加，并且 N⁺N 结伏安特性的反向电流曲线偏离线性关系。如图 8.15(a)所示，非线性关系是在大电流时的特性。在反偏压下 N 区空穴浓度和电子浓度差不多时才出现

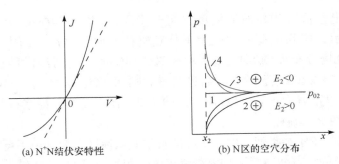

(a) N⁺N结伏安特性   (b) N区的空穴分布

图 8.15   N⁺N 结特性

载流子抽取过程，即 N 区电导率接近本征半导体时才有这种现象。因此，在器件结构中，可以利用 N⁺N 结阻止向 N 区注入空穴。

在正偏压时，E_2 方向与 E_i 相反。因此，N 区空穴向势垒方向漂移。在不大的正偏压下，即 $V \ll V_D$ 时势垒高度下降不大，实际上空穴不能越过势垒到达 N⁺区。由于这个原因，漂移到 N 区边界的空穴被积累起来(图 8.15(b)中的曲线 3 和 4)。即存在空穴的存储现象。其浓度随坐标按指数规律减少。

当非平衡多子浓度弛豫增加到 $\Delta n = \Delta p$ 时，在样品中才观察到电中性。这时 N 区电导率发生变化，同时 N⁺N 结的电阻也减少。因此，伏安特性的正向电流变为非线性(图 8.15(a))。正偏压越大，非线性越强。因为这时势垒高度降低很多，从 N⁺区向 N 区运动的电子数增加，所以又引起 N⁺N 结电阻的降低。

P⁺P 结的特性可以进行类似分析。

通过上述分析，可以了解到，N⁺N 这种同型结具有的不同于 PN 异型结的结构特性和电流特性，利用这些独特的性质，可以优化半导体器件结构，实现特殊的功能。

8.6   异   质   结

教学要求

1. 异质结及异质结能带图的特点。

2. 导带带阶和价带带阶。

前面讨论的 PN 结以及 N⁺N 结都是同质结，是用载流子浓度不同的同一种半导体材料制成的，因此形成结之前，两块半导体的禁带宽度和电子亲和势都相同。但还有一种结构，是由不同禁带宽度的半导体形成的结，称为异质结。异质结构中，电子的运动、光和电子的相互作用以及其他物理性质都有别于同质结。由于具有优异的物理性质，异质结构已经广泛地应用于半导体器件中，尤其在量子阱、超晶格等半导体低维结构器件中起着核心作用。这里对半导体异质结做简单的讨论。

异质结可分为以下两类。

1. 反型异质结

组成异质结的两种不同半导体导电类型相反，如 PN 异质结。例如，P 型 GaAs 与 N

型 Si 形成 PN 结，记为 P-GaAs/N -Si。

2. 同型异质结

组成异质结的两种不同半导体导电类型相同，如 P-P 或 N-N 异质结。例如，重掺杂 N 型 GaAs 与 N 型 AlGaAs 形成 N⁺N 结，记为 N⁺-GaAs/N -AlGaAs。

表示方法上，通常把后沉积(制备)的材料写在前面。

选择异质结材料时应注意晶格常数、膨胀系数等很多条件应同时满足异质结要求。表 8.1 列出几种半导体异质结的参数。

表 8.1　异质结半导体的参数(300K)

异质结	半导体	E_g/eV	晶格常数/nm	线膨胀系数/$10^{-6}K^{-1}$	电子亲和能/eV	相对介电常数 ε_r
GaAs-Ge	GaAs	1.43	0.5653	5.8	4.07	11.5
	Ge	0.67	0.5658	5.7	4.13	16.0
AlSb-GaSb	AlSb	1.6	0.6136	3.7	3.65	10.3
	GaSb	0.68	0.6095	6.9	5.06	14.8
AlAs-GaAs	AlAs	2.15	0.5661	5.2	—	—
	GaAs	1.43	0.5653	5.8	4.07	11.5
GaP-Si	GaP	2.25	0.5451	5.3	4.3	3.4
	Si	1.11	0.5431	2.33	4.01	12
ZnSe-Ge	ZnSe	2.67	0.5667	7.0	4.09	9.1
	Ge	0.66	0.5658	5.7	4.13	16.0
ZnSe-GaAs	ZnSe	2.67	05669	7.0	4.09	9.1
	GaAs	1.43	0.5653	5.8	4.07	11.5

下面分析禁带宽度小的 P 型和禁带宽度大的 N 型半导体材料之间的理想 PN 异质结，此时不考虑界面态的影响。

图 8.16(a)所示为形成异质结之前两种半导体的能带图，分别为窄带隙 P 型半导体，标记为 "1"；宽带隙 N 型半导体，标记为 "2"。它们有共同的真空能级 E_0。N 型半导体的费米能级高于 P 型半导体的费米能级，$E_{F2} > E_{F1}$。由于电子亲和能不同，两种半导体的导带底能级之间具有一个能量差 ΔE_c，价带顶能级之间也有一个能量差 ΔE_v，由图 8.16(a)所示对应关系可以得到

$$\Delta E_c = \chi_1 - \chi_2 \tag{8.70}$$

$$\Delta E_v = \left(E_{g_1} - E_{g_2} \right) + \left(\chi_1 - \chi_2 \right) \tag{8.71}$$

ΔE_c 和 ΔE_v 分别称为导带失调和价带失调，也称为导带带阶和价带带阶。它们是半导体量子阱和超晶格等低维结构中的重要物理参数。

这两种半导体接触形成异质结时，和 PN 结的形成过程相同，由于两种半导体之间存在载流子浓度梯度，电子由 N 型半导体向 P 型半导体扩散，同时，空穴由 P 型半导体向 N 型半导体扩散；在 N 区接触层形成主要由电离施主杂质组成的正空间电荷区，在 P 区接触层形成主要由电离受主杂质组成的负空间电荷区；空间电荷区(势垒区)中存在由 N 区指向 P 区的自建电场，由于两种半导体的相对介电常数不同，内建电场在交界面是不连续的；内建电场使得 N 区电势升高，P 区电势下降；因此，N 区能带相对 P 区降低，E_{F2}

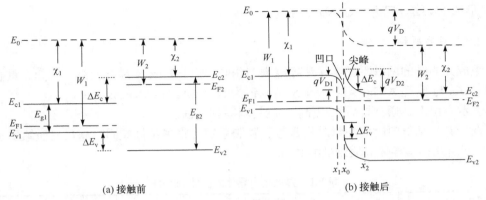

(a) 接触前   (b) 接触后

图 8.16　异质结平衡能带图

随之降低；P 区能带相对 N 区升高，E_{F1} 随之升高；直至 $E_{F1}=E_{F2}$，体系有统一的费米能级，达到平衡态。异质结的平衡能带图如图 8.16(b)所示。

在势垒区，P 型半导体能带弯曲量为 qV_{D1}，N 型半导体能带弯曲量为 qV_{D2}，则异质结能带总弯曲量为 $qV_D=qV_{D1}+qV_{D2}$，V_{D1} 和 V_{D2} 分别为 P 区和 N 区的空间电荷区的内建电势差，则 V_D 为 N 区与 P 区的电势差，即异质结的接触电势差。由能带图可知，qV_D 是真空能级 E_0 的弯曲量。

异质结能带图有以下特点。

(1) E_c 和 E_v 在交界面不连续，能级间隙分别为 ΔE_c 和 ΔE_v。

(2) 电子势垒为 qV_{D2}，空穴势垒为 $qV_D+\Delta E_v$。电子势垒和空穴势垒不相等，电子势垒小，因此电子易于由 N 区过渡到 P 区，所以此异质结主要由电子导电。

PN 异质结作为 P 型半导体中的空穴注入器，得到广泛应用。这种空穴注入器避免了为获得空穴需在 P 型半导体中进行大量掺杂而引入杂质的过程。这些异质结在半导体激光器方面被广泛利用。宽禁带的 P 区对复合辐射光是透明的。另外，由于掺杂浓度不高，P 区中不存在自由载流子吸收光的现象。

习　　题

1. 在受主浓度为 $1.5\times10^{15}\,\mathrm{cm^{-3}}$ 的 P 型硅片上，外延生长施主浓度为 $1.5\times10^{17}\,\mathrm{cm^{-3}}$ 的 N 型层，形成突变 PN 结。试在 300K 温度下求出：

① 在 N 型区和 P 型区的费米能级位置。

② PN 结的接触电势差。

2. 一个硅突变 PN 结，N 区的施主浓度 $N_D=10^{15}\,\mathrm{cm^{-3}}$，P 区的受主浓度 $N_A=4\times10^{17}\,\mathrm{cm^{-3}}$。硅的相对介电常数 $\varepsilon_r=12$。试在室温情况下，计算零偏压时的势垒宽度和最大电场强度。

3. 证明：P-N 结的饱和电流密度公式(8.61)可写成

$$J_S=\frac{b\sigma_i^2}{(1+b)^2}\frac{KT}{q}\left(\frac{1}{\sigma_n L_p}+\frac{1}{\sigma_p L_n}\right)$$

式中，$b = \mu_n / \mu_p$，σ_n 和 σ_p 分别为 N 型和 P 型半导体的电导率，σ_i 为本征半导体的电导率，L_n 和 L_p 分别为电子和空穴的扩散长度。

4. 一个用铟和 N 型锗合金制成的 PN 结二极管，其结面积为 1mm^2。试回答下面的问题：

① 在测量这个二极管的结电容时，得到零偏压时的结电容 $C_0 = 300\text{pF}$，1V 的反向偏压下 $C_1 = 180\text{pF}$。求结的自建电势。

② 锗的相对介电常数 $\varepsilon_r = 16$，求零偏压时的势垒宽度。

③ 设电子迁移率 $\mu_n = 3600\text{cm}^2 / (\text{V·s})$，求衬底材料的电阻率。

5. 一个理想的 PN 结，P 区和 N 区的宽度分别为 w_p 和 w_n，加上正向偏压 V_f（题图 8.1）。设空间电荷区两侧边界上$(-x_p，x_N)$载流子的分布近似地满足玻尔兹曼分布，$L_n \gg w_p$，$L_p \ll w_n$，试证明：

① N 区的过剩少子浓度为

$$\Delta p_N(x) = p_N \left[\exp\left(\frac{qV_f}{KT}\right) - 1 \right] \exp\left(-\frac{x - x_N}{L_p}\right), \qquad x \geqslant x_N$$

② 如果在 P 区中没有载流子的复合和 $\Delta n_p(-w_p) = 0$，则过剩少子浓度为

$$\Delta n_p(x) = n_p \left[\exp\left(\frac{qV_f}{KT}\right) - 1 \right] \frac{w_p + x}{w_p - x}, \qquad x \leqslant -x_p$$

式中，p_N 和 n_p 分别是平衡态情况下 N 区的空穴浓度和 P 区的电子浓度。

6. P 型 GaAs 和 N 型 Ge 接触前各自的能带图如题图 8.2 所示，不考虑界面态的影响，试画出它们形成异质结时的平衡能带图。

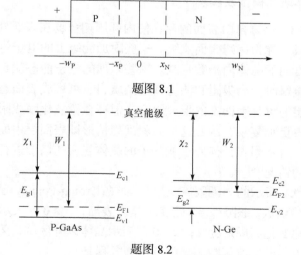

题图 8.1

题图 8.2

半导体表面是半导体与外界接触的交界面，但不是一个几何面，是指结构、物性与体相完全不同的整个表面层(纳米到微米尺度)。半导体的表面状态对半导体中的物理过程有重要影响，特别对半导体的器件性能有着显著作用。许多半导体器件正是利用半导体表面效应而制成的，如 MS(金属-半导体)器件、MOS(金属-氧化物-半导体)器件、电荷耦合器件、表面发光器件等。随着半导体器件的体积越来越小，靠近半导体表面的物理性质也越来越重要。因此，研究半导体表面现象，发展相关半导体表面的理论，对于改善器件性能、提高器件稳定性，以及指导人们探索新型器件等都有着十分重要的意义。半导体表面的研究分理想表面研究和实际表面研究两个方面。本章的讨论将侧重于理想表面方面，包括表面态概念、表面电场效应、MIS(指金属-绝缘体-半导体)结构的电容-电压特性、半导体表面的二维电子气等内容，理解它们在电子器件中的作用。

9.1 表 面 态

1. 简述概念：悬挂键、表面能级、表面态、表面施主态、表面受主态。
2. 了解表面态形成的原因和影响。

9.1.1 理想一维晶体表面模型及其解

1932 年达姆提出：晶体自由表面的存在使内部周期势场在表面处发生中断，从而在禁带中引入附加能级，称为达姆表面能级。这些附加能级上的电子将定域在表面层中，并沿着与表面垂直方向面向体内指数衰减。这些附加的电子能态就是表面态。当半导体表面与其周围媒质接触时，会吸附和沾污其他杂质，也可形成表面态。另外，表面上的化学反应形成氧化层等也是表面态的形成原因。但存在微氧化膜或附着其他分子或原子使实际表面情况变得更加复杂，因此这里先就理想情形即表面层中原子排列的对称性与体内原子完全相同，且不附着任何原子或分子的晶体表面的情形进行讨论。为了简单起见，这里讨论一维的情况[24]。

达姆采用如图 9.1 所示的半无限克龙尼克-潘纳(Kronig-Penney)模型描述具有单一表面的一维晶体的势能函数。图中 $x=0$ 处表示晶体表面；$x \geqslant 0$ 区表示晶体内部，势能函数 $V(x)$ 随 x 周期性地变化，周期为 a；$x \leqslant 0$ 区表示晶体以外区域，势能为常数 V_0。在这种半无限周期势场中，电子波函数满足的薛定谔方程是

$$-\frac{\hbar^2}{2m_0}\frac{\mathrm{d}^2\psi}{\mathrm{d}x^2}+V_0\psi=E\psi,\ x\leqslant0 \tag{9.1}$$

$$-\frac{\hbar^2}{2m_0}\frac{\mathrm{d}^2\psi}{\mathrm{d}x^2}+V(x)\psi=E\psi,\ x\geqslant0 \tag{9.2}$$

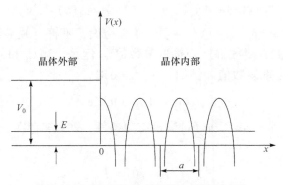

图 9.1 一维晶体在表面附近的势能函数

式中，$V(x)$ 为周期势能函数，满足 $V(x+a)=V(x)$。当 $E<V_0$ 时，求解式(9.1)得 $x\leqslant0$ 区电子波函数为

$$\psi_1(x)=A\exp\left\{\frac{\left[2m_0(V_0-E)\right]^{\frac{1}{2}}}{\hbar}x\right\}+B\exp\left\{\frac{-\left[2m_0(V_0-E)\right]^{\frac{1}{2}}}{\hbar}x\right\} \tag{9.3}$$

根据量子力学，当 $x\to-\infty$ 时，波函数必须是有限的，故式(9.3)中 B 等于零，所以有

$$\psi_1(x)=A\exp\left\{\frac{\left[2m_0(V_0-E)\right]^{\frac{1}{2}}}{\hbar}x\right\} \tag{9.4}$$

求解式(9.2)得 $x\geqslant0$ 区电子波函数为

$$\psi_2(x)=A_1u_k(x)\mathrm{e}^{ikx}+A_2u_{-k}(x)\mathrm{e}^{-ikx} \tag{9.5}$$

在 $x=0$ 处波函数及其一阶导数应满足连续条件，即

$$\psi_1(0)=\psi_2(0) \tag{9.6}$$

$$\left(\frac{\mathrm{d}\psi_1}{\mathrm{d}x}\right)_{x=0}=\left(\frac{\mathrm{d}\psi_2}{\mathrm{d}x}\right)_{x=0} \tag{9.7}$$

将式(9.4)和式(9.5)代入式(9.6)和式(9.7)，得到

$$A_1u_k(0)+A_2u_{-k}(0)=A \tag{9.8}$$

$$A_1\left[u'_k(0)+iku_k(0)\right]+A_2\left[u'_{-k}(0)-iku_{-k}(0)\right]=A\left[\frac{2m_0(V_0-E)}{\hbar}\right]^{\frac{1}{2}} \tag{9.9}$$

系数 A、A_1 和 A_2 满足以上两个方程。当 k 为实数时，根据式(9.5)，当 x 趋近 ∞ 时，$\psi_2(x)$ 满足波函数有限性，因此式(9.5)中系数 A_1 和 A_2 可同时不为零。这时式(9.8)和式(9.9)两个方

程共有三个未知数，解总是存在的，这些解也就是一维无限周期势场的解，所描述的就是电子在导带和价带中的允许状态。这说明所有在一维无限周期场的电子状态在半无限周期场的情况下仍可实现。

当 k 为复数时，令 $k = k' + ik''$，其中 k' 和 k'' 都为实数，代入式(9.5)中有

$$\psi_2(x) = A_1 u_k(x) e^{ik'x} e^{-k''x} + A_2 u_{-k}(x) e^{-ik'x} e^{k''x} \tag{9.10}$$

式(9.10)在 x 趋近 ∞ 或 $-\infty$ 时总有一项趋于无穷大，不符合波函数有限原则，说明一维无限周期势场，不能有复数解(k 不能取复数值)。但是，当 A_1 和 A_2 中任有一个为零，即考虑半无限时，k 可取复数值。例如，令 $A_2 = 0$ 时，

$$\psi_2(x) = A_1 u_k(x) e^{ik'x} e^{-k''x} \tag{9.11}$$

在 k'' 取正值时，当 $x \to \infty$，$\psi_2(x)$ 满足有限条件，故有解存在。这时式(9.8)和式(9.9)变为

$$A_1 u_k(0) = A \tag{9.12}$$

$$A_1 \left[u_k'(0) + ik u_k(0) \right] = A \left[\frac{2m_0(V_0 - E)}{\hbar} \right]^{\frac{1}{2}} \tag{9.13}$$

式(9.12)和式(9.13)存在 A 和 A_1 的非零解的条件是系数行列式等于零，由此求得能量本征值 E 为

$$E = V_0 - \frac{\hbar^2}{2m_0} \left[\frac{u_k'(0)}{u_k(0)} + ik \right]^2 \tag{9.14}$$

电子能量 E 应为实数，而式(9.14)中 $u_k'(0)/u_k(0)$ 一般为复数，故其虚数部分应与 ik 中的虚部抵消。

以上结果表明，在一维半无限周期场中存在 k 取复数值的电子状态，其能量本征值由式(9.14)表示，其波函数分别由式(9.4)($x \leqslant 0$ 区)和式(9.11)($x \geqslant 0$ 区)表示。可以看出，波函数在 $x = 0$ 处两边按指数关系衰减，这表明占据这一附加能级的电子主要集中在 $x = 0$ 处，即电子被局域在表面附近。因此，这种电子状态称为表面态，对应的能级称为表面能级，也称达姆能级。表面的存在破坏了原来无限晶格在垂直表面方向上的周期性，从而使得晶格电子的势能在垂直表面的方向上不再存在平移对称性，因此哈密顿量的本征值谱中出现一些新的本征值，也就是附加的电子能态，即表面态。

以上理想模型的实际意义在于证明了三维晶体的理想表面上每个原子都会在禁带中产生一个附加能级，如果晶体表面的原子密度为 N_S，则其表面态密度也为 N_S。因每平方厘米上大约有 10^{15} 个原子，故表面态数也具有相同的量级，数目如此巨大的表面能级实际将组成表面能带。

表面态的概念还可以从化学键[25]方面理解。以硅晶体为例，由于晶格的表面处突然终止，在表面的最外层的每个硅原子将有一个未配对的电子，即有一个未饱和的键，这个键称为悬挂键，对应的电子状态就是表面态，如图 9.2 所示。

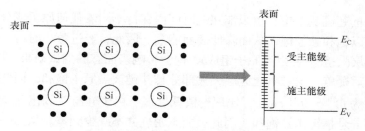

图 9.2　硅理想表面及对应表面能级示意图

9.1.2　实际表面

以上讨论的是理想表面情形。理想表面是指表面层中原子排列的对称性与体内原子完全相同，且不附着任何原子或分子的半无限晶体表面。实际上，这种理想表面是不存在的。近表面几个原子厚度的表面层中，离子实所受的势场作用显然不同于晶体内部，这使得晶体所固有的三维平移对称性受到破坏，因此实际的晶体表面结构比体内更为复杂。从能量角度分析，因理想表面的悬挂键密度很大，悬挂键的能量较高，所以表面原子趋向于通过应变，即改变原子的排列位置，尽可能地钝化悬挂键以降低能量。这种情况在表面物理学中称为表面重构。已有许多在超高真空下的实验观察到半导体表面重构现象，例如，对于硅(111)表面，在超真空下可观察到(7×7)结构，即表面上形成以(7×7)个硅原子为周期单元的二维平移对称性结构，如图 9.3 所示。

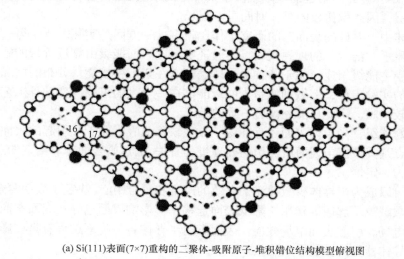

(a) Si(111)表面(7×7)重构的二聚体-吸附原子-堆积错位结构模型俯视图

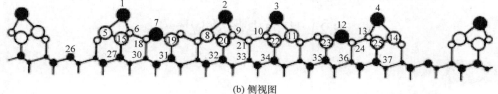

(b) 侧视图

图 9.3　硅表面重构[26]

关于表面的重构问题，本章将不做详细讨论。事实上，任何晶体的洁净表面，即使在10^{-8}Pa 以上的超高真空中，也只能在短时间内保持不附着任何原子或分子。表面吸附原子或分子可以饱和悬挂键，从而降低表面能量。因此，经过数小时后，表面上就会形成一层单原子层(一般主要由氧原子组成)，这会影响表面态的测试结果。以晶体硅为例，其表面被氧化后覆盖一层二氧化硅层，大部分悬挂键被氧原子饱和，因此实验测得的表面态密度通常为$10^{10} \sim 10^{12}$ cm^{-2}，比理论值低许多。由于硅与二氧化硅晶格不能完全匹配，总有一部分悬挂键未被饱和，因此表面态密度并不减少到零。从另一个角度讲，表面态常常导致一些器件性能欠佳，工程上常常采取一些特殊方法使更多的悬挂键发生饱和，称为表面钝化。

由于悬挂键的存在，表面可与体内交换电子和空穴。通常将空态时呈中性而电子占据后带负电的表面态称为受主型表面态；而将空态时带正电而被电子占据后呈中性的表面态称为施主型表面态。以 N 型硅为例，悬挂键可以从体内获得电子，使表面带负电。这负的表面电荷可排斥表面层中电子使之成为耗尽层甚至变为 P 型反型层。根据表面态与体内交换电子所需时间的不同又可分为快态与慢态。快态与体内交换电子在毫秒或更短时间内完成，慢态则需要毫秒以上直至数小时或更长。一般那些位于 Si-SiO$_2$ 界面上的电子状态为"快态"，当外界作用导致 Si 体内电子分布发生变化时，快态能与体内状态快速交换电子，表面态中的电子占据情况随之很快变化。与此对应，慢态则处于厚度为零点几纳米到几纳米的 Si 表面天然氧化层外表面上，也就是处于氧化层-空气界面上，也可能来自 Si-SiO$_2$ 界面附近的缺陷或位于禁带中的杂质能级。慢态与体内交换电子时必须通过氧化层，因此就比较困难，时间可能很长。

在半导体中，对硅的表面态的研究工作比较多，一方面是实际需要，另一方面是硅较容易获得原子"洁净"的理想表面。实验证实，硅表面能级由靠近价带的施主能级和靠近导带的受主能级组成。关于各种半导体表面态在禁带中按能量分布的情况，虽然已经做了大量的实验工作，但做到使费米能级能够在一个大的范围内变动且工艺上有重复性的表面仍较困难，因此目前还没有一致的结论。

除了达姆能级，半导体表面还存在由于晶格缺陷或吸附原子等引起的表面态。这种表面态的特点是其数值与表面所经历的处理过程有关，而达姆表面态对给定的晶体在"洁净"表面时为一定值。

表面态可以成为半导体少数载流子有效的产生和复合中心，决定了表面复合的特性；表面态对多数载流子起散射作用，降低表面迁移率，影响表面电导；表面态产生垂直半导体表面的电场，引起表面电场效应。表面态对半导体各种物理过程有重要影响，特别是对许多半导体器件的性能影响更大。

9.2　表面电场效应[2,27]

教学要求

1. 了解理想 MIS 结构的基本假设及其意义。
2. 解释半导体表面空间电荷区的形成过程。

3. 解释半导体表面空间电荷区能带的弯曲情况。

4. 掌握概念：半导体表面的载流子积累、耗尽和反型。

5. 画出载流子积累、耗尽、反型和强反型四种情况下的半导体表面附近能带图。

6. 推导发生载流子反型和强反型的数理条件。

本节讨论外加电压在半导体表面产生表面电场的现象。这些现象在半导体器件，例如，金属-氧化物-半导体场效应晶体管(MOSFET)及半导体表面的研究工作中得到重要应用。

有多种方法可以在半导体表面层内产生电场。例如，使用功函数不同的金属和半导体接触形成接触电势差，或半导体表面吸附某种带电离子等，最实用的办法是采用 MIS 结构(金属-绝缘体-半导体结构。其中，MOS 是 MIS 的一种结构)。如图 9.4 所示，这种结构是由中间以绝缘层隔开的金属板和半导体衬底组成。在金属板和半导体衬底间施加电压，即可在半导体表面层中产生垂直于表面的电场。

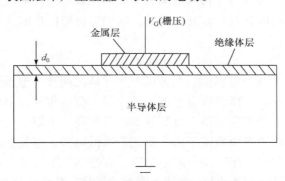

图 9.4　金属-绝缘体-半导体(MIS)结构示意图

利用表面电场效应构造的半导体器件称为场效应器件。MOSFET(Metal-Oxide-Semiconductor FET)和 MESFET(Metal-Semiconductor FET)是最典型的两类场效应器件。前者利用金属-氧化物-半导体接触引入表面电场，后者利用金属-半导体肖特基势垒引入表面电场。二者都是通过表面电场改变半导体表面能带结构从而控制器件的工作状态。图 9.5(a)所示的 MOSFET 是一个常关型器件，因为无论在源极 S 和漏极 D 之间电压方向如何，总有一个 PN 结处于反偏状态。但是，若在金属栅极 G 上施加正电压，产生表面电场使 P 型半导体表面反型为 N 型导电沟道，S 与 D 间即可连通。图 9.5(b)所示的 MESFET 是一个常开型器件。但是，通过在金属栅极 G 施加反向电压使金属-半导体肖特基势垒接触的空间电荷区展宽，可将 S 与 D 间的导电沟道夹断。以上说明，利用表面电场效应可以实现对器件工作状态的灵巧控制。

如果构成 MIS 系统的金属和半导体的功函数不同，或绝缘层与半导体间存在界面态，MIS 结构的问题会变得很复杂。因此，先考虑满足以下条件的理想情况，也称理想 MIS 条件，如果使用氧化物作为绝缘层，则称理想 MOS 条件。

(1) 金属与半导体功函数之差为零。

(2) 在绝缘层内没有任何电荷且绝缘层完全不导电。

(3) 绝缘层与半导体界面处不存在任何界面态。

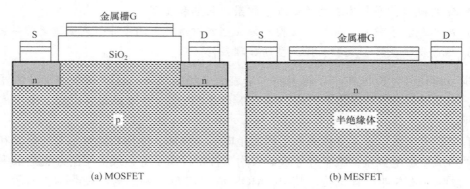

图 9.5　MOSFET 与 MESFET 结构示意图

以下讨论在这种理想 MIS 结构的金属和半导体间施加电压而产生垂直于表面的电场时，半导体表面层内的电势及电荷分布情况。它们对该器件功能具有重要影响。

9.2.1　表面空间电荷区

MIS 结构实际上是一个电容，当在金属与半导体之间加上电压后，在金属和半导体相对的两个面上会被充电。两者所带电荷正负相反，数目相同，但密度与分布情况很不同。在金属中，自由电子密度很高，电荷基本上分布在一个原子层厚度非常薄的表面层内；而在半导体中，由于自由载流子密度要比金属低得多，电荷必须分布在一定厚度的表面层内，这个带电的表面层称作空间电荷区。在空间电荷区内，电场由半导体表面及里层逐渐减弱，到空间电荷区的另一端，场强减小到零，从而保持半导体内部电场为零。因此空间电荷区对半导体内部起到屏蔽外电场的作用。若外电场为 E_0，半导体空间电荷区内的电荷面密度为 Q_S，按定义，二者之间的关系为

$$E_0 = -\frac{Q_S}{\varepsilon_{ro}\varepsilon_0} \tag{9.15}$$

式中，ε_{ro} 和 ε_0 分别是绝缘介质的相对介电常数和真空介电常数。若设紧贴介质的半导体表面的电场强度为 E_S，半导体的相对介电常数为 ε_{rs}，则由电位移连续原理可知

$$\varepsilon_{ro}E_0 = \varepsilon_{rs}E_S \tag{9.16}$$

由于半导体空间电荷区中的电场是从表面向内逐渐衰减的，E_S 实则是半导体空间电荷区中的最大电场。

由以上两式，可将 Q_S 表示为

$$Q_S = -\varepsilon_{ro}\varepsilon_0 E_0 = -\varepsilon_{rs}\varepsilon_0 E_S \tag{9.17}$$

9.2.2　表面电势与能带弯曲

在电场变化的同时，空间电荷区内的电势也要随距离逐渐变化，这样，半导体表面相对于体内就要产生电势差，从而使得能带弯曲，如图 9.6 所示。半导体表面电势以 V_S 表示，一般设半导体内部电势为零，因此空间电荷区两端的电势差也为表面势，规定表面

电势比内部电势高时，V_S取正值，反之取负值。有表面势存在时，空间电荷区内的电子受到一个附加电势的作用，电子的能量(如导带底$E_c(x)$和价带顶$E_v(x)$)可写为

$$E_c(x) = E_c \pm q|V(x)| \tag{9.18}$$

$$E_v(x) = E_v \pm q|V(x)| \tag{9.19}$$

当金属与半导体间加正电压(金属为正，半导体衬底接地)时，电场由表面指向体内，$V_S > 0$，式(9.18)和式(9.19)取负号，空间电荷区的能带从体内到表面向下弯曲，图 9.6 便是该情况；当金属与半导体间加负压(金属为负)时，电场由体内指向表面，$V_S < 0$，式(9.18)和式(9.19)取正号，空间电荷区的能带从体内到表面向上弯曲。

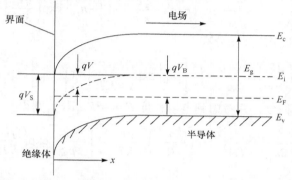

图 9.6 (电场从半导体表面指向内部时)表面空间电荷区内能带弯曲示意图

为了深入分析表面空间电荷层的性质，可以通过解泊松方程定量地求出表面层中电场强度和电势的分布，我们取 x 轴的正向垂直于表面并指向半导体内部，规定半导体表面处为 x 轴的原点。在表面空间电荷层中的电荷密度、场强和电势都是 x 的函数。因为样品表面的横向维度远比空间电荷层厚度大，可把表面近似地看成无限大的面，以上各量将不随 y、z 而变，所以可看成只依赖 x 方向的一维情况来处理。在这种情况下，空间电荷层中电势满足的泊松方程为

$$\frac{\mathrm{d}^2 V}{\mathrm{d} x^2} = -\frac{\rho(x)}{\varepsilon_{rs}\varepsilon_0} \tag{9.20}$$

式中，ε_{rs} 为半导体的相对介电常数；$\rho(x)$ 为半导体中总的空间电荷体密度，且由式(9.21)给出，

$$\rho(x) = q\left(n_D^+ - p_A^- + p_P - n_P\right) \tag{9.21}$$

式中，n_D^+ 和 p_A^- 分别表示电离施主和电离受主浓度；p_P 和 n_P 分别表示坐标 x 点的空穴浓度和电子浓度(这里的讨论以 P 型半导体为例，所以载流子浓度以 p 为下标)。若考虑在表面层中经典统计仍能适用的情况，则在电势为 V 的 x 点(取半导体内部电势为零)，电子和空穴的浓度分别为

$$n_P = n_{P0}\exp\left(\frac{qV}{KT}\right) \tag{9.22}$$

$$p_P = p_{P0}\exp\left(-\frac{qV}{KT}\right) \tag{9.23}$$

式中，n_{P0} 和 p_{P0} 分别表示半导体体内的平衡电子和空穴浓度。在半导体内部，假定表面空间电荷层中电离杂质浓度为一个常数，且与体内相等，则在半导体内部，电中性条件成立，故有

$$\rho(x) = 0$$

即

$$n_D^+ - p_A^- = n_{P0} - p_{P0} \tag{9.24}$$

将式(9.21)～式(9.24)代入式(9.20)，则得

$$\frac{d^2 V}{dx^2} = -\frac{q}{\varepsilon_{rs}\varepsilon_0}\left\{ p_{P0}\left[\exp\left(-\frac{qV}{KT} \right) - 1 \right] - n_{P0}\left[\exp\left(\frac{qV}{KT} \right) - 1 \right] \right\} \tag{9.25}$$

式(9.25)两边乘以 dV 并积分有

$$\int_0^{\frac{dV}{dx}} \frac{dV}{dx} d\left(\frac{dV}{dx} \right) = -\frac{q}{\varepsilon_{rs}\varepsilon_0} \int_0^V \left\{ p_{P0}\left[\exp\left(-\frac{qV}{KT} \right) - 1 \right] - n_{P0}\left[\exp\left(\frac{qV}{KT} \right) - 1 \right] \right\} dV \tag{9.26}$$

将式(9.26)两边积分，并考虑到电场强度 $E = -dV/dx$，则得

$$E^2 = \left(\frac{2KT}{q} \right)^2 \left[\frac{q^2 p_{P0}}{2\varepsilon_{rs}\varepsilon_0 KT} \right] \left\{ \left[\exp\left(-\frac{qV}{KT} \right) + \frac{qV}{KT} - 1 \right] + \frac{n_{P0}}{p_{P0}}\left[\exp\left(\frac{qV}{KT} \right) - \frac{qV}{KT} - 1 \right] \right\} \tag{9.27}$$

令

$$L_D = \left(\frac{\varepsilon_{rs}\varepsilon_0 KT}{q^2 p_{P0}} \right)^{1/2} \tag{9.28}$$

$$F\left(\frac{qV}{KT}, \frac{n_{P0}}{p_{P0}} \right) = \left\{ \left[\exp\left(-\frac{qV}{KT} \right) + \frac{qV}{KT} - 1 \right] + \frac{n_{P0}}{p_{P0}}\left[\exp\left(\frac{qV}{KT} \right) - \frac{qV}{KT} - 1 \right] \right\}^{1/2} \tag{9.29}$$

则

$$E = \pm \frac{\sqrt{2}KT}{qL_D} F\left(\frac{qV}{KT}, \frac{n_{P0}}{p_{P0}} \right) \tag{9.30}$$

式中，当 V 大于零时取"+"号，小于零时取"–"号，L_D 称为德拜屏蔽长度。式(9.29)一般称为 F 函数，是表征半导体空间电荷层性质的一个重要参数。通过 F 函数，可以方便地将表面电荷层的基本物理量表达出来。

在表面处，$V = V_S$，由式(9.30)可得半导体表面处的电场强度 E_S 为

$$E_S = \pm \frac{\sqrt{2}KT}{qL_D} F\left(\frac{qV_S}{KT}, \frac{n_{P0}}{p_{P0}} \right) \tag{9.31}$$

由式(9.17)，表面的电荷面密度 Q_S 与表面处电场强度有以下关系：

$$Q_S = -\varepsilon_{rs}\varepsilon_0 E_S$$

将式(9.31)代入上式，得到

$$Q_S = \mp \frac{\sqrt{2}\varepsilon_{rs}\varepsilon_0 KT}{qL_D} F\left(\frac{qV_S}{KT}, \frac{n_{P0}}{p_{P0}} \right) \tag{9.32}$$

使用式(9.32)时须注意，当金属电极为正时，即 $V_S > 0$ 时，Q_S 用负号；当金属电极为负时，$V_S < 0$，Q_S 用正号。从式(9.23)还可看到，半导体表面层存在电场时，载流子浓度也发生变化。在单位面积的表面层中空穴的改变量(与体内比较)为

$$\Delta p = \int_0^\infty (p_P - p_{P0}) \mathrm{d}x = \int_0^\infty p_{P0}\left[\exp\left(-\frac{qV}{KT}\right) - 1 \right]\mathrm{d}x \tag{9.33}$$

以 $\mathrm{d}x = -\mathrm{d}V / E$ 代入式(9.33)，并考虑到 $x = 0$，$V = V_S$ 和 $x = \infty$，$V = 0$，则得

$$\Delta p = \frac{qp_{P0}L_D}{\sqrt{2}KT}\int_{V_S}^0 \frac{\exp\left(-\dfrac{qV}{KT}\right) - 1}{F\left(\dfrac{qV}{KT}, \dfrac{n_{p0}}{p_{P0}}\right)}\mathrm{d}V \tag{9.34}$$

同理可得

$$\Delta n = \frac{qn_{P0}L_D}{\sqrt{2}KT}\int_{V_S}^0 \frac{\exp\left(\dfrac{qV}{KT}\right) - 1}{F\left(\dfrac{qV}{KT}, \dfrac{n_{p0}}{p_{P0}}\right)}\mathrm{d}V \tag{9.35}$$

式(9.34)和式(9.35)常用于计算表面层的电导。请注意上述 Δp 和 Δn 为半导体整个表面层(或整个空间电荷区)的载流子改变量，因而为面密度量。

9.2.3　载流子积累、耗尽、反型

表面势及空间电荷区内电荷的分布情况随金属与半导体之间所加的总电压 V_G 而变化，基本上可归纳为载流子积累、耗尽和反型三种情况。这里仍然以 P 型半导体衬底为例，说明在不同栅压下的这三种情况，如图 9.7 所示。下面将分别加以详细说明。

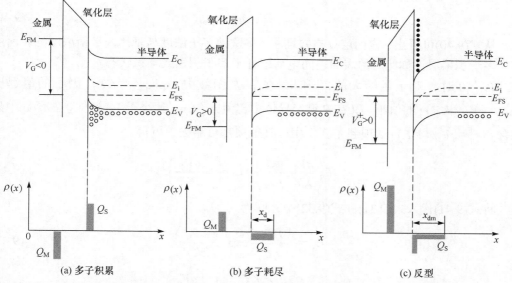

图 9.7　理想 MIS 结构在各种栅压 V_G 下的表面电子势能和空间电荷分布示意图(以 P 型半导体为例)

1. 多数载流子积累状态

当金属与半导体间加负电压(即金属端接负电压，半导体衬底接地，$V_G < 0$)时，表面势V_S为负值，与体内相比，表面处能带向上弯曲，如图 9.7(a)所示。在热平衡情况下，半导体内费米能级应保持恒定值，故随着向表面接近，价带顶将逐渐移近其至高过费米能级，根据第 4 章载流子浓度的计算公式，这时价带中空穴浓度也将随之增加。这样表面层内就出现空穴的积累而带正电荷。从图 9.7 中还可以看出，越接近表面空穴浓度越高，这表明积累的空穴分布在最靠近表面的薄层内。

从公式推导的角度来看，体内载流子浓度为

$$n_{p0} = N_C e^{\frac{-(E_c - E_F)}{KT}}, \quad p_{p0} = N_V e^{\frac{-(E_F - E_v)}{KT}} \tag{9.36}$$

空间电荷区内载流子浓度为

$$n(x) = N_C e^{\frac{-[E_c(x) - E_F]}{KT}}, \quad p(x) = N_V e^{\frac{-[E_F - E_v(x)]}{KT}} \tag{9.37}$$

式中N_c、N_v分别是导带有效状态密度和价带有效状态密度。

$V_G < 0$时，$V_S < 0$，式(9.18)和式(9.19)中取正号，所以有

$$n(x) = n_{p0} e^{\frac{-q|V(x)|}{KT}}, \quad p(x) = p_{p0} e^{\frac{q|V(x)|}{KT}} \tag{9.38}$$

在表面$x = 0$处，$V(x) = V_S$，$n(x) = n_s$，$p(x) = p_s$，即

$$n_s = n_{p0} e^{\frac{-q|V_S|}{KT}}, \quad p_s = p_{p0} e^{\frac{q|V_S|}{KT}} \tag{9.39}$$

因为$V_S < 0$，所以有

$$n_s < n_{p0}, \quad p_s > p_{p0} \tag{9.40}$$

从式(9.40)可看出，表面层处空穴堆积，将这种多子浓度高于体内平衡浓度的表面层称为多子积累层，称此时的表面空间电荷层处于多子积累或堆积状态。

$V_G < 0$时，对于足够大的$|V|$和$|V_S|$值，F函数中$\exp[qV/(KT)]$因子的值远比$\exp[-qV/(KT)]$的值小。又在 P 型半导体中比值n_{p0}/p_{p0}远小于 1，这样，F函数中只含$\exp[-qV/(KT)]$的项起主要作用，其他项都可略去，可得

$$F\left(\frac{qV_S}{KT}, \frac{n_{p0}}{p_{p0}}\right) = \exp\left(-\frac{qV_S}{2KT}\right) \tag{9.41}$$

将式(9.41)代入式(9.31)和式(9.32)中，则得

$$E_S = -\frac{\sqrt{2}KT}{qL_D}\exp\left(-\frac{qV_S}{2KT}\right) \tag{9.42}$$

$$Q_S = \frac{\sqrt{2}\varepsilon_{rs}\varepsilon_0 KT}{qL_D}\exp\left(-\frac{qV_S}{2KT}\right) \tag{9.43}$$

式(9.42)和式(9.43)分别表示在多数载流子积累状态时，半导体表面电场和表面电荷面密度随表面势 V_S 变化的关系。由式(9.43)可知，这时表面电荷随表面势的绝对值 $|V_S|$ 的增大而按指数增长。这表明当表面势变得越负时，能带在表面处向上弯曲得越厉害时，表面层的空穴浓度急剧地增长。图 9.8 画出了表面层电荷面密度的绝对值 $|Q_S|$ 随表面势 V_S 变化的函数关系。从图 9.8 中可看到，随着 V_S 向负值方向增大，$|Q_S|$ 值急剧增加，处于多子积累状态。

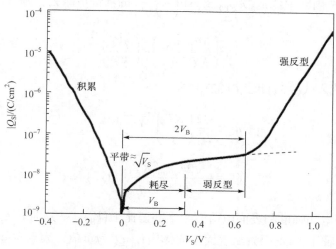

图 9.8　P 型半导体硅的 $|Q_S|$ 与表面势 V_S 的关系

注：这里受主浓度为 $4\times10^{15}\,\mathrm{cm}^{-3}$

2. 平带状态

当外加栅压 $V_G = 0$ 时，表面势 $V_S = 0$，表面处能带不发生弯曲，称作平带状态。这时，根据式(9.29)很容易求得 $F\left[qV_S/(KT),n_{P0}/p_{P0}\right]=0$，从而 $E_S = 0$，$Q_S = 0$。

3. 多数载流子耗尽状态

当金属与半导体间加正电压(即金属接正电压，半导体衬底接地，$V_G > 0$)，表面势 V_S 为正值，与体内相比，半导体表面处能带向下弯曲，如图 9.7(b)所示。这时越接近表面，费米能级离价带顶越远，价带中空穴浓度也随之降低。在靠近表面的一定区域内，价带顶位置比费米能级低得多，根据玻尔兹曼分布，表面处空穴浓度将较体内浓度低得多，表面层的负电荷浓度基本上等于电离受主杂质浓度。

$V_G > 0$ 时，$V_S > 0$，式(9.18)和式(9.19)中取负号，所以有

$$n(x)=n_{P0}\mathrm{e}^{\frac{qV(x)}{KT}},\quad p(x)=p_{P0}\mathrm{e}^{\frac{-qV(x)}{KT}} \tag{9.44}$$

在表面 $x=0$ 时，$V(x)=V_S$，$n(x)=n_s$，$p(x)=p_s$，即

$$n_s=n_{P0}\mathrm{e}^{\frac{qV_S}{KT}},\quad p_s=p_{P0}\mathrm{e}^{\frac{-qV_S}{KT}} \tag{9.45}$$

因为 $V_S > 0$，所以有

$$n_{\mathrm{s}} > n_{\mathrm{P0}} , \quad p_{\mathrm{s}} < p_{\mathrm{P0}} \tag{9.46}$$

从式(9.46)看,表面层处空穴耗尽,其浓度较体内空穴浓度低得多,这种状态称为多子的耗尽状态,空间电荷区为多子耗尽层。

当外加电压 V_{G} 为正但其大小还不足以使表面处禁带中央能量 E_{i} (本征费米能级)弯曲到费米能级以下时,表面不会出现载流子反型。因这时 V 和 V_{S} 都大于零,且 $n_{\mathrm{P0}} / p_{\mathrm{P0}} \ll 1$, F 函数中含 $n_{\mathrm{P0}} / p_{\mathrm{P0}}$ 及 $\exp\left(-\dfrac{qV}{KT}\right)$ 的项都可略去,则有

$$F\left(\frac{qV_{\mathrm{S}}}{KT}, \frac{n_{\mathrm{P0}}}{p_{\mathrm{P0}}}\right) = \left(\frac{qV_{\mathrm{S}}}{KT}\right)^{1/2} \tag{9.47}$$

将式(9.47)代入式(9.31)和式(9.32),得

$$E_{\mathrm{S}} = \frac{\sqrt{2}}{L_{\mathrm{D}}}\left(\frac{KT}{q}\right)^{1/2}\left(V_{\mathrm{S}}\right)^{1/2} \tag{9.48}$$

$$Q_{\mathrm{S}} = -\frac{\sqrt{2}\varepsilon_{\mathrm{rs}}\varepsilon_0}{L_{\mathrm{D}}}\left(\frac{KT}{q}\right)^{1/2}\left(V_{\mathrm{S}}\right)^{1/2} \tag{9.49}$$

可见,表面电场强度和表面电荷面密度都正比于 $\left(V_{\mathrm{S}}\right)^{1/2}$ 。这时若 E_{S} 为正值,表示表面电场方向与 x 轴正方向一致(从表面指向体内); Q_{S} 为负值,表示空间电荷主要为电离受主杂质形成的负电荷。由图 9.8 中可看到耗尽状态时, $|Q_{\mathrm{S}}|$ 随表面势 V_{S} 的变化情况。

对于耗尽状态,也可以用"耗尽层近似"来处理[28],即假设空间电荷层的空穴都已全部耗尽,电荷全由已电离的受主杂质构成。在这种情况下,若半导体是掺杂均匀的,则空间电荷层的电荷体密度为 $\rho(x) = -qN_{\mathrm{A}}$,泊松方程可写为

$$\frac{\mathrm{d}^2 V}{\mathrm{d}x^2} = \frac{qN_{\mathrm{A}}}{\varepsilon_{\mathrm{rs}}\varepsilon_0} \tag{9.50}$$

设 x_{d} 为耗尽层宽度,因半导体内部电场强度为零,由此得边界条件 $x = x_{\mathrm{d}}$, $\mathrm{d}V / \mathrm{d}x = 0$ 。对式(9.50)积分,并应用上述边界条件

$$\frac{\mathrm{d}V}{\mathrm{d}x} = -\frac{qN_{\mathrm{A}}}{\varepsilon_{\mathrm{rs}}\varepsilon_0}\left(x_{\mathrm{d}} - x\right) \tag{9.51}$$

设体内电势为零,即在 $x = x_{\mathrm{d}}$ 处, $V = 0$,再对式(9.51)积分,可得

$$V(x) = \frac{qN_{\mathrm{A}}\left(x_{\mathrm{d}} - x\right)^2}{2\varepsilon_{\mathrm{rs}}\varepsilon_0} \tag{9.52}$$

式中,令 $x = 0$,则得表面电势为

$$V_{\mathrm{S}} = \frac{qN_{\mathrm{A}}x_{\mathrm{d}}^2}{2\varepsilon_{\mathrm{rs}}\varepsilon_0} \tag{9.53}$$

进而很容易得出半导体空间电荷层中单位面积的电量为

$$Q_{\mathrm{S}} = -qN_{\mathrm{A}}x_{\mathrm{d}} \tag{9.54}$$

式(9.54)与将 L_D 代入式(9.49)所得结果相同。

4. 少数载流子反型状态

当加于金属与半导体间的正电压 V_G 进一步增大时(正电压 V_S 也进一步增大)，表面处能带相对于体内将进一步向下弯曲。这时，如图 9.7(c)所示表面处费米能级位置已经高于禁带中央位置 E_i (本征费米能级)，也就是说，费米能级离导带底比离价带顶更近一些。这意味着半导体表面处电子浓度将超过空穴浓度，形成与原来半导体衬底导电类型相反的区域，称为反型层。从图 9.7 可以看出，反型层发生在近表面处，从反型层到半导体内部还夹着耗尽层。在这种情况下，半导体空间电荷层内的负电荷由两部分组成，一部分是耗尽层中已电离的受主电荷，另一部分是反型层中的电子，后者主要堆积在近表面区。

反型可分为强反型和弱反型两种情况，一般以表面处少数载流子浓度 n_s 是否超过体内多数载流子浓度 p_{P0} 为标定，表面处少子浓度可写为

$$n_s = n_{P0}\exp\left(\frac{qV_S}{KT}\right) = \frac{n_i^2}{p_{P0}}\exp\left(\frac{qV_S}{KT}\right) \tag{9.55}$$

当表面处少子浓度等于体内平衡多子浓度时，即 $n_s = p_{P0}$，发生强反型，式(9.55)化为

$$p^2_{P0} = n_i^2\exp\left(\frac{qV_S}{KT}\right) \text{ 或 } p_{P0} = n_i\exp\left(\frac{qV_S}{2KT}\right) \tag{9.56}$$

另外，根据第 4 章载流子浓度关系(玻尔兹曼统计)有

$$p_{P0} = n_i\exp\left(\frac{qV_B}{KT}\right) \tag{9.57}$$

式中，$qV_B = E_i - E_F$ 指半导体的体内禁带中央 E_i (本征费米能级)与费米能级 E_F 之差，我们把 V_B 称作费米势。比较式(9.56)和式(9.57)，则可得到强反型的条件为

$$V_S \geqslant 2V_B \tag{9.58}$$

$V_S = 2V_B$ 就是发生强反型的临界条件，反映出表面少子电子浓度能达到体中多子空穴浓度的程度，图 9.9 表示这时表面层的能带弯曲情况。

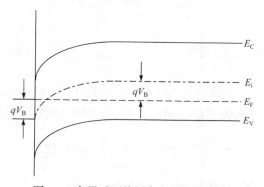

图 9.9　在强反型临界条件时的能带图

以 $p_{P0} = N_A$ 代入式(9.57)可得

$$V_B = \frac{KT}{q} \ln\left(\frac{N_A}{n_i}\right) \tag{9.59}$$

则强反型条件也可写为

$$V_S \geq \frac{2KT}{q} \ln\left(\frac{N_A}{n_i}\right) \tag{9.60}$$

从式(9.60)可看出，衬底半导体的受主杂质浓度越高，V_S越大，越不易达到强反型。对应于表面势 $V_S = 2V_B$ 时金属板上加的电压 V_G 习惯上称作开启或阈值电压，以 V_T 表示，即当 $V_S = 2V_B$ 时，$V_G = V_T$。

因为 $n_{P0} = n_i \exp\left(-\frac{qV_B}{KT}\right)$，$p_{P0} = n_i \exp\left(\frac{qV_B}{KT}\right)$，所以

$$n_{P0} / p_{P0} = \exp\left(-\frac{2qV_B}{KT}\right) \tag{9.61}$$

临界强反型时，$V_S = 2V_B$，所以

$$n_{P0} / p_{P0} = \exp\left(-\frac{qV_S}{KT}\right) \tag{9.62}$$

这时，代入式(9.62)到 F 函数，有

$$F\left(\frac{qV_S}{KT}, \frac{n_{P0}}{p_{P0}}\right) = \left\{\frac{qV_S}{KT}\left[1 - \exp\left(\frac{-qV_S}{KT}\right)\right]\right\}^{1/2} \tag{9.63}$$

当 $qV_S \gg KT$ 时(强反型时一般能满足)，$\exp[-qV_S / KT] \ll 1$，F 函数为

$$F\left(\frac{qV_S}{KT}, \frac{n_{P0}}{p_{P0}}\right) = \left(\frac{qV_S}{KT}\right)^{1/2} \tag{9.64}$$

将式(9.64)代入式(9.31)和式(9.32)，得到临界强反型时的表面电场和面电荷密度为

$$E_S = \frac{\sqrt{2}KT}{qL_D}\left(\frac{qV_S}{KT}\right)^{1/2} \tag{9.65}$$

$$Q_S = -\frac{\sqrt{2}\varepsilon_{rs}\varepsilon_0 KT}{qL_D}\left(\frac{qV_S}{KT}\right)^{1/2} = -\left(2\varepsilon_{rs}\varepsilon_0 qN_A V_S\right)^{1/2} = -\left(4\varepsilon_{rs}\varepsilon_0 qN_A V_B\right)^{1/2} \tag{9.66}$$

当 V_S 比 $2V_B$ 大很多时，而且 $qV_S \gg KT$，F 函数中的 $(n_{P0} / p_{P0})\exp[qV_S / (KT)]$ 项随 qV_S 按指数关系增加，其值较其他各项都大得多，故可以省去其他项，得

$$F\left(\frac{qV_S}{KT}, \frac{n_{P0}}{p_{P0}}\right) = \left(\frac{n_{P0}}{p_{P0}}\right)^{1/2} \exp\left(\frac{qV_S}{2KT}\right) \tag{9.67}$$

将式(9.67)代入式(9.31)和式(9.32)，则得

$$E_S = +\frac{\sqrt{2}KT}{qL_D}\left(\frac{n_{P0}}{p_{P0}}\right)^{1/2}\exp\left(\frac{qV_S}{2KT}\right) = \left(n_s\frac{2KT}{\varepsilon_{rs}\varepsilon_0}\right)^{1/2} \tag{9.68}$$

$$Q_S = -\frac{\sqrt{2}\varepsilon_{rs}\varepsilon_0 KT}{qL_D}\left(\frac{n_{P0}}{p_{P0}}\right)^{1/2}\exp\left(\frac{qV_S}{2KT}\right) = -(2KT\varepsilon_{rs}\varepsilon_0 n_s)^{1/2} \tag{9.69}$$

由式(9.69)可看出强反型后$|Q_S|$随V_S按 e 指数规律增大，如图 9.8 所示。

一旦出现强反型，表面耗尽层宽度就会达到一个极大值x_{dm}，不再随外加电压的增加而增加，这是因为反型层中积累的电子屏蔽了外电场的进一步作用。最大耗尽层宽度x_{dm}可以由式(9.53)和式(9.60)求得

$$x_{dm} = \left(\frac{4\varepsilon_{rs}\varepsilon_0 V_B}{qN_A}\right)^{1/2} = \left[\frac{4\varepsilon_{rs}\varepsilon_0 KT}{q^2 N_A}\ln\left(\frac{N_A}{n_i}\right)\right]^{1/2} \tag{9.70}$$

式(9.70)表明，x_{dm}由半导体材料的性质和掺杂浓度来确定。对一定的材料，掺杂浓度越小，x_{dm}越大。对于一定的衬底掺杂浓度N_A，则禁带越宽的材料，n_i值越小，x_{dm}越大。图 9.10 表示出硅、锗、砷化镓三种材料的掺杂浓度与最大耗尽层宽度x_{dm}的关系。由图 9.10 可看到，对于硅，在$10^{14}\sim10^{17}$ cm^{-3}的掺杂浓度范围内，x_{dm}在零点几微米到几个微米间变动。但一般反型层要薄很多，通常为 1～10nm。应注意，表面耗尽层不同于 PN 结耗尽层的特征是其厚度达到最大值x_{dm}后便基本不再增加。在出现强反型后，半导体单位面积上的电荷量Q_S是由两部分组成的，一部分是电离受主的负电荷$Q_A = -qN_A x_{dm}$，另一部分Q_n是由反型层中的积累电子(少子)所形成的。

$$\begin{cases} Q_S = Q_A + Q_n = -qN_A x_{dm} + Q_n (\text{P型衬底}) \\ Q_S = Q_D + Q_p = qN_D x_{dm} + Q_p (\text{N型衬底}) \end{cases} \tag{9.71}$$

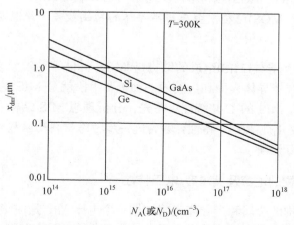

图 9.10　锗、硅、砷化镓在强反型条件下x_{dm}与N_A(或N_D)的关系

5. 深耗尽状态

以上讨论的都是空间电荷层平衡状态，即假设金属与半导体间所加栅压V_G不变，或

者变化速率很慢以至表面空间电荷层中载流子浓度能跟上 V_G 变化的状态。以下将讨论一种称为深耗尽的非平衡状态。以 P 型半导体为例，如在金属与半导体间加一脉冲阶跃或高频正弦波形成的正电压时，由于空间电荷层内的少数载流子的产生速率赶不上电压的变化，反型层来不及建立，只有靠耗尽层延伸向半导体内深处才能产生大量的电离受主负电荷来满足电中性条件。因此，这种情况时耗尽层的宽度很大，可远大于强反型的最大耗尽层宽度，且其宽度随电压 V_G 幅度的增大而增大，这种状态称为深耗尽状态。深耗尽状态是在实际中经常遇到的一种比较重要的状态。以下定性讨论从深耗尽状态向平衡反型状态的过渡情况。仍以 P 型衬底为例，设在金属与半导体间加一大的陡变阶跃正电压，开始表面层处于深耗尽状态。由于深耗尽下耗尽层中少数载流子浓度近似为零，远低于其平衡浓度，故产生率大于复合率，耗尽层内产生的电子-空穴对在层内电场作用下，电子向表面运动而形成反型层，空穴向体内运动，到达耗尽层边缘与带负电荷的电离受主中和而使耗尽层减薄。因此，随着时间的推移，反型层中少数载流子的积累逐渐增加，而耗尽层宽度则逐渐减小，最后过渡到平衡的反型状态。在这一过程中，耗尽层宽度从深耗尽状态开始的最大值逐渐减小到强反型的最大耗尽层宽度 x_{dm}。从初始的深耗尽状态过渡到热平衡反型层状态所经历的时间用热弛豫时间 τ_{th} 表示，为 $10^0 \sim 10^2 \text{s}$，由此可见，反型层的建立并不是一个很快的过程。

9.3 MIS 结构的电容及 $C\text{-}V$ 特性

教学要求

1. 理解并画图说明理想 MIS(或 MOS)结构的 $C\text{-}V$ 特性基本规律。
2. 了解理想 MIS(或 MOS)结构不同状态下的电容表达式。
3. 了解 MIS(或 MOS)结构中金属与半导体的功函数差、绝缘层电荷等实际因素对 $C\text{-}V$ 特性的影响。

由金属-绝缘层-半导体(MIS)组成的结构是 MOS 晶体管等表面半导体器件的基本部分(图 9.4)。用于研究半导体表面和界面的一种重要手段就是 MIS 的电容-电压特性，因此在这节将重点分析 MIS 的 $C\text{-}V$ 特性。首先，分析理想 MIS 结构在外加偏压作用下的小信号电容随电压变化规律($C\text{-}V$ 特性)，然后进一步考虑材料功函数差及绝缘层内电荷对电容-电压特性的实际影响。

9.3.1 理想 MIS 结构的电容及其电容-电压特性[2,28]

在理想 MIS 结构的金属和半导体之间施加一个电压 V_G，这时绝缘体和半导体串联，V_G 电压降分配在绝缘层和半导体的表面层中，设绝缘层电压降为 V_0，半导体表面层中的电压降为 V_S(半导体的表面电势)，这里设定半导体内部电势为零，因此

$$V_G = V_0 + V_S \tag{9.72}$$

在此理想 MIS 模型中，电荷集中在金属表面和半导体表面层中，两处电荷量相等且符号相反，绝缘层中没有电荷，故绝缘层中电场均匀，电场强度表示为 E_0，绝缘层厚度表示为 d_0，则

$$V_0 = E_0 d_0$$

由高斯定理，如前面 9.2 节所述，金属表面的电荷面密度 Q_M 等于绝缘层内的电位移 $D = \varepsilon_0 \varepsilon_{ro} E_0$，代入上式得

$$V_0 = E_0 d_0 = \frac{Q_M d_0}{\varepsilon_0 \varepsilon_{ro}} \tag{9.73}$$

式中，ε_0 是真空介电常数；ε_{ro} 是绝缘层的相对介电常数。半导体表面层中的电荷密度为 Q_S，由电中性条件 $Q_M = -Q_S$，将式(9.73)化为

$$V_0 = -\frac{Q_S}{C_0} \tag{9.74}$$

式中，$C_0 = \frac{\varepsilon_0 \varepsilon_{r0}}{d_0}$ 是绝缘层的单位面积电容，是一个不随外加电压变化的常量。将式(9.74)代入式(9.72)得

$$V_G = -\frac{Q_S}{C_0} + V_S \tag{9.75}$$

将式(9.75)微分得

$$dV_G = -\frac{dQ_S}{C_0} + dV_S \tag{9.76}$$

即外加偏压改变 dV_G 时，半导体表面层电荷和表面电势分别改变 dQ_S 和 dV_S。又因为 MIS 结构的总电容为

$$C = \frac{dQ_M}{dV_G} = -\frac{dQ_S}{dV_G}$$

半导体表面层的电容为 $C_S = -\frac{dQ_S}{dV_S} = \left| \frac{dQ_S}{dV_S} \right|$，将式(9.76)代入上式并化简得

$$C = \frac{-dQ_S}{-\dfrac{dQ_S}{C_0} + dV_S} = \frac{1}{\dfrac{1}{C_0} - \dfrac{dV_S}{dQ_S}} = \frac{1}{\dfrac{1}{C_0} + \dfrac{1}{C_S}} \tag{9.77}$$

由式(9.77)可知，MIS 结构的总电容相当于绝缘层电容和半导体表面层电容的串联，因此 MIS 结构电容的等效电路如图 9.11 所示。

为分析 MIS 电容，还需要半导体电容的具体形式，由式(9.32)得

$$C_S = \left| \frac{dQ_S}{dV_S} \right| = \frac{\varepsilon_{rs} \varepsilon_0}{\sqrt{2} L_D} \frac{\left\{ \left[-\exp\left(-\dfrac{qV_S}{KT} \right) + 1 \right] + \dfrac{n_{p0}}{p_{p0}} \left[\exp\left(\dfrac{qV_S}{KT} \right) - 1 \right] \right\}}{F\left(\dfrac{qV_S}{KT}, \dfrac{n_{p0}}{p_{p0}} \right)} \tag{9.78}$$

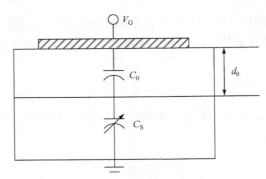

图 9.11 MIS 结构等效(电容串联)电路

还是以 P 型半导体为衬底的 MIS 结构做解释说明。

(1) 多数载流子积累状态的电容，由式(9.43)可知

$$C_S = \left|\frac{dQ_S}{dV_S}\right| = \frac{\varepsilon_{rs}\varepsilon_0}{\sqrt{2}L_D}\exp\left(-\frac{qV_S}{2KT}\right) \tag{9.79}$$

(2) 平带状态的电容，由式(9.29)可知 $F\left[qV_S/(KT), n_{p0}/p_{p0}\right] = 0$，根据式(9.78)，我们不能直接将 $V_S = 0$ 代入，因为这时给出的是不定值，应该由 $V_S \to 0$ 的极限求出表达式，我们对式(9.78)中 e 指数函数进行级数展开，取到 V_S 的二次项即可，化简有

$$C_S = \frac{\varepsilon_{rs}\varepsilon_0}{L_D}\frac{\left[1 - \frac{qV_S}{2KT} + \frac{n_{p0}}{p_{p0}}\left(1 + \frac{qV_S}{2KT}\right)\right]}{\left(1 + \frac{n_{p0}}{p_{p0}}\right)^{\frac{1}{2}}}$$

平带时，V_S 趋近于 0，则此时平带半导体电容记为

$$C_{FBS} = \frac{\varepsilon_{rs}\varepsilon_0}{L_D}\left(1 + \frac{n_{p0}}{p_{p0}}\right)^{1/2}$$

再考虑到 P 型半导体中 $n_{p0} \ll p_{p0}$，平带电容可进一步化为

$$C_{FBS} = \frac{\varepsilon_{rs}\varepsilon_0}{L_D} \tag{9.80}$$

(3) 耗尽状态的电容，由式(9.49)和式(9.78)可得

$$C_S = \frac{\varepsilon_{rs}\varepsilon_0}{\sqrt{2}L_D}\frac{1}{\left(\frac{qV_S}{KT}\right)^{1/2}}$$

再由式(9.28)的德拜屏蔽长度关系，考虑到电离饱和时 $p_{p0} = N_A$，可得

$$C_S = \left(\frac{N_A q\varepsilon_{rs}\varepsilon_0}{2V_S}\right)^{1/2} \tag{9.81}$$

(4) 强反型状态的电容，由式(9.69)和式(9.78)可得

$$C_S = \frac{\varepsilon_{rs}\varepsilon_0}{\sqrt{2}L_D}\left[\frac{n_{p0}}{p_{p0}}\exp\left(\frac{qV_S}{KT}\right)\right]^{1/2} = \frac{\varepsilon_{rs}\varepsilon_0}{\sqrt{2}L_D}\left(\frac{n_s}{p_{p0}}\right)^{1/2} \tag{9.82}$$

现在，根据以上结论分析理想 P 型衬底的 MIS 结构的 C-V 特性，下面做详细说明。

当外加偏压 V_G 为负值时，为载流子积累或堆积区，半导体表面层中空穴堆积在表面，将这种情况下，即多数载流子积累状态下的表面空间电荷层的电容公式(9.79)代入式(9.77)得

$$\frac{C}{C_0} = \frac{1}{1+\dfrac{\sqrt{2}C_0 L_D}{\varepsilon_0\varepsilon_{rs}}\exp\left(\dfrac{qV_S}{2KT}\right)} \tag{9.83}$$

当负偏压 V_G 很大时，V_S 也为负值，且其绝对值也较大，则式(9.83)分母中的第二项约为零，则 $C = C_0$，即 MIS 结构的总电容就等于绝缘层电容 C_0。这是因为半导体空间电荷区电势 V_S 很大，使电荷都集中在表面，相当于电荷都聚集在绝缘层的两边，MIS 总电容即绝缘层电容。又因为 C_0 是不随外偏压变化的常量，MIS 结构的总电容 C 在此情况下也不随电压 V_G 变化，如图 9.12 中 A-B 段所示。当 V_G 仍为负偏压但绝对值较小时，V_S 也是负值，并且其绝对值也随 V_G 的减小而减小，式(9.83)分母中第二项值随 V_S 绝对值的减小而增大，不能忽略，最终导致 C/C_0 减小，如图 9.12 B-C 段所示。

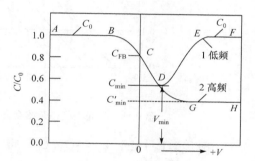

图 9.12 P 型衬底 MIS 结构 C-V 特性曲线

当外加偏压 $V_G = 0$ 时，半导体表面层电势 $V_S = 0$，能带不再弯曲，即平带情况。半导体表面层电容由式(9.80)表示，将其代入式(9.77)可得

$$\frac{C}{C_0} = \frac{C_{FB}}{C_0} = \frac{1}{1+\dfrac{\varepsilon_{ro}}{\varepsilon_{rs}}\left(\dfrac{\varepsilon_{rs}\varepsilon_0 KT}{q^2 N_A d_0^2}\right)^{1/2}} \tag{9.84}$$

式中，C_{FB} 定义为平带时的总电容。在用 MIS 结构的 C-V 特性测量半导体表面参数时，常需要计算 C_{FB}/C_0 值，称为归一化平带电容，因此利用式(9.84)做出了一簇曲线以供查阅，如图 9.13 所示。由图 9.13 知，当绝缘层厚度一定时，N_A 越大，C_{FB}/C_0 就越大，因为半导体载流子浓度越大，表面空间电荷区越薄，总电容与绝缘层电容越接近；当 N_A 一定时，绝缘层厚度越大，C_0 越小，C_{FB}/C_0 也就越大。

当外加偏压 $V_G > 0$，但绝对值较小时，为耗尽区，空间电荷区处于耗尽状态，MIS 电容由式(9.81)表示，将其代入式(9.77)得

$$\frac{C}{C_0} = \frac{1}{1+\dfrac{\varepsilon_{r0}}{\varepsilon_{rs}d_0}\left(\dfrac{2\varepsilon_{rs}\varepsilon_0 V_S}{p_{p0}q}\right)^{1/2}} \tag{9.85}$$

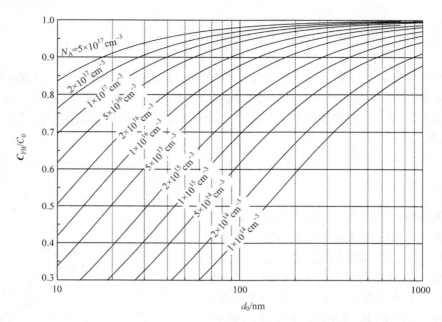

图 9.13 衬底不同掺杂浓度下 MOS 归一化平带电容与氧化层厚度关系

由 $V_G = V_0 + V_s$，$V_0 = -Q_S / C_0$，得

$$V_S - Q_S / C_0 - V_G = 0$$

将式(9.49)代入上式得

$$V_S + \frac{\left(2\varepsilon_{rs}\varepsilon_0 p_{p0}q\right)^{1/2} d_0}{\varepsilon_{ro}\varepsilon_0}\left(V_S\right)^{1/2} - V_G = 0$$

由以上方程可解得

$$\left(V_S\right)^{1/2} = -\frac{\left(2\varepsilon_{rs}\varepsilon_0 p_{p0}q\right)^{1/2} d_0}{2\varepsilon_{ro}\varepsilon_0} + \frac{1}{2}\left(\frac{2\varepsilon_{rs}p_{p0}qd_0^2}{\varepsilon_{ro}^2\varepsilon_0} + 4V_G\right)^{1/2}$$

将上式代入式(9.85)，并令 $p_{p0} = N_A$，整理得

$$\frac{C}{C_0} = \frac{1}{\left(1 + \dfrac{2\varepsilon_{ro}^2\varepsilon_0 V_G}{\varepsilon_{rs}qN_Ad_0^2}\right)^{1/2}} \tag{9.86}$$

式(9.86)即耗尽区 MIS 电容随外偏压 V_G 的变化规律。当 V_G 增大时，C/C_0 减小，如图 9.12 中的 C-D 段所示。可以理解为，由于在耗尽状态下，V_G 增大，V_S (> 0) 则增大，表面空间电荷区厚度 x_d 也随之增大。而 x_d 增大会使半导体表面层电容 C_S 减小，从而使 C/C_0 减小。

当外加偏压 V_G (> 0) 继续增大时，表面处的本征费米能级 E_i 继续下降，当 E_i 下降到体内费米能级 E_F 之下后，就会出现 9.2 节所述的反型层，这时半导体表面变为 N 型。由之前的讨论可知，当外加电压增加到使表面势 $V_S > 2V_B$ 时(V_B 为费米势)，耗尽层宽度保持在极大值 x_{dm}，表面处出现强反型层，表面空间电荷层电容 C_S 由式(9.82)表示，将其代入式(9.77)得

$$\frac{C}{C_0} = \cfrac{1}{1 + \cfrac{\sqrt{2}\varepsilon_{ro}L_D}{\varepsilon_{rs}d_0\left[\cfrac{n_{p0}}{p_{p0}}\exp\left(\cfrac{qV_S}{KT}\right)\right]^{1/2}}} \tag{9.87}$$

当强反型时，$V_S > 0$ 且 $|V_S|$ 较大，$qV_S > 2qV_B \gg KT$，式(9.87)分母中的第二项约等于零，$C/C_0 = 1$，随着外加偏压 V_G 的增大，MIS 电容上升并最终等于绝缘层电容，如图 9.12 中的 EF 段所示。这是因为当强反型出现后，电子都集中在半导体表面，电荷相当于分布在绝缘层的两边，MIS 总电容即相当于绝缘层电容。但是需要说明，式(9.87)只适用于信号频率较低或静电压情况。

当信号频率较高时，反型层中电子的产生和复合跟不上高频信号的变化，因而反型层中的电子数量不再随信号的改变而改变。在高频信号时，反型层中的电子对电容没有影响，空间电荷区的电容仍由耗尽层的电荷变化决定。强反型时，耗尽层的宽度将达到最大值 x_{dm} 并不再随外加偏压 V_G 变化，同时，耗尽层的电容也将达到极小值 C'_{min} 并不随 V_G 变化，那么 C/C_0 也达到最小值并不随 V_G 变化，如图 9.12 中的 GH 段所示。此时，耗尽层电容应为 $\varepsilon_{rs}\varepsilon_0/x_{dm}$，绝缘层电容仍为 $\varepsilon_{r0}\varepsilon_0/d_0$，此时总电容为两者串联，代入式(9.77)得

$$\frac{C'_{min}}{C_0} = \cfrac{1}{\left(1 + \cfrac{\varepsilon_{ro}x_{dm}}{\varepsilon_{rs}d_0}\right)} \tag{9.88}$$

再将式(9.70)代入式(9.88)得

$$\frac{C'_{min}}{C_0} = \cfrac{1}{\left\{1 + \cfrac{2\varepsilon_{ro}}{q\varepsilon_{rs}d_0}\left[\cfrac{\varepsilon_{rs}\varepsilon_0 KT}{N_A}\ln\left(\cfrac{N_A}{n_i}\right)\right]^{1/2}\right\}}$$

由上式，在反型区，当温度一定时，C'_{min}/C_0 为绝缘层厚度 d_0 及衬底掺杂浓度 N_A 的函数。当 d_0 也固定时，N_A 越大，C'_{min}/C_0 就越大。如图 9.14 所示，因此我们可以用以上关系测定半导体表面的杂质浓度。

图 9.15 表示在不同频率下电容-电压特性曲线的实验结果。由图 9.15 可知，在开始强反型时，用低频信号测得的电容值接近绝缘层电容 C_0。以上讨论说明，频率对 C-V 特性的影响来源于反型层中电子(少子)的产生与复合随外加偏压的变化。因此，如果增加耗尽层中电子的产生与复合率，C-V 特性就会从高频向低频特征过渡。例如，温度和光照等因素都可增加载流子的复合和产生率，因此，在一定信号频率下，这些因素会引起 C-V 特性从高频型向低频型过渡。

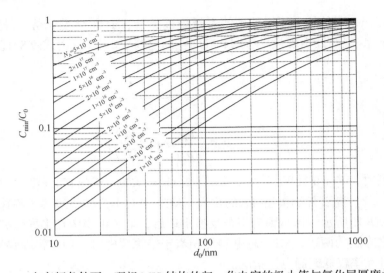

图 9.14 在高频条件下，理想 MIS 结构的归一化电容的极小值与氧化层厚度关系

以上讨论是基于 P 型半导体，对于 N 型半导体，其电容-电压特性如图 9.16 所示。

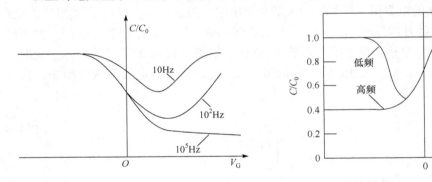

图 9.15 测量频率对 MIS 结构 C-V 特性影响   图 9.16 N 型半导体 MIS 结构的 C-V 特性

综上，对于理想 MIS 结构，当半导体材料及绝缘层材料一定时，其电容-电压特性随半导体材料杂质浓度及绝缘层厚度 d_0 而变化。可以根据 C-V 特性曲线分析研究半导体表面性质，如半导体表面的掺杂浓度等。

例题 导出理想 MOS 结构的开启电压随温度变化的关系式。

解 以 P 型 Si 为例，MOS 结构开启要求器件刚处于强反型，设开启电压为

$$V_T = V_0 + V_S$$

式中，V_0 是绝缘层上的电压降；V_S 是半导体表面势，即半导体表面空间电荷区的电压降。则

$$V_T = -\frac{Q_S}{C_0} + V_S$$

半导体表面空间电荷区出现强反型层，其表面负电荷由两部分组成。

(1) 电离受主电荷面密度 $Q_A = -qN_A x_{dm}$，x_{dm} 为强反型时空间电荷区宽度。

(2) 反型的电子面密度 Q_n。即

$$Q_S = Q_A + Q_n$$

在刚开启时，$Q_A \gg Q_n$，所以半导体表面空间电荷区的电荷为耗尽层最大电荷。即

$$Q_S = -\frac{\sqrt{2}\varepsilon_{rs}\varepsilon_0}{L_D}\left(\frac{KT}{q}\right)^{1/2}(V_S)^{1/2}$$

式中，德拜屏蔽长度

$$L_D = \left(\frac{\varepsilon_{rs}\varepsilon_0 KT}{q^2 p_{p0}}\right)^{1/2} = \left(\frac{\varepsilon_{rs}\varepsilon_0 KT}{q^2 N_A}\right)^{1/2}$$

开启时

$$V_S = 2V_B = \frac{2KT}{q}\ln\frac{N_A}{n_i}$$

$$Q_S = -\frac{\sqrt{2}\varepsilon_{rs}\varepsilon_0}{\left(\dfrac{\varepsilon_{rs}\varepsilon_0 KT}{q^2 p_{p0}}\right)^{\frac{1}{2}}}\left(\frac{KT}{q}\right)^{1/2}\left(\frac{2KT}{q}\ln\frac{N_A}{n_i}\right)^{1/2} = -\sqrt{4\varepsilon_{rs}\varepsilon_0 KTN_A \ln\frac{N_A}{n_i}}$$

所以

$$V_T = V_0 + V_S = -\frac{Q_S}{C_0} + V_S = \frac{\left(4\varepsilon_{rs}\varepsilon_0 KTN_A \ln\dfrac{N_A}{n_i}\right)^{1/2}}{C_0} + \frac{2KT}{q}\ln\frac{N_A}{n_i}$$

9.3.2　实际 MIS 结构的电容及其电容-电压特性

1. 金属与半导体功函数差对 MIS 结构 $C\text{-}V$ 特性的影响[2]

在前面讨论的理想 MIS 结构电容-电压特性分析中，假设金属和半导体没有功函数差，绝缘层中也没有电荷。然而实际上这些因素都会影响 MIS 结构中的电场分布，从而影响其 $C\text{-}V$ 特性。反过来将实际 $C\text{-}V$ 特性与理想 $C\text{-}V$ 特性对比，便可以获得 MIS 结构中实际信息。

下面以铝-二氧化硅-硅(Al-SiO$_2$-Si)组成的 MIS 结构为例，分析其实际 $C\text{-}V$ 特性。仍假设硅为 P 型，由于 Si 的功函数大于 Al 的功函数，金属 Al 的费米能级比半导体 Si 要高，当两者连接起来后，电子从金属流向半导体，在 P 型 Si 的表面层内形成带负电的空间电荷区，金属表面留下正电荷。这种电荷分离使 Al 和 Si 间产生电场，电场方向指向 Si，使 Si 的表面层中的能带朝表面向下弯曲，Si 体内的费米能级升高，与 Al 的费米能级达到平衡。如图 9.17(a)所示，这时 Si 原来的费米能级相对于 Al 提高的数值为 $qV_{ms} = W_s - W_m$，其中，W_s 和 W_m 分别为半导体和金属的功函数，V_{ms} 是电势的变化。

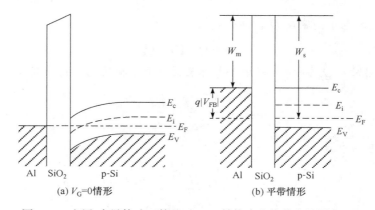

(a) $V_G=0$情形   (b) 平带情形

图 9.17   金属-半导体功函数差对 MIS 结构中电势分布的影响

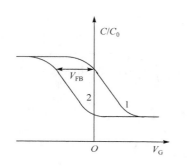

图 9.18   功函数差对 $C\text{-}V$ 特性曲线的影响
1-理想 $C\text{-}V$ 曲线；2-实际 $C\text{-}V$ 曲线

因此，当 MIS 结构中的金属和半导体功函数差不为 0 时，即使没有外加偏压，半导体表面层也不会处于平带状态。要想获得平带状态，要加一个负(相反)的外偏压，使外电场抵消功函数差带来的内电场，从而消除能带弯曲。如图 9.17(b)所示，需要的外偏压为 $V_{FB}=-V_{ms}=(W_m-W_s)/q$。此时，与理想 MIS 结构相比，平带电压从 0 平移到 V_{FB}，如图 9.18 所示，$C\text{-}V$ 曲线向左平移 V_{FB}。图 9.18 中曲线 1 是理想 $C\text{-}V$ 曲线，曲线 2 是有金属-半导体功函数差的情况下的实际 $C\text{-}V$ 曲线，从曲线 1 的 C_{FB}/C_0 处引出与电压轴平行的直线，与曲线 2 的交点横坐标对应实际情况时产生平带所需的电压(负电压)，这里称为 V_{FB}。

2. 绝缘层中电荷对 MIS 结构 $C\text{-}V$ 特性的影响[2,28]

一般 MIS 结构的绝缘层(如 SiO_2)不可避免地存在电荷，这些电荷对 $C\text{-}V$ 特性是有影响的。如图 9.19(a)所示，假设绝缘层中有一薄层电荷，单位面积电量为 Q，离金属表面的距离为 x。在外加偏压 $V_G=0$ 时，绝缘层中的电荷会在金属和半导体表面层中感应出相反符号的电荷，这些电荷在 MIS 结构中引入电场，使能带发生弯曲，影响其 $C\text{-}V$ 特性。如同前面讨论的功函数差，没有外加偏压时，绝缘层中的电荷也会使半导体表面层偏离平带状态，需要施加(相反作用的)外偏压才能使其恢复。当绝缘层中的电荷是正电荷时，半导体中的感应电荷是负的，能带朝半导体表面向下弯曲。如果在金属上加负电压(相对于半导体衬底的接地端)，外加电场会加强金属绝缘体之间的电场而削弱绝缘体和半导体之间的电场，金属表面负电荷会增加，半导体表面层负电荷会减少，当负压足够大时，可以使半导体表面层中的感应电荷消失，使其恢复到平带状态。此时电场只存在于金属表面和绝缘层薄层电荷之间，如图 9.19(b)所示。在本例子中，在平带时栅压为 V_G，即平带电压 $V_{FB}=-|E|x$，这里 E 是平带时金属和氧化层电荷之间的电场，根据高斯定理，电

荷面密度等于电位移 $Q = D = \varepsilon_{\mathrm{ro}}\varepsilon_0 |E|$，所以可得平带电压

$$V_{\mathrm{FB}} = -\frac{xQ}{\varepsilon_{\mathrm{ro}}\varepsilon_0} \tag{9.89}$$

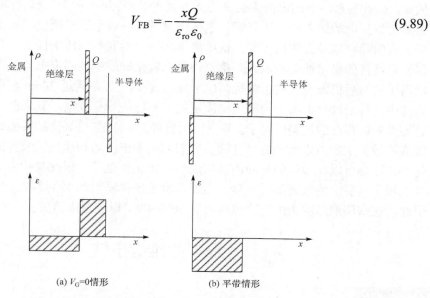

(a) V_G=0情形　　(b) 平带情形

图 9.19　绝缘层中薄层电荷及其诱导产生的电场

又因为绝缘层单位面积电容 $C_0 = \varepsilon_{\mathrm{ro}}\varepsilon_0 / d_0$，式(9.89)可化为

$$V_{\mathrm{FB}} = -\frac{xQ}{d_0 C_0} \tag{9.90}$$

由式(9.90)，平带电压和绝缘层中电荷所处位置 x 有关(将金属与绝缘层的交界面设为0)，薄层电荷靠近半导体层，对 C-V 特性影响增大，当薄层电荷在半导体表面附近时 $x \to d_0$，V_{FB} 有最大值 $V_{\mathrm{FB}} = -Q/C_0$；薄层电荷靠近金属层，对 C-V 特性影响减少，当 $x \to 0$，即薄层电荷靠近金属表面时，$V_{\mathrm{FB}} = 0$。在实际器件中，绝缘层中电荷的分布可以认为是许多个薄层电荷的叠加，可由积分求得平带电压。假设 x 处的电荷密度为 $\rho(x)$，则在 $x \to x+\mathrm{d}x$ 间的薄层内电荷面密度为 $\rho(x)\mathrm{d}x$，则相应平带电压为

$$\mathrm{d}V_{\mathrm{FB}} = -\frac{x\rho(x)}{d_0 C_0}\mathrm{d}x \tag{9.91}$$

对式(9.91)积分得到总的平带电压

$$V_{\mathrm{FB}} = -\frac{1}{C_0}\int_0^{d_0}\frac{x\rho(x)}{d_0}\mathrm{d}x \tag{9.92}$$

即 MIS 结构的平带电压受绝缘层中电荷的分布的影响，因此绝缘层中电荷的存在也会导致 C-V 特性曲线平移。

综上，当金属-半导体功函数差和绝缘层中电荷都考虑时，平带电压应为

$$V_{\mathrm{FB}} = -V_{\mathrm{ms}} - \frac{1}{C_0}\int_0^{d_0}\frac{x\rho(x)}{d_0}\mathrm{d}x \tag{9.93}$$

绝缘层中存在各种类型的电荷,不同类型的电荷对 MIS 结构性质的影响能力也不同。例如,Si-SiO$_2$ 系统中的电荷主要分为 4 种基本类型:第一种为二氧化硅层中的可动离子。主要是带正电的钠离子,还有钾、氢等正离子,一般来源于所使用的化学试剂、玻璃器皿、高温器材以及人体沾污等。这些离子在一定温度和偏压条件下可在二氧化硅层中迁移,对器件的稳定性影响最大。第二种是二氧化硅层中的固定电荷,以各种措施消除可动离子沾污后仍发现大量正电荷,位于硅-二氧化硅界面附近 20nm 范围内,不能在二氧化硅中迁移。这些电荷的面密度是固定的,不能进行充放电。其来源可能认为是二氧化硅界面附近存在的过剩硅离子。第三种为界面态,即硅-二氧化硅界面处位于禁带中的能级或能带,主要由未饱和的悬挂键、硅表面的晶格缺陷和损伤以及界面处杂质等引起。这些界面态可以在很短的时间内和衬底半导体交换电荷,因此又称为快界面态。第四种为二氧化硅层中的电离陷阱电荷,主要是由于各种辐射和 X 射线、γ 射线、电子射线等引起,这些辐照感应出的空间电荷可以通过 300℃ 以上退火消去。

9.4 二维电子气

教学要求

1. 了解二维电子气的来源及对电导的影响。
2. 理解二维电子气具有高迁移率的物理成因。

由 MIS 结构可以制成 MIS 晶体管。例如,在 P 型衬底的 MOS 系统中增加两个 N 型扩散区,分别称为源区(source)和漏区(drain),金属部分称为栅极(gate),此时相当于两个背靠背的 PN 结,即使在源和漏之间加上电压时,也没有明显的电流。根据前面的讨论,通过栅压可以控制半导体表面层中的电子分布,当栅极正电压大于一定值以后,MIS 结构处于强反型区,在半导体表面形成以电子导电的反型层,把源区和漏区连通,形成导电沟道,此时,在源和漏之间施加电压就会有明显的电流通过,即晶体管导通。因此,反型层的电子状态将会影响到 MIS 结构的电导性质,而反型层的大量电子是被限制在半导体表面一个非常薄的层内,处于一个很窄的势阱中,其状态为二维电子气(two-dimensional electron gas,2DEG)。因此,研究二维电子气的特性对理解、调控 MIS 性能以及设计的新型电子器件具有重要意义。

9.4.1 二维电子气概念简介

二维电子气是指在 2 个维度上可以自由移动而在第 3 个维度上被严格约束住的电子气。例如,在半导体表面施加与表面垂直的电场,在表面附近形成电子势阱,便会积累起大量电子,这些电子在表面层中可以自由运动,而在垂直于表面方向的运动会受到限制。二维电子气平行于表面运动的能量是连续的,而垂直于表面运动的能量则是分立的,即呈现量子化特征。二维电子气具有高的迁移率以及许多量子特性,它是许多场效应器件的工作基础。

9.4.2　MIS 结构中存在的二维电子气

在前面讨论的 P 型沟道 MIS 结构中，当处于强反型状态时，半导体表面反型层能带弯曲严重，在半导体表面处可积累大量电子，两侧势垒较高，形成电子的量子势阱，如图 9.7(c) 所示。一般反型层厚度非常小，当其厚度小到能与电子德布罗意波长相比较时，反型层中的电子处于半导体表面处很窄的空间中，处于此量子阱中的电子在平行于半导体表面方向可自由运动，而在垂直于半导体表面的方向受到强约束，由于量子效应，垂直于表面方向运动的能量是量子化的。因此，反型层中积累的电子的运动可以看作平行于界面的准二维运动。

MIS 结构中的二维电子气使其拥有优异的载流子输运特性。主要原因有：①二维电子气中电子浓度高，具有强的屏蔽作用；②二维电子气中电子聚集在半导体表面的一个薄层内，与电离杂质空间分离，受到的库仑散射少，迁移率高。所以利用高迁移率二维电子气制成的典型器件为高电子迁移率晶体管。

9.4.3　高电子迁移率晶体管中二维电子气

高电子迁移率晶体管(high electron mobility transistor，HEMT)是利用异质结或调制掺杂结构中产生二维电子气高迁移率特性的场效应晶体管，又被称为调制掺杂场效应晶体管(MODFET)、二维电子气场效应晶体管(2-DEGFET)、选择掺杂异质结晶体管(SDHT)。

利用分子束外延技术，能够生长出界面非常完整的半导体异质结，再经过调制掺杂构成 HEMT 的基本结构，即调制掺杂异质结。以最常见的 AlGaAs/GaAs 异质结为例，在宽带隙的 AlGaAs 中重掺杂施主，而在 GaAs 中不掺入杂质。由于重掺杂 N 型 AlGaAs的费米能级在导带底附近，而 GaAs 费米能级在禁带中间部位，比 AlGaAs 费米能级低得多，当两者形成异质结后，电子会从 AlGaAs 一侧注入 GaAs 一侧，最后达到平衡，两者费米能级对齐。AlGaAs 一侧形成电子耗尽层，GaAs 一侧有电子积累，在结处形成空间电荷区。空间电荷区的自建电场会使结附近的能带发生弯曲，如图 9.20 所示，在 GaAs一侧近结处形成电子势阱。GaAs 层中的电子被限制在势阱中运动，与 MIS 反型层类似，

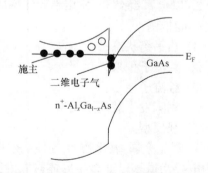

图 9.20　n^+-AlGaAs/GaAs 异质结界面处能带图

垂直于界面方向的电子运动是量子化的，而在平行于界面方向的电子运动是自由的，即二维电子气。

在以上异质结中，可以使 GaAs 层中有很高的电子浓度，但不含电离杂质，因为电子源自重掺杂的 AlGaAs 层。而电子输运则发生在不掺杂的 GaAs 层中，即高浓度的二维电子气在空间上与它的施主中心分离，电子所受到的库仑散射大为减弱，因而迁移率明显提高，尤其提高在低温下的迁移率。同样道理，这在很大程度上缓解了 MISFET 结构

中掺杂浓度与迁移率之间的突出矛盾，从而获得了高电导率的导电沟道。

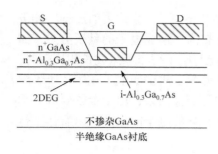

图 9.21 高电子迁移率晶体管示意图

基于异质结调制掺杂结构的高电子迁移率特性已在半导体微波和毫米波器件中得到重要应用，其中一种就是高电子迁移率晶体管。图 9.21 是用 n^+-$Al_{0.3}Ga_{0.7}As$ 与不掺杂 GaAs 在半绝缘 GaAs 衬底上制作的 HEMT 结构示意图。在 n^+-$Al_{0.3}Ga_{0.7}As$ 与不掺杂 GaAs 间又夹了一层厚度约 3nm 的不掺杂/绝缘 i-$Al_{0.3}Ga_{0.7}As$ 隔离层，是为了进一步防止界面处 GaAs 层中的二维电子气与 n^+-$Al_{0.3}Ga_{0.7}As$ 接触时受到掺杂区电离杂质的散射作用而使电子迁移率有所降低。

此外，二维电子气还具有许多奇特的性质。例如，在低温下利用 MOSFET 来测量沟道中二维电子气的霍尔效应时，发现器件的霍尔电导是一系列量子化的数值，称为整数量子霍尔效应[29]。又如在更低温度下利用 HEMT 来测量异质结沟道中二维电子气的霍尔效应时，发现霍尔电导是一系列更为特殊的量子化数值，称为分数量子霍尔效应[30]。这些量子效应都是二维电子气在低温下所呈现出来的一些奇特的性质。

习　题

1. 以 P 型硅衬底为例，推导使半导体表面恰为本征时的表面电场强度、表面电荷密度和表面电容的表示式。

2. 以金属-绝缘体-N 型半导体构成的理想 MIS 结构为例，分别画出下列五种情况下的简化能带图：
　① 热平衡状态；
　② 载流子积累；
　③ 载流子耗尽；
　④ 刚刚发生载流子反型；
　⑤ 强反型。

3. 对于金属-氧化物-半导体场效应晶体管，要利用半导体表面附近形成的强反型层作为电导沟道。以 P 型半导体衬底为例，强反型层开始出现的条件是表面处的电子浓度等于体内的平衡空穴浓度。
　① 画出这种情况下的能带图。
　② 证明：开始出现强反型层，表面势 V_s 为 $V_s = 2V_B$，这里 qV_B 表示半导体内部本征费米能级 E_i 与费米能级 E_F 之差。

4. 设 P 型硅中受主浓度 $N_A = 1.5 \times 10^{16}\ \text{cm}^{-3}$，试计算开始出现强反型层时的表面势和空间电荷区宽度。(硅的相对介电常数为 12)。

5. 对于施主浓度为 N_D 的 N 型半导体。试证明：开始出现强反型时，表面空间电荷区中恰好变为本征半导体的位置与空间电荷区边界的距离

$$d = \left(\frac{2 \cdot \varepsilon_{rs} \cdot \varepsilon_0}{q^2 \cdot N_D} KT \ln \frac{N_D}{n_i} \right)^{1/2}$$

6. 理想 MOS 电容器，衬底是掺杂浓度 $N_A = 1.5 \times 10^{15} \mathrm{cm}^3$ 的 P 型硅。如果氧化层厚度 $d_0 = 0.1 \mu m$ 时，阈值电压 $V_T = 1.1 \mathrm{V}$。求氧化层厚度 $d_0 = 0.2 \mu m$ 时的阈值电压。

7. 以铝-二氧化硅-P 型硅组成的 MOS 结构为例，画出能带图并说明金属-半导体的功函数差对半导体表面势和能带的影响。

8. 分别绘出 N 型半导体的理想 MIS 电容在低频和高频情况下的 C-V 特性曲线，分段解释电容随偏压变化的物理原因。

9. 简述在金属-SiO₂-Si 结构的绝缘层中的空间电荷种类。

10. 在 MIS 结构中，解释二维电子气如何形成，分析二维电子气拥有高迁移率的内在物理原因。

11. 一个 P 型半导体，在表面存在施主型表面态，它们均匀地分布在导带底和本征费米能级之间，表面态密度为 $N_s \left(\mathrm{cm^{-2} eV^{-1}} \right)$ 是常数，在表面态使半导体表面恰好为本征时，求出 N_s 与受主浓度 N_A 之间的函数关系。

第 *10* 章

半导体的光学与光电性质

与电学性质一样，半导体材料的光学性质也是半导体材料的基本物理性质之一。利用半导体光学性质制作的半导体光电器件和半导体光子器件是今后半导体科学发展的重要方向。同时，光学方法也是研究半导体材料和检测半导体材料各类参数的重要手段之一。在本章中，将重点讨论半导体材料的基本光学性质和光电效应。

10.1　半导体的光学性质

1. 光的折射率与吸收系数的定义。
2. 光的反射率、透射率的定义；反射系数、透射系数的意义。

光是由光子组成的。光子是微观粒子，具有微观粒子的二象性(粒子性和波动性)。从本质上来说，光是一种电磁波，因此，光在不带电的介质中传播时，应服从电磁理论中的麦克斯韦方程组。

本节将主要讨论半导体的常见光学性质。

10.1.1　折射率和吸收系数

1. 光的折射率与消光系数

按照电磁波理论，折射率定义为

$$N^2 = \varepsilon - \mathrm{i}\frac{\sigma}{\omega\varepsilon_0} \tag{10.1}$$

式中，ε 和 σ 分别是光的传播介质的介电常数和电导率；ω 是光的角频率；ε_0 是真空介电常数。显然，当 $\sigma \neq 0$ 时，N 是复数，称为复折射率。复数 N 可以表示为

$$N = n - \mathrm{i}k$$

式中，n 与 k 均为实数。所以

$$N^2 = n^2 - k^2 - 2\mathrm{i}nk \tag{10.2}$$

比较式(10.1)与式(10.2)可得

$$n^2 - k^2 = \varepsilon , \quad 2nk = \frac{\sigma}{\omega\varepsilon_0} \tag{10.3}$$

在式(10.1)中，复折射率 N 的实部 n 就是通常所说的折射率，它反映真空光速 c 与光

波在介质中的传播速度 v 之间的比值；k 称为消光系数，是表征光能衰减程度的物理量。光作为电磁辐射，在不带电的、$\sigma \neq 0$ 的导电介质中沿着 x 方向传播时，其传播速度取决于折射率的实部，为 c/n；其振幅在传播过程中以 $\exp(-\omega kx/c)$ 的形式衰减，光的强度 I 则按照 $\exp(-2\omega kx/c)$ 的形式衰减，即

$$I = I_0 \exp\left(-\frac{2\omega kx}{c}\right)$$
(10.4)

2. 吸收系数

光在介质中的传播存在衰减，说明介质对光存在着吸收作用。实验发现介质中光的衰减是与光的强度成正比的，即

$$\frac{\mathrm{d}I}{\mathrm{d}x} = -\alpha I$$
(10.5)

式中，比例系数 α 与光的强度无关，称为光的吸收系数。将式(10.5)积分可得

$$I = I_0 \mathrm{e}^{-\alpha x}$$
(10.6)

式(10.6)表明，当光从介质表面进入并在介质中传播距离为 $\frac{1}{\alpha}$ 时，其强度衰减到入射强度的 $\frac{1}{e}$。对比式(10.4)与式(10.6)，可得吸收系数为

$$\alpha = \frac{2\omega k}{c} = \frac{4\pi k}{\lambda}$$
(10.7)

式中，λ 是光在真空中的波长。

10.1.2　反射率和透射率

1. 光的反射率

当光从一种介质入射到另一种介质时，将入射界面对入射光的反射率 R 定义为反射光强与入射光强之比，透射率 T 定义为透射光强与入射光强之比。根据能量守恒，必有

$$R + T + A = 1$$
(10.8)

式中，A 为材料的吸收率，表示被介质吸收的光强与入射光强之比。

当光照射到物体表面时，一般都会发生反射。当光从介质 1 照射到介质 2 时，两种介质的界面对光的反射率由式(10.9)决定

$$R = \frac{(n_2 - n_1)^2 + (k_2 - k_1)^2}{(n_2 + n_1)^2 + (k_2 + k_1)^2}$$
(10.9)

式中，n_1 和 n_2 分别为介质 1 和介质 2 的折射率；k_1 和 k_2 分别是介质 1 和介质 2 的消光系数。如果光从空气中入射到复折射率为 $N = n - ik$ 的介质中时，由于空气的折射率为 1 而消光系数近似为 0，因此反射率 R 可以化简为

$$R = \frac{(n-1)^2 + k^2}{(n+1)^2 + k^2} \qquad (10.10)$$

如果介质的吸收性能很弱，则消光系数 k 会很小，甚至忽略。此时，反射率简化为 $R = \frac{(n-1)^2}{(n+1)^2}$，其大小将主要取决于介质与空气的折射率之差。由于大多数半导体的折射率都比空气的折射率大很多，所以反射率都比较大。

根据能量守恒，比例为 $1-R$ 的光将透过界面进入介质而在内部继续传播。

2. 光的透射率

如图 10.1 所示，强度为 I_0 的光垂直入射到厚度为 d 和均匀吸收系数为 α 的晶体片，考虑到晶体的前后表面都会对入射光起到反射和透射的作用，且反射率均为 R，则在前反射面的入射光强度为 I_0，反射光强度为 RI_0，透射到晶体内的光强度为 $(1-R)I_0$。由式(10.6)可得，经过晶体片的吸收而衰减后，到达后表面的光强为 $(1-R)I_0 \exp(-\alpha d)$。而这部分光在出射面又将有比例为 R 的光反射回晶体片里，因而透射光强实际应为 $(1-R)^2 I_0 \exp(-\alpha d)$，但这只是初级透射光，其中一部分光仍然会通过这种方式在晶体片内反复反射，周而复始。如果晶体片足够厚，则多次反射的贡献可以忽略。

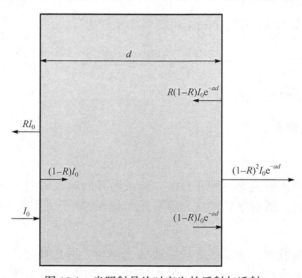

图 10.1 光照射晶片时产生的反射与透射

如果只考虑光的初级透射，则厚度为 d 的均匀晶体片对入射光的透射率按定义可以表示为

$$T = (1-R)^2 \exp(-\alpha d) \qquad (10.11)$$

如果考虑光在两界面之间的多次反射，则透射率可表示为

$$T = \frac{(1-R)^2 \exp(-\alpha d)}{1 - R^2 \exp(-2\alpha d)} \qquad (10.12)$$

该形式主要应用于薄膜样品,尤其是吸收系数较低的样品。

10.1.3 半导体的色散与极化率

色散是指材料的物理量受光波长影响的现象。材料的介电常数 ε 与入射光频率 ω 有关,可以表示为 $\varepsilon(\omega)$。介质中的束缚电子和自由电子都对 $\varepsilon(\omega)$ 有贡献,但讨论色散问题时,分别讨论它们的作用较为方便。如果仅有束缚电子的作用,这种材料就是绝缘介质。如果仅有自由电子的作用,这种材料就是金属。而对于半导体而言,两者的作用都是重要的。本节将介绍半导体的光学常数(包括折射系数 n 与吸收系数 κ)及介电常数 ε 随波长变化的行为,并对半导体的电极化过程进行初步分析。

1. 经典色散关系

半导体电介质中光学常数和频率(或波长)的依赖关系(色散关系)可用洛伦兹建立的唯象理论来解释,在这个理论中,把固体看作一组振子的集合体,这些振子在入射电子辐射场的电场作用下做强迫振动。

在外加电场作用下,束缚电子离开平衡位置而引起极化。由式(10.13)

$$D = \varepsilon_0 \varepsilon E , \quad D = \varepsilon_0 E + P \tag{10.13}$$

可得到电极化强度

$$P = D - \varepsilon_0 E = \varepsilon_0(\varepsilon - 1)E \tag{10.14a}$$

式中,D 为电位移矢量;P 为电极化强度;E 为电场强度。令 $\chi = \varepsilon - 1$ 为电极化率,则 P 与 E 之间的关系可表示为

$$P = \varepsilon_0 \chi E \tag{10.14b}$$

该线性关系仅适用于低场情况,而在高场情况下,P 和 E 的关系为

$$P = \varepsilon_0 [\chi^{(1)} E + \chi^{(2)} E^2 + \chi^{(3)} E^3 + \cdots] \tag{10.15}$$

式中,$\chi^{(1)} = \varepsilon - 1$,称为线性电极化率,$\chi^{(2)}$,$\chi^{(3)}\cdots$ 称为非线性电极化率。本节仅讨论低场情况。$(\varepsilon - 1)$(或 ε)是表征介质对外电场响应的物理量。

对一个原子(或分子),其电偶极矩为

$$p = \alpha E \tag{10.16}$$

式中,α 称为原子(或分子)的极化率,它是一个基本的物理量,如 χ、ε、σ 等物理量都可由 α 表示出来。

在外加电场的作用下,束缚电子产生一个位移,该位移沿 X 轴方向。位移的束缚电子受一个正比于位移 x 的恢复力的作用,令其为 $m\omega_0^2 x$。所受的阻尼力正比于速度 $\dfrac{\mathrm{d}x}{\mathrm{d}t}$,令其为 $mg\dfrac{\mathrm{d}x}{\mathrm{d}t}$,$g$ 为阻尼因子。于是,束缚电子的运动方程可写为

$$m\frac{\mathrm{d}^2 x}{\mathrm{d}t^2} + mg\frac{\mathrm{d}x}{\mathrm{d}t} + m\omega_0^2 x = -qE_x \mathrm{e}^{\mathrm{i}\omega t} \tag{10.17}$$

式中，$E_x e^{i\omega t}$ 为外加电场。这个方程的解为

$$x = x_0 e^{i\omega t} \tag{10.18}$$

把式(10.18)代回式(10.17)可得到复数形式的振幅 x_0 为

$$x_0 = -\frac{qE_x}{m} \frac{1}{\omega_0^2 - \omega^2 + ig\omega} \tag{10.19}$$

由电偶极矩 $p = -qx_0$ 并利用式(10.16)可得

$$\alpha = \frac{q^2}{m} \frac{1}{\omega_0^2 - \omega^2 + ig\omega} \tag{10.20}$$

如果单位体积内有 N 个束缚电子，则电极化强度 $P_x = -qNx_0$ 并用式(10.14)可得

$$\chi = \varepsilon - 1 = \frac{-Nqx_0}{\varepsilon_0 E_x} = \frac{Nq^2/m\varepsilon_0}{\omega_0^2 - \omega^2 + i\omega g} \tag{10.21}$$

则

$$\varepsilon = 1 + \frac{Nq^2/m\varepsilon_0}{\omega_0^2 - \omega^2 + i\omega g}$$
$$= 1 + \frac{Nq^2}{m\varepsilon_0} \frac{\omega_0^2 - \omega^2}{(\omega_0^2 - \omega^2) + g^2\omega^2} - i\frac{Nq^2}{\varepsilon_0 m} \frac{\omega g}{(\omega_0^2 - \omega^2) + g^2\omega^2} \tag{10.22}$$

可见，介电常数为复数形式，可写为

$$\varepsilon = \varepsilon_1 - i\varepsilon_2 \tag{10.23}$$

$$\varepsilon = \overline{N^2} = (\overline{n - ik})^2 = \overline{n^2} - \overline{k^2} - i2\overline{nk} \tag{10.24}$$

比较式(10.22)～式(10.24)右边的实部和虚部可得到两个重要的经典散射关系

$$\varepsilon_1 = \overline{n^2} - \overline{k^2} = 1 + \frac{Nq^2}{\varepsilon_0 m} \frac{\omega_0^2 - \omega^2}{(\omega_0^2 - \omega^2) + g^2\omega^2} \tag{10.25a}$$

$$\varepsilon_2 = 2\overline{nk} = \frac{Nq^2}{\varepsilon_0 m} \frac{\omega_0^2 - \omega^2}{(\omega_0^2 - \omega^2) + g^2\omega^2} \tag{10.25b}$$

2. 半导体介质的电极化

研究半导体介质的色散起因就要研究其电极化过程及其规律。半导体介质中的多种极化是一些弛豫过程，极化过程的完成要经过或长或短的时间，介质极化的这种弛豫引起的介电常数与电场的频率有关，即色散现象。本节将介绍三种电极化过程及其相应的极化率常数。

在电场作用下，电介质的正负电荷中心不重合，产生电极化。描述电极化的物理量

是电极化强度 P，它与电场强度之间满足

$$P = Np = N\alpha E \tag{10.26a}$$

式中，p 是偶极矩；α 是原子极化率；N 是单位体积内偶极子个数。由于

$$P = \varepsilon_0(\varepsilon - 1)E \tag{10.26b}$$

则

$$\chi = \frac{N\alpha}{\varepsilon_0} \tag{10.26c}$$

半导体介质中的分子极化可以归结为以下三个来源。

(1) 由于电场的作用，组成分子的原子(或离子)中的电子云发生形变，因而产生感应电矩。这种极化称为电子位移极化。另外，脱离单个原子束缚的自由电子对极化也有贡献。

(2) 由于电场的作用，分子中正负离子发生相对位移(键间角或离子间距的改变)，因而产生感应电矩。这种极化称为离子的位移极化。

(3) 分子的固有电矩在外电场作用下转向所产生的极化称为转向极化。

倘若同时有几种极化过程，则介质的极化率 χ 的公式应该以求和的形式，具体为

$$\chi = \sum_j \frac{N_j \alpha_j}{\varepsilon_0}$$

求和指标 j 是极化类型的标号。

离子位移极化和固有电矩的转向极化都可用经典理论来描述，电子的位移极化如频率正是原子可以吸收的频率，涉及电子的跃迁过程，需用量子力学来处理，如频率远小于原子吸收频率，可近似地用经典理论来分析。本节将用经典方法来分析三种极化过程及原子极化率 α。

1) 电子的极化

用 α_{ab} 代表束缚电子的位移极化的极化率，用 α_{of} 代表自由电子极化的极化率。

上面曾用经典方法研究了束缚电子的极化过程，并由式(10.19)给出复振幅为

$$x_0 = -\frac{qE_x}{m}\frac{1}{\omega_0^2 - \omega^2 + \mathrm{i}\omega g}$$

而偶极矩 $p_x = \alpha E = -qx_0$，所以

$$\alpha_{ab} = \frac{q^2/m}{\omega_0^2 - \omega^2 + \mathrm{i}\omega g} \tag{10.27}$$

在金属中，自由电子吸收是很重要的，而在半导体中，自由电子的吸收也是很重要的，尤其是在长波方面，对自由电子的分析同对束缚电子的分析相似，但有两点不同，一是自由电子无恢复力，即 $\omega_0 = 0$；二是自由电子并不完全自由，它们要受到晶格周期势的作用。为了概括这种作用，用有效质量 m^* 代替惯性质量 m。考虑上述两点后，自由电子的运动方程可写为

$$m^* \frac{\partial^2 x}{\partial^2 t} + m^* g \frac{\mathrm{d}x}{\mathrm{d}t} = -q E_x \mathrm{e}^{\mathrm{i}\omega t} \tag{10.28a}$$

复振幅为

$$x_0 = -\frac{q E_x / m^*}{-\omega^2 + \mathrm{i}\omega g} \tag{10.28b}$$

所以

$$\alpha_{\mathrm{of}} = \frac{q^2 / m^*}{-\omega^2 + \mathrm{i}\omega g} \tag{10.29}$$

2) 离子的极化

对于离子极化的分析完全类似于束缚电子的经典分析方法。运动方程为

$$m' \frac{\mathrm{d}^2 x'}{\mathrm{d}t^2} + m'g' \frac{\mathrm{d}x'}{\mathrm{d}t} + m'\omega_0^2 x = q^* E_x \mathrm{e}^{\mathrm{i}\omega t}$$

其复振幅为

$$x_0 = \frac{q^* E_x / m^*}{\omega_0'^2 - \omega^2 + \mathrm{i}\omega g'} \tag{10.30}$$

从而有

$$\alpha_1 = \frac{q^{*2}/m'}{\omega_0'^2 - \omega^2 + \mathrm{i}\omega g'} \tag{10.31}$$

式中，α_1 为离子的极化率；q^* 为离子的有效电荷，式(10.31)各符号中的一撇是为了与束缚电子的各相应量相区别。

这种极化涉及原子(离子)的运动，其质量较大，故与离子极化相应的共振频率 ω_0' 一般在红外区域。在可见光频率下 $\frac{\omega_0}{\omega_0'} \gg 1$，离子的运动跟不上外电场的迅速变化，所以，在可见光范围内，α_1 很小，可忽略离子位移对极化的贡献。

3) 固有电矩的转向极化

分子中固有电矩的存在是由于分子结构上的不对称性形成的，可以忽略固有电矩之间的相互作用，来考虑固有电矩在外电场作用下的转向，从而求出其极化率 α_{d}。

设介质中包含大量相同的分子，每个分子的固有电矩为 p。在没有外电场作用时，由于热运动，这些电偶极子的排列是完全无规则的，总电矩为零。加上电场 E 后，每个电矩都受到力矩的作用，使其趋于同外场平行，即趋于有序化。另外，热运动驱使电矩无序化，同时存在着的有序化和无序化相互对立的两种作用在一定温度和一定外场 E 下达到平衡。这时固有电矩取向与电场之间的夹角为 θ，则固有电矩 p 在外电场 E 中的势能为

$$v = -pE = pE\cos\theta \tag{10.32}$$

由玻尔兹曼统计，电矩 p 和电场 E 间的夹角为 $\theta \sim \theta + d\theta$ 的概率为

$$2\pi \sin\theta \exp\left(\frac{pE\cos\theta}{KT}\right)\mathrm{d}\theta$$

因此，沿电场方向的平均电矩为

$$\overline{p_E} = p\overline{\cos\theta} = \frac{\int_0^\pi p\cos\theta\sin\theta\exp\left(\dfrac{pE\cos\theta}{KT}\right)\mathrm{d}\theta}{\int_0^\pi \sin\theta\exp\left(\dfrac{pE\cos\theta}{KT}\right)\mathrm{d}\theta} \tag{10.33}$$

为了计算上述积分，令

$$\frac{pE}{KT}\cos\theta = x, \quad \frac{pE}{KT} = \alpha$$

可得

$$\overline{\cos\theta} = \frac{\mathrm{e}^\alpha + \mathrm{e}^{-\alpha}}{\mathrm{e}^\alpha - \mathrm{e}^{-\alpha}} - \frac{1}{\alpha} \equiv L(\alpha) \tag{10.34}$$

$L(\alpha)$ 称为朗之万函数，它随温度的变化如图 10.2 所示，由图 10.2 可见，当 $\alpha(pE \gg KT)$ 的值较大时，即外场强度很大时，$L(\alpha)$ 趋于饱和值 1。这表明在此情况下，电场的有序化作用远远超过热运动的无序化作用，使所有的电矩都完全平行于电场方向，因此

$$p\overline{\cos\theta} = p$$

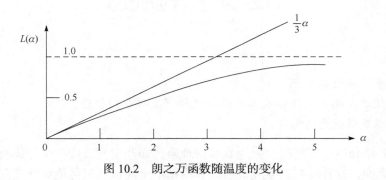

图 10.2　朗之万函数随温度的变化

在电场强度不太大而温度不太低时，即热运动的无序化作用占相当优势的情况下，可认为 $pE \ll KT$，即 $\alpha \ll 1$，此时 $L(\alpha) = \frac{1}{3}\alpha$，则

$$p\overline{\cos\theta} = \left(\frac{p^2}{3KT}\right)E$$

因而得到固有电矩的转向极化率 α_d 为

$$\alpha_\mathrm{d} = \frac{p^2}{3KT} \tag{10.35}$$

以上，用经典方法给出了四种极化率的关系式。总的极化率应该是这四种极化率之和

$$\alpha = \alpha_{ab} + \alpha_{of} + \alpha_1 + \alpha_d \tag{10.36}$$

图 10.3 给出了 $(\alpha_{ab} + \alpha_1 + \alpha_d + \alpha_{of})$ 的实部随频率 ω 的变化关系。从图 10.3 中可看到，可见光频率，电子的极化率都可视为常数。对式(10.20)，令 $\omega \to 0$，则

$$\alpha_{ab} = \frac{q^2}{m\omega_0}$$

其数量级一般为 $10^{-24}\,\mathrm{cm}^3$，因此可求出自然频率

$$\nu_0 = \frac{\omega_0}{2\pi} = 10^{15}\,\mathrm{s}^{-1}$$

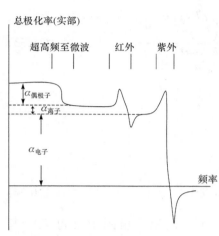

图 10.3　$(\alpha_{ab} + \alpha_1 + \alpha_d + \alpha_{of})$ 的实部随频率 ω 的变化关系

对于离子，同样可以说明直到红外光频率，离子的位移极化率都可视为常数。在接近可见光区时，由于惯性的原因，离子的位移和分子固有电矩的转向已经跟不上外场的快速变化，从而相应的极化率就很小。

10.2　半导体的光吸收

教学要求

1. 本征半导体吸收特点。
2. 直接跃迁、间接跃迁以及其他吸收机构产生吸收的机理。
3. 吸收限及吸收光谱的特点。

光在半导体介质中传播时会发生衰减的现象，即产生光吸收。半导体材料通常可以强烈地吸收光能，并在材料吸收光能后，其内部电子能够从较低能级跃迁到较高的能级状态。

半导体的吸收过程可以分为以下几类：①电子在不同能带之间的跃迁；②电子在同一能带不同状态之间的跃迁；③电子在禁带中的杂质缺陷能级与能带之间的跃迁；④电子在杂质缺陷能级之间的跃迁；⑤激子吸收；⑥晶格振动吸收等。本节中将讨论半导体的这些吸收过程，尤其是与非热平衡状态有关的光吸收过程。

半导体最常见的一种光吸收过程就是价带电子吸收光子能量之后发生带间跃迁的光吸收过程。如图 10.4 所示。价带中的某一个电子获得足够大的能量后，就会由价带激发到导带中去，在成为导带电子的同时，也在价带中留下空穴。这种光吸收过程，伴随着一个本征激发的过程，使价带中的电子被激发到导带中去，称为本征吸收。本征吸收是

光吸收中最重要的一种吸收，也称作基本吸收。

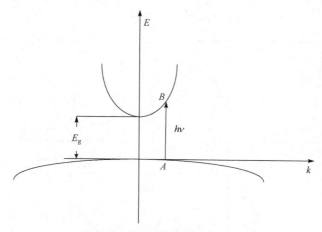

图 10.4　带间跃迁的光吸收过程

在发生本征吸收以后，位于导带中的电子能量应比其在价带中时至少需要高出 E_g，即要使价带中的电子吸收光子后发生直接跃迁，它至少需要从一个光子上获得 E_g 大小的能量，这要求被吸收的光子能量需要大于或等于禁带宽度 E_g，即

$$h\nu \geqslant E_g \tag{10.37}$$

即能量小于 E_g 的光子是不能够引起本征吸收的。因此，对应于本征吸收的光谱，在其频率方面，必然存在一个极限值 ν_0（其对应一个波长的极限值 λ_0），使得低于 ν_0（或者高于 λ_0）的光不能够引起本征吸收。ν_0 与 λ_0 由式(10.38)确定

$$h\nu_0 = h\frac{c}{\lambda_0} = E_g \tag{10.38}$$

式中，λ_0 称为本征吸收限。将普朗克常量 h 与光速 c 的具体数值代入式(10.38)，可得

$$\lambda_0 = \frac{1.24}{E_g}(\mu m) \tag{10.39}$$

图 10.5 为几种常见的半导体材料的本征吸收系数与吸收波长的关系曲线(也称为本征吸收光谱)，曲线在长波端较为平坦，而在短波端出现陡峭的上升，这标志着吸收的开始。在实验中，可以根据所测得的本征吸收光谱，求出本征吸收长波限 λ_0，然后利用式(10.39)，继而求出半导体的禁带宽度 E_g。

在晶体中，电子吸收光子时引起的带间跃迁是遵循一定规律进行的：电子在跃迁前后，除了能量必须守恒，动量也必须守恒。所以在本征吸收过程中，电子不但和光子交换能量与动量，还必须与晶格振动(主要为声子)交换能量。设电子跃迁前后的波矢量分别为 k 和 k'，能量分别为 E 和 E'，单位声子动量为 hq。根据能量守恒与动量守恒，必须有

$$hv + E = E' \tag{10.40}$$

$$hk \pm hq = hk' \tag{10.41}$$

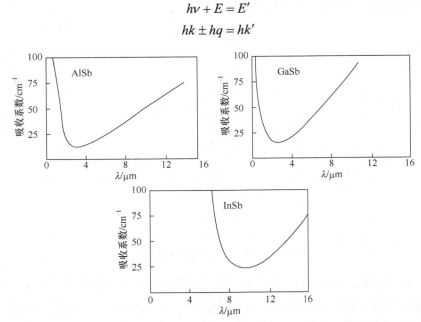

图 10.5　几种常见的半导体材料的本征吸收系数与吸收波长的关系曲线

带间跃迁可以分为以下带间直接跃迁与带间间接跃迁。

10.2.1　带间直接跃迁

在本征吸收过程中，电子只是与光子交换能量，并未与晶格振动交换能量，便被激发到导带中去的过程，称为直接跃迁。例如，前面所讲的 GaAs 材料的带间跃迁(图 10.6)。

根据式(10.40)，跃迁前后能量的改变为 $E' - E = hv$，其中 hv 为光子的能量。同样根据动量守恒关系(式(10.41))，跃迁前后的动量改变为 $hk' - hk = hq$，其中 hq 为光子的动量。对于典型半导体($E_g \approx 1eV$)，光子的波矢量约为 $5 \times 10^4 \, cm^{-1}$，而电子在布里渊区中，对应原子间距的线度约为 $10^8 \, cm^{-1}$。由此可见，光子的动量极小。

光子的动量极小，使得电子在跃迁前后在布里渊区中的 k 状态基本不变，所以跃迁前后的动量基本不变，只是能量发生了改变。由于跃迁前后 k 和 k' 均在同一条竖直线上，所以直接跃迁又称为竖直跃迁。而将导带极小值与价带极大值均处于同一波矢量 k 的半导体材料称为直接带隙半导体材料。直接跃迁过程与图 10.4 相似，在 A 到 B 直接跃迁中所吸收光子的能量与图 10.4 中垂直距离 AB 相对应。显然，对应于不同

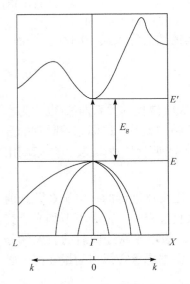

图 10.6　GaAs 材料的带间跃迁过程

的 k，垂直距离各不相等。这相当于在任何一个 k 值上光子都有可能被吸收，而吸收的光子最小能量应等于禁带宽度 E_g。由此可见，本征吸收形成一个连续吸收带，并具有一长波吸收限：$\lambda = \dfrac{1.24}{E_g}$，因而从光吸收的测量中，也可求得禁带宽度。理论计算可得：在直接跃迁中，对任何 k 值的跃迁都是允许的，则吸收系数与光子能量关系为

$$\begin{cases} \alpha(h\nu) = A(h\nu - E_g)^{1/2}, h\nu \geqslant E_g \\ \alpha = 0, h\nu < E_g \end{cases}$$

式中，A 为常数。$k = 0$ 处的跃迁概率不为零的跃迁，称为允许跃迁。

而在某些材料中，$k = 0$ 处的跃迁概率为零，称为禁戒跃迁，但其他处的直接跃迁可以进行，此时

$$\alpha'(h\nu) \propto (h\nu - E_g)^{3/2}$$

式中，吸收系数与光子能量的关系如图 10.7 所示。

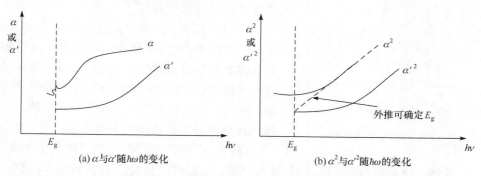

(a) α 与 α' 随 $\hbar\omega$ 的变化　　　　(b) α^2 与 α'^2 随 $\hbar\omega$ 的变化

图 10.7　允许的和禁戒的直接跃迁系数与光子能量的关系

其特点表现为吸收曲线具有明显的吸收边，吸收边处的波长对应于材料的本征吸收限。

10.2.2　带间间接跃迁

与带间直接跃迁不同，带间间接跃迁指的是在半导体本征吸收过程中，电子不但吸收光子能量，而且还同晶格振动交换能量而发生的跃迁。间接跃迁所产生的半导体的导带极小值与价带极大值不在布里渊区中相同的 k 处。例如，前面提到的半导体材料 Si（见图 10.8）。

其电子在跃迁时不但吸收了光子的能量，而且还必须与晶格热振动交换能量，才能使电子从 $k = 0$ 的状态跃迁到 k' 状态去。根据式(10.40)与式(10.41)，电子跃迁前后的能量与动量改变量为

$$E' - E = h\nu, hk' = hk \pm hq，即 k = k' \pm q。$$

考虑到光子的角频率较声子的角频率高两个数量级以上，而声子的波矢量较光子的波矢量大三个数量级以上，这使得光子的能量远大于声子，而声子的动量远大于光子。

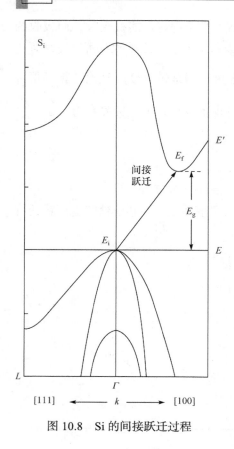

图 10.8 Si 的间接跃迁过程

这意味着电子在间接跃迁过程中发射或吸收的相当数量的声子使得波矢量 k 发生了改变。跃迁前后的 k 不在同一竖直线上,所以间接跃迁也称为非竖直跃迁。将导带极小值与价带极大值不在同一波矢量 k 的半导体材料称为间接带隙半导体材料。间接跃迁的光谱在长波处缓慢上升,这是电子与光子、声子三者之间的复杂作用,导致载流子在带间的有效跃迁效率过低。

$$\alpha_{间} \approx 1 \sim 10^3 \, \text{cm}^{-1}, \quad \alpha_{直} \approx 10^4 \sim 10^6 \, \text{cm}^{-1}$$

而当波长减小到某一值时,曲线也会出现与直接跃迁相同的陡峭升高。这是由于载流子获得了较高能量,发生了在 k 值相同的能谷间的直接跃迁。此时,载流子的复合效率显著增加。该现象多发生于多能谷半导体材料中。

值得注意的是,在带间跃迁中:

(1) 直接带隙半导体中,涉及声子发射和吸收的间接跃迁也可能发生。主要是涉及光学声子,发射声子过程,吸收应发生在直接跃迁吸收限短波一侧。吸收声子过程发生在吸收限长波一侧,可使直接跃迁吸收边不是陡峭地下降为零。

(2) 间接带隙半导体中,仍可能发生直接跃迁。

(3) 重掺杂半导体(如 N 型),E_F 进入导带。低温时,E_F 以下能级被电子占据,价带电子只能跃迁到 E_F 以上的状态,因而本征吸收长波限蓝移,即伯斯坦移动(Burstein-Moss 效应)。

(4) 强电场作用下,能带倾斜,小于 E_g 的光子可通过光子诱导的隧道效应发生本征跃迁,因而本征吸收长波限红移,即弗朗兹-克尔德什(Franz-Keldysh)效应。

10.2.3 激子吸收

在低温下测量吸收光谱时,发现某些晶体在本征吸收谱出现之前,在略小于 E_g 的能量区域会出现一系列的光吸收谱线。在这种过程中,由于光子能量 $h\nu < E_g$,价带电子虽然受到激发后越出了价带,但仍不足以进入导带而成为自由电子,仍然受到价带空穴的库仑力的作用。库仑力将受激电子与空穴互相束缚而结合在一起成为一个新的系统,该系统称为激子,产生激子的光吸收称为激子吸收。激子产生之后,并不一定停留在原位不动,也可以在整个晶体中运动。固定不动的激子称为束缚激子,可以自由移动的激子称为自由激子。由于激子是电中性的,所以自由激子的运动并不能形成电流。

根据激子态的空间扩展范围,可以把激子分成两种类型。一种称为弗兰克尔(Frenkel)激子,这是指半径较小,基本为晶格常数量级的激子,也称为紧束缚激子。另一种称为沃尼尔(Wannier)激子。在这种激子中，形成束缚态的电子和空穴相互作用比较弱，它们之间的距离远大于晶格常数。通常在半导体中存在的是沃尼尔激子。

　　激子中的电子与空穴之间的作用类似于氢原子中电子与原子核之间的相互作用。因此，激子的能态也与氢原子相似，由一系列分立的能级组成。所以可以利用类氢模型来分析激子的能带分布。设电子和空穴都具有各向同性的有效质量 m_n^* 和 m_p^*，根据氢原子的能级公式，激子的束缚能应为

$$E_{ex}^n = -\frac{q^4}{8\varepsilon_0^2\varepsilon^2 h^2 n^2}m^* \tag{10.42}$$

式中，q 为电子电量；n 为任意整数；$m^* = \dfrac{m_n^* m_p^*}{m_n^* + m_p^*}$ 是电子与空穴的折合质量；ε 和 ε_0 分别是半导体的相对介电常数和真空介电常数。由式(10.42)可见，激子有无穷多个能级，$n=1$ 对应的是激子的基态能级 E_{ex}^1，$n \to \infty$ 时，$E_{ex}^1 = 0$ 相当于导带底能级，表示电子脱离空穴的束缚而进入导带，同时空穴也可在价带中自由移动。图 10.9 为激子能级和激子吸收光谱的示意图。由图 10.9(a)和(b)可以看出，本征吸收限的低能一侧的激子吸收峰，与电子从价带跃迁到不同的激子能级相对应。图 10.9 中的第一个吸收峰是价带电子跃迁到基态能级($n=1$)引起的，吸收的光子能量为 $E_g - |E_{ex}^1|$。第二个吸收峰则对应于价带电子跃迁到 $n=2$ 的能级。对于更大的 n 值，激子能级由于距离过小而变为准连续的，并与本征吸收合并，得到没有明显本征吸收限的吸收光谱。

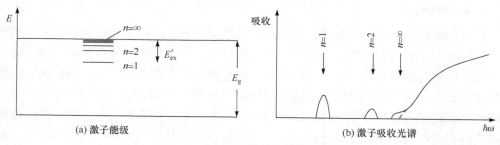

图 10.9　激子能级及吸收光谱

10.2.4　杂质缺陷吸收

　　杂质可以在半导体的禁带中引入杂质能级，而在价带顶和导带底附近形成受主能级和施主能级。占据杂质能级的电子或空穴的跃迁也可以引起光吸收，这种吸收称为杂质吸收。根据跃迁原理，杂质跃迁可以分为以下三种类型。

　　1. 中性杂质吸收

　　吸收光子能够引起中性施主上的电子从基态到导带的跃迁，或者中性受主上的空穴从基态到价带的跃迁，如图 10.10 中(a)和(b)所示。与带间跃迁不同，由于束缚状态没有固定的准动量，所以在这种跃迁过程中，电子或空穴在跃迁前后的波矢量并不受限制，能够跃迁到导带或价带中的任意能级，因而可以得到连续的吸收光谱。显然，引起这种

吸收的最低光子能量应等于杂质电离能 E_I。一般来说，电子跃迁到导带中越高的能级，或空穴跃迁到价带中越低的能级，跃迁的概率越小。所以，吸收谱一般是集中在吸收限 E_I 附近的吸收带。对于通常的浅能级杂质，由于电离能 E_I 很小，所以中性杂质的吸收谱出现在长波的远红外区。

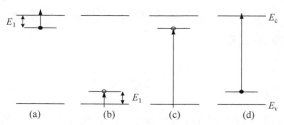

图 10.10　电子在杂质能级和能带间的跃迁

2. 电离杂质吸收

电离施主上的空穴或电离受主上的电子，它们可以吸收一个光子而跃迁到价带或导带中，如图 10.10(c)和(d)所示。对于浅施主或浅受主，这种跃迁对应的光子能量与禁带宽度接近，所以将在本征吸收限的低能一侧引起光吸收。这种吸收将形成连续谱。

值得注意的是，中性施主上的电子或中性受主上的空穴，由基态到激发态的跃迁，也可以引起光吸收，在这种情况下，所吸收的光子能量应等于相应的激发态能量与基态能量之差，其吸收谱为线状谱。

3. 晶格吸收

在晶体吸收光谱的远红外区，光子和晶格振动的相互作用引起的光吸收称为晶格吸收。此时光子能量将直接转变为晶格热振动的能量，使半导体的温度升高。对于离子晶体或离子性化合物半导体，红外光的高频电场能使得正负离子沿相反方向位移，即激发长光学波振动，这种振动造成交变的电偶极矩。电偶极矩和电磁场的相互作用导致了光的吸收。而对于元素半导体 Si 和 Ge 等材料，虽然不存在固有的电偶极矩，但仍能观察到晶格的振动吸收。实际上，这是一种二级效应，即红外光的电场产生电偶极矩，它反过来又与电场耦合引起光吸收。

10.2.5　自由载流子吸收

除了价带与导带之间、杂质缺陷能级与价带或导带之间电子跃迁的吸收，电子在导带底与导带内各较高能级之间的跃迁和空穴在价带顶与价带内较低能级之间的跃迁，也都会吸收光子，称为自由载流子吸收。由于能带中能级是连续的，所以这种吸收的特点是没有吸收限，即不受最低能量的限制，其谱线为连续谱，吸收强度随光子能量的降低而升高，一般在能量较低的红外区域。

自由载流子吸收因为不涉及杂质束缚态，所以需要同时满足能量守恒与动量守恒。而对于导带而言，由于所有能级的波矢量均不相同，所以电子在导带内的跃迁与本征吸收中的间接跃迁相似，在吸收光子的同时，必须伴随着吸收或发射声子。

在自由载流子吸收过程中，还存在着一类特殊类型的光吸收，源于电子在价带或导带中子能带之间的跃迁。在这种情况下，吸收曲线有着明显的精细结构，因而不同于普通的吸收系数随波长单调增加的变化规律。

　　价带内的自由载流子吸收会略复杂。许多半导体的价带在价带顶附近由三个子能带组成。例如，在图 10.11 给出的 Ge 的价带结构中，V_1 和 V_2 在布里渊区的中心简并，而 V_3 因自旋-轨道相互作用而分开。对于 P 型半导体而言，当价带顶被空穴占据时，在不同的子能带间可以发生三种引起光吸收的跃迁过程：①从轻空穴带 V_2 到重空穴带 V_1 的跃迁；②从裂出空穴带 V_3 到重空穴带 V_1 的跃迁；③从裂出空穴带 V_3 到轻空穴带 V_2 的跃迁。该谱线结构对于研究半导体有着重要的意义。这个现象的分析实际上是确定价带具有重叠结构的重要依据。

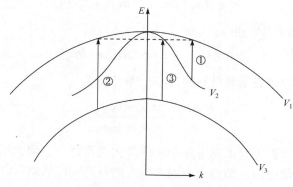

图 10.11　Ge 的价带结构

　　思考题　本征吸收中电子吸收光子时，可能出现哪几种跃迁方式？它们有何不同？各在什么样的半导体中容易发生？试举一二例说明。

10.3　半导体的光电导

教学要求

1. 附加光电导、杂质光电导的产生机制。
2. 定态光电导及其弛豫过程和弛豫时间的关系。
3. 复合和陷阱对光电导的影响。

　　在讨论非平衡载流子产生的问题时曾经提到，半导体吸收光将会形成非平衡载流子；而载流子浓度的增加必定会使得半导体的电导率增加。这种由光照引起的半导体电导率增加的现象称为光电导。由本征吸收引起的光电导称为本征光电导。由杂质吸收引起的光电导称为杂质光电导。

10.3.1　附加光电导

　　通常用半导体光照时的附加电导率来表示光电导的大小。在无光照时，半导体的(暗)

电导率为

$$\sigma_0 = q(n_0\mu_n + p_0\mu_p) \tag{10.43}$$

式中，q 为电子电量；n_0、p_0 为平衡态的载流子浓度；μ_n、μ_p 分别为电子和空穴的迁移率。

当光照射半导体使半导体处于非平衡态时，注入的附加载流子浓度分别为 Δn 和 Δp。注入这些非平衡载流子后，当电子刚被激发到导带时，可能较原导带中热平衡态的电子具有更大的能量。但光生电子通过与晶格的快速碰撞，在极短的时间内就以发射声子的形式丢失多余的能量，变成热平衡电子。此时，光生电子将具有与平衡态电子相同的性质，因此具有相同的迁移率。此时，半导体的电导率变为

$$\sigma = q(n_0 + \Delta n)\mu_n + q(p_0 + \Delta p)\mu_p \tag{10.44}$$

增加的光电导率(光电导)可表示为

$$\Delta\sigma = \sigma - \sigma_0 = q(\Delta n\mu_n + \Delta p\mu_p) \tag{10.45}$$

若用光电导的相对值表示光电导的大小，即

$$\frac{\Delta\sigma}{\sigma_0} = \frac{\Delta n\mu_n + \Delta p\mu_p}{n_0\mu_n + p_0\mu_p} \tag{10.46}$$

由式(10.46)可知，若想获得光电导相对值较大的器件，必须选用低平衡载流子浓度的材料。这也正是光敏电阻一般是由电阻率较大的材料制作的原因。

对于本征光电导，$\Delta n = \Delta p$。引入电子迁移率与空穴迁移率之比 $b = \dfrac{\mu_n}{\mu_p}$，可得

$$\frac{\Delta\sigma}{\sigma_0} = \frac{(1+b)\Delta n}{bn_0 + p_0} \tag{10.47}$$

实验证明，许多半导体材料的本征光电导并不是由光生电子与光生空穴二者共同决定的，而只由其中一种光生载流子起决定性作用。例如，P 型 Cu_2O 的本征光电导主要是由于光生空穴对附加光电导的贡献。而 N 型 CdS 的本征光电导则主要是光生电子对光电导的贡献。这说明，虽然本征光电导中，所激发的电子和空穴数是相等的，但是它们在复合消失之前，只有一种光生载流子(一般是多数载流子)有较长时间自由存在，而另一种载流子常常被一些能级(或陷阱)束缚住。在这样的情况下，对于 N 型半导体有 $\Delta n \gg \Delta p$，其光电导可表示为

$$\Delta\sigma = \Delta nq\mu_n \tag{10.48}$$

而对于 P 型半导体有 $\Delta p \gg \Delta n$，光电导可表示为

$$\Delta\sigma = \Delta pq\mu_p \tag{10.49}$$

思考题　半导体光照后，产生的非平衡电子与空穴的迁移率 μ_n 与 μ_p 和平衡态时是否一致？

10.3.2　定态光电导及其弛豫过程

半导体光电导的产生是由于本征吸收导致非平衡载流子的产生，导致电导率增加而

形成的。当稳定的光照射半导体时，非平衡载流子由产生到稳定需要一个过程。这也造成光电导也存在一个逐渐增加而最后达到稳定的过程。而当稳定的光消失之后，非平衡载流子也将逐渐复合并消失，从而恢复为平衡态。所以光电导也在光撤销后存在一个逐渐减小而恢复暗电导的过程。这种弛豫现象反映了光生载流子的积累与消失过程。稳定光照下达到稳定值的半导体光电导称为定态光电导。光电导逐渐增加与逐渐减小的过程称为光电导的弛豫过程。弛豫过程的平均作用时间称为光电导的弛豫时间。所以，半导体的定态光电导是光电导灵敏度的反映，而弛豫时间则是光电导惯性的反映。

设强度为 I 的光均匀照射到样品的表面上。根据式(10.6)，在垂直光照方向(x 方向)单位面积、厚度为 dx 的小体积中，单位时间内吸收的光能量为

$$-dI = \alpha I(x)dx \tag{10.50}$$

式中，α 为吸收系数。如果 I 是以光子数表示的光强(单位时间内通过单位面积的光子数)，则单位时间内，在单位体积中吸收的光子数为 $\alpha I(x)$。为了简单起见，假设光在整个样品中是被均匀吸收的，即单位体积的吸收率 αI 是常数。在这种情况下，载流子的产生率 G 也应为常数，可以表示为

$$G = \beta \alpha I \tag{10.51}$$

式中，β 代表吸收一个光子产生载流子的数目，称为量子产生率。如果每吸收一个光子即可产生一个电子-空穴对，则 $\beta=1$。当然，对于载流子的带间跃迁，如果忽略碰撞电离效应，β 可取 1。

(1) 小注入时，光电导的大小取决于附加载流子浓度和迁移率。而一般情况下，载流子的迁移率是与光照无关的。所以光照下附加载流子浓度的变化也就反映了光电导的变化。此时，复合率 $U = \Delta n/\tau$，即过剩载流子数目是寿命 τ 的常数。在有光照时，根据式(10.51)，连续性方程可以写成

$$\frac{d\Delta n}{dt} = \beta \alpha I - \frac{\Delta n}{\tau} \tag{10.52}$$

利用边界条件，即 $t=0$，$\Delta n = 0$，则方程的解为

$$\Delta n = \beta \alpha I \tau (1 - e^{-t/\tau}) \tag{10.53}$$

当时间 $t \gg \tau$ 时，Δn 达到稳定值，即 Δn_s

$$\Delta n_s = \beta \alpha I \tau \tag{10.54}$$

而当光照停止后，Δn 变化的连续性方程变为

$$\frac{d\Delta n}{dt} = -\frac{\Delta n}{\tau} \tag{10.55}$$

同样，根据边界性条件 $t=0$，$\Delta n_s = \Delta n_s$ 可以求出

$$\Delta n = \Delta n_s e^{-t/\tau} \tag{10.56}$$

光电导与光生载流子的浓度成正比，所以光电导的上升与下降也按照式(10.53)和式(10.56)的规律变化。图 10.12 为光电导随时间的变化的示意图。

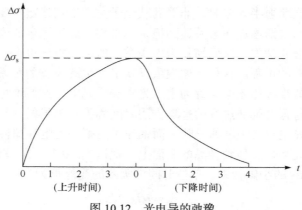

图 10.12 光电导的弛豫

(2) 对于大注入的情况下，则非平衡载流子的复合率 $U = r(\Delta n)^2$，即与非平衡载流子浓度的平方成正比，此时载流子寿命不再是常数，有光照的情况下，连续性方程为

$$\frac{\mathrm{d}\Delta n}{\mathrm{d}t} = \beta\alpha I - r(\Delta n)^2 \tag{10.57}$$

将边界条件 $t = 0$，$\Delta n = 0$ 代入方程，解得

$$\Delta n = \left(\frac{\beta\alpha I}{r}\right)^{1/2} \tanh\left[(\beta\alpha I r)^{1/2} t\right] \tag{10.58}$$

当 $t \to \infty$ 时，$\Delta n = \Delta n'_s$。此时

$$\Delta n'_s = \left(\frac{\beta\alpha I}{r}\right)^{1/2} \tag{10.59}$$

去掉光照的情况下，连续性方程变为

$$\frac{\mathrm{d}\Delta n}{\mathrm{d}t} = -r(\Delta n)^2 \tag{10.60}$$

将边界条件 $t=0$，$\Delta n = \Delta n'_s$ 代入方程，解得

$$\Delta n = \left(\frac{\beta\alpha I}{r}\right)^{1/2} \frac{1}{1+(\beta\alpha I r)^{1/2} t} \tag{10.61}$$

通过观察式(10.54)与式(10.59)可以发现，在两种情况下，定态光电导分别与光强或光强的平方根成正比，其对应于两种不同类型的光电导，分别称为线性光电导和抛物线性光电导。

从式(10.54)可得，τ 越大，即弛豫时间越长，则定态值 Δn_s 越大，光敏电阻的灵敏度越高。光电导的弛豫时间代表光电导对于光强变化反应的快慢。但在实际应用中，对于高频光信号，弛豫时间又必须足够短，才能使光电导跟上光信号的变化。这就既要求灵敏度高，又要求弛豫时间短。考虑到二者之间是相互矛盾的，所以必须根据具体要求选用合适的材料。

10.3.3　陷阱效应及其对光电导影响

1. 陷阱效应

陷阱效应是非平衡载流子存在时所发生的另一种效应。当半导体处于热平衡状态时，在施主、受主、复合中心或其他能级上，均存在一定数目的电子，它们是由平衡态时温度、费米能级位置与其分布函数决定的。而在实际情况下，能级中的电子是通过载流子的俘获和产生过程而保持平衡的。当半导体处于非平衡态，出现非平衡载流子时，这种平衡遭到破坏，必然引起杂质能级上电子数目的变化。如果电子数目增加，则说明该能级具有收容电子的能力；如果电子数目减少，则说明该能级具有收容空穴的能力。杂质能级的这种积累非平衡载流子的效应，称为陷阱效应。但在实际中，并不是所有能级都具有一定的陷阱效应，而只是那些能显著积累非平衡载流子作用的杂质能级具有陷阱效应。陷阱能级所积累的非平衡载流子数目甚至可以与导带或价带中的非平衡载流子数目相比。有显著陷阱效应的杂质能级称为陷阱，相应的杂质和缺陷称为陷阱中心。

陷阱作用所涉及的过程和通过复合中心复合的过程很相似，可以根据杂质中心上的电子浓度 n_t 的公式(6.180)来讨论陷阱效应，在小注入的条件下，能级上的电子积累可由式(10.62)求出

$$\Delta n_t = \left(\frac{\partial n_t}{\partial n}\right)_0 \Delta n + \left(\frac{\partial n_t}{\partial p}\right)_0 \Delta p \tag{10.62}$$

其中的偏微商取相应于平衡时的值。为了说明能级积累电子的作用，只需考虑式(10.62)等号右边的第一项就可以了，因为第二项在形式上与第一项是完全对称的。利用式(6.180)可求得

$$\Delta n_t = \frac{N_t C_n (C_n n_1 + C_p p_0)}{[C_n(n_0 + n_1) + C_p(p_0 + p_1)]^2} \Delta n \tag{10.63}$$

设 $C_n = C_p$，则式(10.63)可以简化为

$$\Delta n_t = \frac{N_t}{n_0 + n_1 + p_0 + p_1} \frac{n_1 + p_0}{n_0 + n_1 + p_0 + p_1} \Delta n \tag{10.64}$$

由于式(10.64)中等号右边的第二项总是小于1，所以只有当陷阱中心浓度 N_t 可以与平衡载流子浓度之和$(n_0 + p_0)$相比拟或更大时，才会出现显著的陷阱效应，即

$$\Delta n_t > \Delta n \quad 或 \quad \Delta n_t \approx \Delta n \tag{10.65}$$

但对于实际中的典型陷阱，其浓度通常要比多数载流子浓度小很多。这就意味着典型的陷阱对电子和空穴的俘获概率必然存在很大的差别。在实际的陷阱问题中，C_n 和 C_p 的差别往往极大。若 $C_n \gg C_p$，则陷阱俘获一个电子后，很难再俘获一个空穴以引起复合。该陷阱就称为电子陷阱。相反，$C_p \gg C_n$ 的陷阱则是空穴陷阱。

式(10.63)适合于讨论电子陷阱的情况。如果略去含有 C_p 的项，则有

$$\Delta n_t = \frac{N_t n_1}{(n_0 + n_1)^2} \Delta n \tag{10.66}$$

根据前面的分析可知，n_1 决定于陷阱能级 E_t 在禁带中的位置，使得 Δn_t 最大的 n_1 值是

$$n_1 = n_0 \tag{10.67}$$

相应的 Δn_t 的值为

$$(\Delta n_t)_{max} = \frac{N_t}{4n_0} \Delta n \tag{10.68}$$

由式(10.68)可以看出，如果电子是多数载流子，尽管陷阱俘获多数载流子的概率很大，除非 $N_t \geqslant n_0$，仍然不会有显著的陷阱作用。但是，如果电子是少数载流子，只要陷阱中心浓度大于少数载流子浓度，就可以有显著的陷阱效应。因此，实际上往往都是少数载流子出现陷阱效应。

一定的杂质能级是否能成为有效的陷阱，还取决于它的能级 E_t 在禁带中的位置。式(10.67)表明，当 E_t 与平衡时的费米能级 E_F 重合时，最有利于陷阱作用的产生。而对于位置更低的费米能级，平衡时已被电子填满，因而不能起到陷阱的作用。在费米能级以上的能级，平衡时基本是空的，更利于起陷阱作用。但是随着 E_t 的升高，电子被激发到导带的概率 $C_n n_1$ 将迅速增大。因此，对于电子陷阱来说，在费米能级 E_F 以上的能级，越接近 E_F，陷阱效应越显著。

2. 陷阱效应对光电导的影响

首先讨论陷阱对稳态光电导的影响。假设半导体为 N 型，在禁带中除了复合中心能级 E_r，还存在着少数载流子的陷阱能级 E_t。令 τ_p 为少子空穴的寿命，τ_1 为空穴被陷阱俘获之前的平均寿命，τ_2 为空穴被重新激发到价带之前在陷阱中平均存在的时间。Δp 和 Δp_t 分别为价带中与陷阱中过剩的空穴浓度。假设光激发电子-空穴对的产生率 G 是均匀的。那么，在这种情况下，过剩空穴浓度 Δp 的连续性方程为

$$\frac{d\Delta p}{dt} = G - \frac{\Delta p}{\tau_p} - \frac{\Delta p}{\tau_1} + \frac{\Delta p_t}{\tau_2} \tag{10.69}$$

式(10.69)中等号右边的第二项为复合中心引起的过剩空穴的复合率，第三项为陷阱从价带俘获空穴的速率，第四项为陷阱中空穴重新激发回价带的速率。而陷阱中的过剩空穴浓度 Δp_t 由式(10.70)决定

$$\frac{d\Delta p_t}{dt} = \frac{\Delta p}{\tau_1} - \frac{\Delta p_t}{\tau_2} \tag{10.70}$$

在稳态情况下，$d\Delta p/dt = 0$ 和 $d\Delta p_t/dt = 0$。由式(10.69)与式(10.70)可得

$$\Delta p = G\tau \tag{10.71}$$

根据上述分析，陷阱的作用如下：

(1) 陷阱的存在并不影响价带中的过剩空穴浓度。

(2) 陷阱俘获了大量的空穴，使得过剩的多数载流子浓度可以比无陷阱时高出很多倍。

根据电中性条件

$$\Delta n = \Delta p + \Delta p_t = \Delta p(1 + \frac{\tau_2}{\tau_1}) \tag{10.72}$$

所以，如果存在陷阱效应，必然有 $\tau_2 \gg \tau_1$，即 $\Delta n \gg \Delta p$。

(3) 陷阱的存在可以显著增加光电导的灵敏度。

有陷阱时的光电导

$$\Delta \sigma' = q(\Delta p \mu_p + \Delta n \mu_n) = qG\tau \left[\mu_p + \left(1 + \frac{\tau_2}{\tau_1} \right) \mu_n \right] \tag{10.73}$$

而无陷阱时的光电导

$$\Delta \sigma = q\Delta p(\mu_p + \mu_n) = qG\tau[\mu_p + \mu_n] \tag{10.74}$$

所以在的 $\tau_2 \gg \tau_1$ 情况下，$\Delta \sigma'$ 远大于 $\Delta \sigma$。

(4) 由于陷阱作用，多子的稳态寿命可以比少子的大很多。

在稳态条件下，过剩电子和空穴的复合率是相等的，即

$$\frac{\Delta n}{\tau_n} = \frac{\Delta p}{\tau_p} \tag{10.75}$$

由式(10.72)得

$$\tau_n = (1 + \frac{\tau_2}{\tau_1})\tau_p \tag{10.76}$$

另外，陷阱效应对光电导的衰减过程也有重要的影响。以 N 型半导体为例。如果在 N 型半导体中除了复合中心外还存在空穴陷阱，则光生空穴将大部分被陷阱俘获，这实际上等于占用了一部分复合中心上的空穴，使电子-空穴对的复合率大幅降低。虽然导带中的额外电子也存在与陷阱中空穴复合的可能性，但复合的概率很小。相比之下，陷阱中的空穴便更有可能被激发到价带中，然后被复合中心俘获，再与光生电子发生复合。这样，由于额外少子的浓度刚刚因为复合而有所下降，少子陷阱马上就释放出一些被俘的少子加以补充。而且，相对于复合中心俘获少子的平均时间而言，陷阱释放被俘少子的平均时间要长得多。这样就使得复合过程会变得很不稳定。所以，陷阱效应的存在会明显延长从非平衡态恢复到平衡态所需要的时间。

图 10.13 为 P 型硅材料的光电导衰减的实验结果。衰减曲线中出现了几个明显的台阶状弯曲。通过具体分析，P 型硅中存在着深浅两种陷阱。开始时，两种陷阱均基本饱和(被电子填满)，导带中存在一定数量的非平衡电子。图 10.13 中的 1、2、3 部分分别对应于导带中的电子、浅陷阱中的电子和深陷阱中的电子衰减。

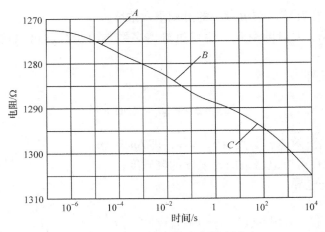

图 10.13   P 型 Si 的光电导衰减

如果在激发本征光电导的同时，用适当波长的红外光照射半导体样品，即可导致光电导的显著下降，这种现象称为红外猝灭，这也是和陷阱效应相联系的一类现象。在没有长波长的光照射时，陷阱中的载流子只能依靠热激发回相应的能带，其概率非常小。但是，如果用长波长的光照射样品，将使得被陷的载流子依靠光激发而脱离陷阱，这就大大增加了载流子被激发回能带的概率，大大减小了它们在陷阱中的平均存在时间(τ_2)，从而导致光电导显著下降。由于这个原因，在相同的本征激发条件下，用自然光激发比用单色光激发有更小的灵敏度。

思考题   比较复合效应和陷阱效应对光电导的影响。

10.4   半导体的光生伏特效应

教学要求

1. 光生伏特效应及光电池的基本原理。
2. 光电池的伏安特性。
3. 光生伏特效应的基本应用。

当用适当波长的光照射半导体(PN 结等)时，由于内建场的作用，半导体内部将产生电动势(光生电压)；若将 PN 结短路，则会出现电流(光生电流)。这种由内建场引起的光电效应，称为光生伏特效应。利用这种效应，可以制成太阳电池。把光能转化成电能，是该效应最重要的应用。另外，该效应在光电探测器等方面也具有广泛的应用。本节将以 PN 结为例介绍该效应。

10.4.1   PN 结的光生伏特效应

设入射光垂直照射 PN 结表面。如果 PN 结比较浅，光子将进入 PN 结区，甚至是半导体内部。此时光激发在结的两边都能产生电子-空穴对。在光激发下，多数载流子浓度的变化很小，而少数载流子的变化却很大。非平衡载流子在 PN 结的势垒区形成较强的自建电场(方向由 N 区指向 P 区)，结区附近的少子很容易在这个电场的作用下进入另一区域，成为多数载流子(图 10.14)，这样就使得 P 端电势升高，N 端电势降低，于是在 PN 结两端形成了光生电动势，即 PN 结的光生伏特效应。由于光照产生的载流子，各自向相反的方向运动，从而在 PN 结内部形成从 N 区向 P 区的光生电流 I_L。由于光照在 PN 结两端产生光生电动势，相当于在 PN 结两端加正向电压 V，使得势垒高度降低为 $qV_D - qV$，并产生正向电流 I_F，如图 10.14 所示。当光生电流和正向电流相等时，PN 结两端建立起稳定的电势差 V_{OC}(P 区相对 N 区是正的)，这也就是光电池的开路电压。

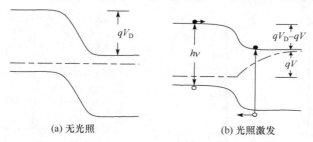

(a) 无光照　　　　　　　(b) 光照激发

图 10.14　PN 结能带图

10.4.2　光电池的电流-电压特性

半导体光生伏特效应最重要的应用就是制作光电池，将光能转变为电能输出。光电池输出电流与光致电流有直接的关系。实验表明，光电池在工作时共形成三股电流：光生电流 I_L，在光生电压 V 作用下的 PN 结正向电流 I_F，流经外电路的电流 I_0。其中 I_L 和 I_F 都流经 PN 结内部，但方向是相反的。根据 PN 结整流方程，在正向偏压 V 的作用下，通过结的正向电流为

$$I_F = I_S \left(e^{\frac{qV}{KT}} - 1 \right) \tag{10.77}$$

式中，V 是光生电压；I_S 是反向饱和电流。

根据以上分析可知，如果光电池和负载电阻相连，则流过负载的电流 I 应为

$$I = I_L - I_F = I_L - I_S \left[\exp\left(\frac{qV}{KT}\right) - 1 \right] \tag{10.78}$$

式(10.78)为光电池的输出电压和电流的关系，也就是光电池的伏安特性。图 10.15 给出了光照对二极管特性曲线的影响。

由式(10.78)可得

$$V = \frac{KT}{q} \ln\left(\frac{I_L - I}{I_S} + 1 \right) \tag{10.79}$$

在 PN 结开路的情况下，$I = 0$，此时光电流恰好与 PN 结的正向电流抵消，开路电压 V_{OC} 为

$$V_{OC} = \frac{KT}{q} \ln\left(\frac{I_L}{I_S} + 1\right) \tag{10.80}$$

若将 PN 结短路，则 $V = 0$，$I_F = 0$。此时所得的电流为短路电流 I_{SC}，由式(10.78)得

$$I_{SC} = I_L \tag{10.81}$$

V_{OC} 和 I_{SC} 是表征光电池特性的两个重要参数，它们的数值可由图 10.15 中曲线 b 在 V 轴和 I 轴上的截距求得。短路电流 I_{SC} 随光照强度线性地增大；而开路电压 V_{OC} 则与光强有对数关系，如图 10.16 所示。应该指出，V_{OC} 并不随光照强度无限地增加。当 V_{OC} 增大到 PN 结势垒消失时，即得到最大的光生电压 V_{max}。

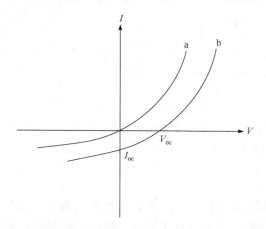

图 10.15　光电池的电流-电压特性
a-无光照；b-有光照

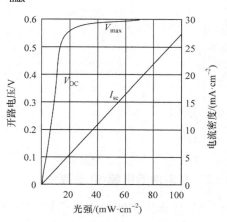

图 10.16　V_{OC} 和 I_{SC} 随光强的变化

10.5　半导体的辐射发光

教学要求

1. 各种跃迁形式和发光机理。
2. 发光效率的公式与计算方法。
3. 内外量子效率的计算方法。

半导体的发光过程是光吸收的逆过程。从之前分析可知，半导体材料的光吸收是半导体材料中电子、声子、光子之间能量的吸收、传递、转换的综合结果。与半导体中的光吸收一样，半导体的发光也是半导体中电子、声子和光子之间能量的吸收、传递、转换、发射的综合结果。本节将介绍与半导体发光有关的内容，包括半导体的光发射过程、发光效率、发光类型等。

10.5.1　半导体的光发射过程

半导体发光是光吸收的逆过程。产生光子发射的主要条件是系统必须要处于非平衡

状态, 即在半导体内需要有某种激发过程存在, 通过非平衡载流子的复合, 才能形成发光。根据不同的激发方式, 分为各种光发射过程: 如电致发光、光致发光和阴极射线发光等。它们都是使电子从高能级到低能级的跃迁过程。当电子从高能级到低能级跃迁时, 其多余的能量可以通过发射光子的形式释放出来, 就是发光过程。所以发光能够反映半导体中电子在相关能级的分布情况以及电子激发态的寿命、载流子的弛豫途径等情况。

1. 本征辐射复合发光

本征辐射复合发光也称带间复合发光, 导带电子跃迁到价带与空穴复合并伴随发射光子的过程称为本征辐射复合。对于直接带隙半导体, 本征辐射复合为直接复合, 全过程只涉及一个电子-空穴对和一个光子, 其辐射效率较高, 如图 10.17(a)所示。而对于间接带隙半导体, 本征辐射复合是一种伴随着声子发射的间接复合过程, 发生概率较小。其发光效率很低, 如图 10.17(b)所示。

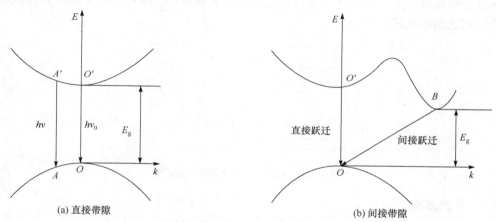

图 10.17 直接带隙与间接带隙半导体的本征辐射复合过程

显然, 带与带之间的复合所发射出来的光子能量与 E_g 直接相关。对于本征辐射复合, 发射光子能量至少应该满足

$$hv = E_c - E_v \approx E_g \tag{10.82}$$

对于间接带隙跃迁, 在发射光子的同时, 还要发射一个声子, 所以光子能量应该满足

$$hv = E_c - E_v + E_p \tag{10.83}$$

式中, E_p 是声子的能量。

2. 通过杂质的辐射复合

在涉及杂质能级的辐射复合过程中, 电子从导带跃迁到杂质能级, 或从杂质能级跃迁到价带, 或在杂质能级之间跃迁。这类跃迁不受限制, 发生的概率很大, 所以是间接带隙半导体或宽禁带发光材料中的主要辐射复合机理。这里主要讨论施主与受主之间的

跃迁，如图 10.18 所示。这种跃迁的效率高，多数发光二极管都属于这种跃迁机理。当半导体材料中同时存在施主和受主时，两者之间的库仑力使受激态能量增加，其增加量 ΔE 与施主和受主之间的距离 r 成反比。当电子由施主向受主跃迁时，如果没有声子参与，发射光子的能量为

$$h\nu = E_g - (E_D + E_A) + \frac{q^2}{4\pi\varepsilon_r\varepsilon_0 r} \tag{10.84}$$

式中，E_D 和 E_A 分别代表施主和受主的束缚能；ε_0 是真空介电常数；ε_r 是相对介电常数。

由于施主-受主一般以替位原子出现在晶格中，因此 r 只能取以整数倍增加的不连续数值。实验中也的确观测到一系列不连续的发射谱线与不同的 r 对应。当 r 较小时，相当于比较邻近的杂质原子间的电子跃迁，得到分立的谱；而随着 r 的增大，发射谱线越来越靠近，最后形成一个发射带。当 r 相当大时，电子从施主向受主完成辐射跃迁所需要穿过的距离也较大，因此发射随着杂质间距增大而减小。所以一般研究的是比较相邻的杂质对之间的跃迁过程。

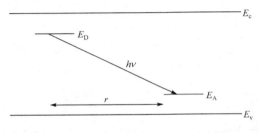

图 10.18　施主与受主间的跃迁过程

10.5.2　发光效率

在电子跃迁过程中，除了发射光子的辐射跃迁，还存在无辐射跃迁。在无辐射复合过程中，能量的释放机理比较复杂。一般认为，电子在跃迁过程中，可以将多余的能量传递给第三个载流子，使其跃迁到更高的能级。也就是前面所讲的俄歇过程。此外，电子和空穴复合时，也可以将能量转变为晶格振动能量，这就是伴随着发射声子的无辐射复合过程。

实际上，发射过程也同时存在辐射复合和非辐射复合过程。两者的复合概率不同使得材料具有不同的发光效率。显然，发射光子的效率取决于非平衡载流子复合寿命 τ_r 和非辐射复合寿命 τ_{nr} 的相对大小。通常用"内部量子效率" $\eta_{内}$ 和"外部量子效率" $\eta_{外}$ 来表示发光效率。单位时间内辐射复合产生的光子数与单位时间内注入的电子-空穴对数之比称为内部量子效率，即

$$\eta_{内} = \frac{单位时间内产生的光子数}{单位时间内注入的电子-空穴对数}$$

因为平衡时，电子-空穴对数的激发率等于非平衡载流子的复合率(包括辐射复合和非辐射复合)；而复合率又分别取决于寿命 τ_r 和 τ_{nr}，辐射复合率正比于 $1/\tau_r$，无辐射复

合率正比于$1/\tau_{nr}$，因此，$\eta_{内}$又可以写成

$$\eta_{内} = \frac{\dfrac{1}{\tau_r}}{\dfrac{1}{\tau_{nr}}+\dfrac{1}{\tau_r}} = \frac{1}{1+\dfrac{\tau_r}{\tau_{nr}}} \tag{10.85}$$

可见，只有当$\tau_{nr} \gg \tau_r$时，才能获得有效的光子发射。对于间接复合为主的半导体材料，一般既存在发光中心，又存在其他复合中心。通过前者产生辐射复合，而通过后者则产生无辐射复合。因此，要使辐射复合占优势，即$\tau_{nr} \gg \tau_r$，必须使得发光中心浓度远大于其他杂质浓度。值得注意的是，辐射复合产生的光子，并不一定全部都能离开晶体向外发射。这是因为从发光区产生的光子通过半导体时有部分可以被再吸收；另外由于半导体的高折射率，光子在界面处很容易发生全反射而返回到晶体内部。即使是垂直射到界面的光子，由于高折射率而产生高反射率，有相当大的部分（约 30%）被反射回晶体内部。因此，有必要引入"外部量子效率"$\eta_{外}$来描述半导体材料的总有效发射率。单位时间内发射到晶体外部的光子数与单位时间内注入的电子-空穴对数之比，称为外部量子效率，即

$$\eta_{外} = \frac{单位时间内发射到外部的光子数}{单位时间内注入的电子-空穴对数}$$

内部量子效率要高于外部量子效率。为了使半导体材料具有实用发光价值，不但要选择内部量子效率高的材料，另外还要采取适当的措施，以提高其外部量子效率。如将半导体表面做成球形，并使发光区域处于球心位置，这样可以避免表面的全反射。另外，因为晶体吸收随着温度增高而增大，因此，发光效率将随温度的增高而下降。

10.5.3　光致发光与电致发光

光发射分为很多种，其中最主要的两种是光致发光与电致发光。光致发光是指电子先吸收光子的能量，跃迁到高能级，再返回到低能级时发光。电致发光是指电子吸收电场的能量跃迁到高能级，返回到低能级时辐射能量。为使半导体材料发光，首先要使半导体的高能级上产生电子，而在低能级上产生空状态。

对于光致发光，激发源为光，而对于电致发光，激发源为外加电场。这两者都是研究电子从高能态弛豫到低能态时的发光，只是二者所用的激发源不同。其中重要的是 PN 结的注入电致发光，利用该原理可制成 PN 结发光二极管，异质结有更高效的注入效率，因而异质结注入发光的应用更为广泛。

思考题　实验发现异质结比同质结注入效率高，通过画能带图加以说明。

10.5.4　自发辐射与受激辐射

图 10.19(a)为价带的电子在光辐射的作用下，从价带跃迁至导带的过程。而自发辐射就是电子不受任何外界因素的作用而自发地从高能态E_2向低能态E_1跃迁并发射一个能量为$h\nu = E_2 - E_1$的光子，正如前面所述，LED 的发光过程如图 10.19(b)所示。受激辐射就是

电子在光辐射的激励下从激发态向基态跃迁的辐射过程。在这种过程中，电子同样是从高能态 E_2 向低能态 E_1 跃迁并发射一个能量为 $h\nu = E_2 - E_1$ 的光子，但要预先受到一个能量同样为 $h\nu$ 的光子的激励。如图 10.19(c)所示。自发辐射和受激辐射是两种不同的光子发射过程。自发辐射中所有电子的跃迁都是随机的，所发射的光子虽然具有相等的能量 $h\nu$，但它们的位相和传播方向各不相同；而受激辐射中发射光子的频率、位相、方向和偏振态等全部特征都与入射光子完全相同。同时，如果激励光子原本就是由能级 E_2 到 E_1 的电子跃迁过程产生的，则一个受激辐射过程可同时发射两个同频率、同相位、同方向的光子。半导体激光器等重要器件就是利用受激辐射的原理而制成的。

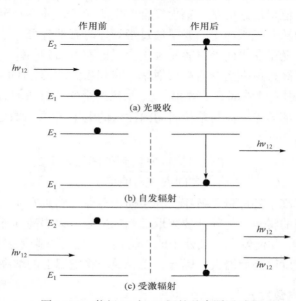

图 10.19　能级 E_1 与 E_2 间的基本跃迁过程

习　题

1. 归纳半导体对光的吸收的重要过程，其中哪些具有确定的长波吸收限，并写出对应的波长表达式。哪些吸收具有线状的吸收光谱？那些光吸收对光电导有贡献？

2. N 型 CdS 正方形样品，边长为 1mm，厚度为 0.1mm，其长波吸收限为 510nm，用强度为 $1mW/cm^2$ 的紫光(波长为 409.6nm)照射正方形表面。设量子产生率 $\beta = 1$，光生空穴全部被陷，光生电子的寿命 $\tau_a = 10^{-3}s$，电子迁移率 $\mu_n = 100cm^2/(V\cdot s)$，假设光照射全部被晶片吸收，试求出：

① 样品中每秒产生的电子-空穴对数。

② 样品中增加的电子数。

③ 样品的电导增加量 ΔG。

④ 样品上加 50V 电压后的光生电流。

3. 在上题中，无光照时的电导 $G_0 = 10^{-8}S$；如果要样品的电导增加一倍，即 $\Delta G = G_0$，所需的光照强度为多少？

4. 用光子能量为 1.5eV ，强度为 2mW 的光照射一硅电池。已知反射系数为 25% ，量子产生率 $\beta = 1$ ，并假设全部光生载流子都能达到电极。

① 求光生电流。

② 当反向饱和电流为 10^{-8}A 时，求 $T = 300$K 时的开路电压。

5. 将 N 型 Ge 样品切割成厚度为 $2a$ 的大薄片，样品的长和宽足够大，使得边界效应可以忽略，从而使样品中的光生载流子的输运呈一维状态，其上下表面的复合速度都为 S ，然后将一束波长一定、并足以穿透样品的光照射半导体，其波长与材料的本征吸收限接近，足以激发出可检测到的电子-空穴对浓度。求稳定状态时样品中各点的光生载流子浓度。

6. 光照射面积为 1cm^2 的锗光电池，表面 P 型层的受主浓度为 10^{19}cm^{-3} ，N 型层的施主浓度为 10^{16}cm^{-3} ，在作为二极管使用时，可以近似地认为所有的电流都是空穴形成的，电子可以忽略。在温度 $T = 300$K ，本征载流子浓度为 2.3×10^{13}cm^{-3} ，空穴的寿命和扩散系数分别为 200μs 和 44cm^2/s 。试计算：

① 二极管的饱和电流 $I_s = ?$

② 当光生电流 $I_L = 1$mA 时，对应的开路电压 $V_{oc} = ?$

7. 光照射半导体时，如果单位体积，单位时间内产生 f 个电子-空穴对，电子和空穴的寿命分别为 τ_n 和 τ_p 时，试证明电导率增加量 $\Delta\sigma = e \cdot f(\mu_n\tau_n + \mu_p\tau_p)$ 。

8. 一重掺杂的 N 型半导体的平衡载流子浓度为 n_0 和 p_0 ，在恒定光照下，产生的电子-空穴对数为 Q/cm$^3 \cdot$ s ，复合系数为 r ，现在另外加一闪光，产生附加光载流子的浓度为 $\Delta n = \Delta p (\ll n_0)$ 。试证明，闪光 t 秒后，样品内空穴浓度为 $p(t) = p_0 + \Delta p e^{-rn_0 t} + \dfrac{Q}{rn_0}$ 。

第 *11* 章

半导体的其他性质

在半导体物理学中，除了之前介绍的知识点，半导体还具有一些其他性质，主要包括半导体的热电效应、磁学效应和力学效应等。这些效应同样具备较大的应用价值，是半导体性质的重要组成部分。本章将会对这些效应进行重点介绍。

11.1　半导体的热电效应

1. 半导体三种主要热电效应的概念与原理。
2. 半导体三种主要热电效应的主要应用。

当半导体中有温度梯度存在的情况下，半导体中将会出现热导现象。如果同时对半导体施加电场，将在半导体中出现热电效应。半导体的热电效应较金属显著得多，所以在热能与电能的转换方面，可以获得较高的效率。热电效应在测量技术中被广泛地应用，可制成半导体温差发电机和制冷器等。

本节讨论的热电效应主要包括泽贝克效应、佩尔捷效应和汤姆孙效应。

11.1.1　泽贝克效应

如图 11.1 所示，将两个材质不同的金属或半导体两端相连，可以组成一个闭合的回

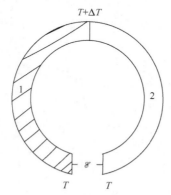

图 11.1　由两种材料形成的环路

路。如果两个接头处存在温度差，那么，在回路中将会产生电流，称为温差电流。如果两种材料形成的是开路环，那么在开路环的两端将产生电动势。这种由温差而形成的电动势称为温差电动势。这个效应称为泽贝克效应。温差电动势大小与材料两端的温差 ΔT 成正比，即

$$\mathscr{E} = \alpha \Delta T \tag{11.1}$$

式中，α 为单位温度差引起的电动势，称作温差电动势率或泽贝克系数。

1821 年，德国人托马斯·约翰·泽贝克通过实验方法研究了电流与热的关系，首次发现了该效应。下面以 N 型半导体为例讨论温差电动势的方向。将金属与 N 型半导体连接成闭合回路如图 11.2(a)所示。在半导体的高温端一侧的电子浓度将高于低温端一侧。由于浓度梯度作用，电子将从高温端一侧向低温端一侧扩散，使低温一侧发生电子积累而带负电荷，而在高温端一侧由于缺少电子而带正电荷。从而形成了由高温端指

向低温端的电场。该电场会形成电子的漂移电流，其方向将与电子的扩散方向相反。当系统达到稳态时，漂移电流与扩散电流大小相等，在半导体两端形成以高温端为正，低温端为负的温差电动势。图 11.3(a)为 N 型半导体的能带图。由于半导体内部电场的作用，其能带是倾斜的。假定半导体与金属的接触点位置费米能级相等，但由于半导体内部的费米能级是倾斜的，两端费米能级之差就是电荷 q 与温差电动势 $\mathscr{E}$ 的乘积。此外，考虑到费米能级同样受温度的影响，所以费米能级的倾斜程度与能带的倾斜程度不同，是电场与温度梯度共同作用的结果。

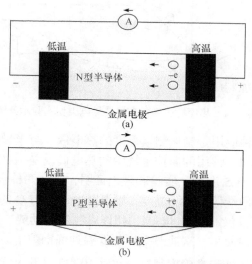

图 11.2　N 型与 P 型半导体与金属组成的回路

同理，如果利用 P 型半导体与金属组成回路(图 11.2(b))，所形成的温差电动势方向将与 N 型半导体相反，即低温端为正，高温端为负。其能带图如图 11.3(b)所示。所以，利用泽贝克效应可以判定半导体的导电类型。

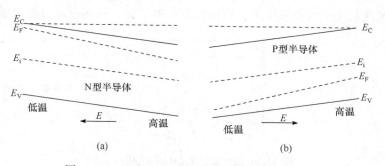

图 11.3　N 型与 P 型半导体的泽贝克效应能带图

应用举例：图 11.4 为热探针法判断半导体导电类型实验示意图。将电流表的两极分别夹在两支不同的探针上，其中一个探针通过与电烙铁相连以获得较高的温度。将冷探针置于待测的半导体表面或与之接触的金属板上，然后迅速地将热探针与冷探针附近的半导体表面接触一下。通过观察电流表的指针偏转方向，即可判断半导体的导电类型。

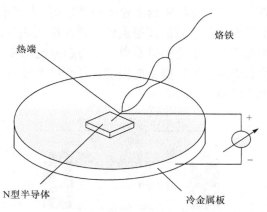

图 11.4　热探针法判断半导体导电类型实验示意图

泽贝克效应的另一种应用是制作测量温度的热电偶。与半导体材料一样，金属材料也存在泽贝克效应，例如，常用的温控系统中的热电偶就是一种典型的金属温差材料。金属热电偶的原理如图 11.5 所示。实验和理论证明，若在两种金属 A 和 B 间串接第三种金属导体 C，且 C 的两端保持同一温度，则温差电动势与 C 的材料无关，这一特性使温差电偶便于同其他测量仪器(如电位差计)相连以测定电动势。温差电偶的测温范围很广，可在 $-200 \sim 2000\,℃$ 内使用，从液态空气的低温到炼钢炉中的高温均可用温差电偶测定。温差电偶的测温灵敏度和准确度很高，可达 $10^{-3}\mathrm{K}$ 以下，特别是铂和铑的合金制成的温差电偶稳定性很高，常用作标准温度计。温差电偶的测温端的面积和热容量均很小，可测量小范围内的温度或微小热量，这对研究金相变化、化学反应和小生物体的测温等有重要意义。将温差电偶的测温端封装在真空管内，并在端点焊上涂黑的金属片，可更有效地吸收辐射热，灵敏度也大大提高，是测定光辐射和红外线的重要检测器件。把许多温差电偶串接起来成为温差电堆，可增大温差电动势，从而提高测温灵敏度。

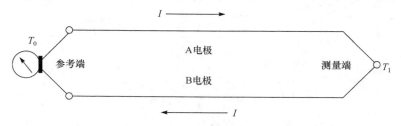

图 11.5　测量温度的热电偶结构示意图

泽贝克效应的第三个应用是制作温差发电机，其结构如图 11.6 所示。温差发电机是把热能直接变成电能的一种器件。图 11.7 为温差发电机的结构原理图。分别利用 N 型和 P 型半导体热电材料做成发电机的两臂，一端连接金属并形成欧姆接触，温度为 $T + \Delta T$，另一端连接电阻 R 并形成欧姆接触，温度为 T。根据泽贝克效应，负载 R 中便有电流流过，构成温差发电器。该发电器的发电功率虽小，但结构简单、体积小、无振动部件。经常用于某些特殊的场合，如海上航标电源、野外携带电源等，其应用前景非常广阔。

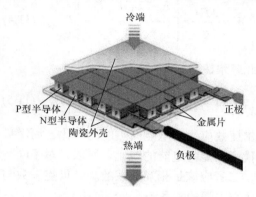

图 11.6　温差发电机的结构图

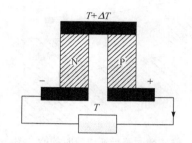

图 11.7　温差发电机的结构原理图

与金属相比，半导体中的载流子浓度较小，因此半导体材料的热电效应经常比金属材料的泽贝克效应明显得多。

11.1.2　佩尔捷效应

半导体中另一个热电效应是佩尔捷效应。1834 年，法国科学家佩尔捷首次发现了该效应。如图 11.8 所示，当两种半导体或金属与半导体相接触并通以电流 J 时，在接触处会发生吸收或放出热量 W 的现象，这种现象称为佩尔捷效应。实验证明吸收或放出的热量与通入的电流成正比，即

$$W = \Pi J \tag{11.2}$$

式中，Π 称为佩尔捷系数。佩尔捷效应实际是两种不同材料的功函数不同所导致的。下面仍以 N 型半导体为例来说明佩尔捷效应(图 11.9)。当电子由金属向 N 型半导体流动时，由于 N 型半导体的价带已被填满，

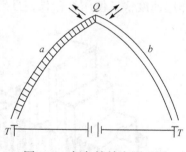

图 11.8　佩尔捷效应原理图

所以电子只能从半导体的导带通过，考虑到半导体的导带位置 E_{c} 比金属的费米能级 E_{F} 高，所以来自金属一侧的电子需要得到大于 $E_{\mathrm{c}} - E_{\mathrm{F}}$ 的能量才能够进入半导体的导带，这导致电子需要在接触处通过吸收声子的方式获得额外的能量，即吸收热量造成该位置冷却。此时，半导体导带中的电子能量应为 $E_{\mathrm{c}} - E_{\mathrm{F}}$ 与电子平均动能 $\frac{3}{2} KT$ 之和。同样，当电子从 N 型半导体导带流入金属时，则必须释放出多余的能量 $E_{\mathrm{c}} - E_{\mathrm{F}} + \frac{3}{2} KT$，即放出声子，导致该处发热。因此，一个电子所输运的能量 ΔE 为

$$\Delta E = (E_{\mathrm{c}} - E_{\mathrm{F}}) + \frac{3}{2} KT \tag{11.3}$$

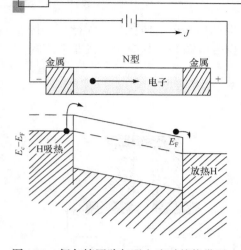

图 11.9　佩尔捷回路与通电流时的能带图

而单位时间内的吸收或放出热量为

$$W = \frac{\Delta E J}{q} = \left(\frac{E_c - E_F + \frac{3}{2}KT}{q} \right) J \qquad (11.4)$$

因此佩尔捷系数为

$$\Pi = \frac{E_c - E_F}{q} + \frac{3}{2q}KT \quad (J/C) \qquad (11.5)$$

佩尔捷效应代表电能向热能的转化，而泽贝克效应代表热能向电能的转化。所以，对于同一种材料，二者应该是相互联系的。泽贝克系数与佩尔捷系数之间的关系为

$$\Pi = \alpha T \qquad (11.6)$$

应用举例：利用佩尔捷效应，可以制造半导体制冷、制热器件(图 11.10)。利用这种器件可以利用电能实现吸热或放热的目的。图 11.11 为半导体制冷、制热器的结构原理图。这种器件的优点是体积小、重量轻，无噪声，不污染环境，制冷参数不受空间方向以及重力影响，在大的机械过载条件下，仍能够正常地工作。通过调节工作电流的大小，可方便调节制冷速率；通过切换电流方向，可使制冷器从制冷状态转变为制热工作状态；作用速度快，使用寿命长，且易于控制。具有广阔的应用前景。

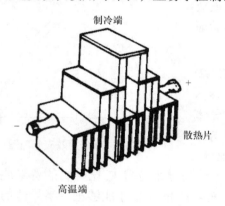

图 11.10　半导体制冷、制热器的结构图

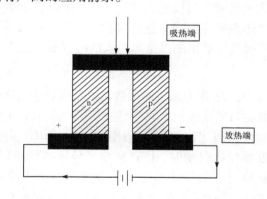

图 11.11　半导体制冷、制热器的结构原理图

思考题　制造高效率的半导体温差发电机和制冷器，对半导体材料有何选择？

11.1.3　汤姆孙效应

当电流通过有均匀温度梯度的导体或半导体时，原有的温度梯度分布将被破坏，为维持原有的温度分布，导体或半导体除了产生焦耳热，还将额外吸收或放出热量，这种效应称为汤姆孙效应。即

$$\frac{dQ}{dt} = \alpha_T J \frac{dT}{dx}$$

(11.7)

式中，α_T 为汤姆孙系数，其值因材料与温度不同而异。1856 年，爱尔兰人威廉·汤姆孙首先发现了该效应。

参考图 11.2(a)，对于两端分别为 T 与 $T + \Delta T$ 的半导体，若有电流从低温端流向高温端，一方面多出的能量 $\frac{3}{2}K\Delta T$ 将通过碰撞传递给周围的晶格，另一方面电子将由倾斜的能带中得到能量 E(图 11.3(a))，两者代数和为 $E + \frac{3}{2}K\Delta T$。这就是电子从高温端向低温端运动所得到的净能量，即汤姆孙热量。若该值为正，表示从晶格中吸收能量，反之则是放出能量。

汤姆孙效应的逆过程也成立：当导体或半导体的两端温度不同时，金属棒两端会形成电势差。汤姆孙效应是继泽贝克效应和佩尔捷效应之后的第三个热电效应。

11.2 半导体的磁学效应

教学要求

1. 半导体三种磁学效应的基本概念、原理。
2. 三种磁学效应在实际中的应用。

半导体的磁学效应也是半导体重要的基本性质，所描述的是半导体位于磁场中时，磁感应强度与半导体的外加电场、温度梯度之间的关系。半导体的磁学效应包括霍尔效应、磁阻效应、磁光效应、热磁效应等。其中霍尔效应已经在第 5 章中进行了论述。本节中将对其他几类磁学效应进行论述。

11.2.1 磁阻效应

实验发现，在通入电流的半导体中，如果在与电流垂直的方向加上磁场，则沿外加电流方向的电流密度将有所降低，即外加的磁场增大了半导体材料的电阻，该现象称为磁致电阻变化效应，简称磁阻效应。磁场与外电场方向垂直时产生的磁阻称为横向磁阻，磁场与外电场方向平行时所产生的磁阻称为纵向磁阻。一般来说，横向磁阻较纵向磁阻明显得多。

以一种简单情况为例，如图 11.12 所示：由于外加磁场的存在，载流子将受到一个与其运动方向垂直的洛伦兹力，此力为向心力，使得载流子做圆周运动。同时，在外电场的作用下，载流子又需要在水平方向做定向漂移运动。综合二者，载流子实际呈现的是螺旋运动轨迹。

上面所考虑的载流子，假定其速度等于平均速度。但在实际过程中，载流子的速度并不相等，有的运动快，有的运动慢。如图 11.13 所示，考虑到载流子所受的洛伦兹力的大小是与其运动速度大小成正比的，因此对于运动速度快的载流子，其受到的洛伦兹力会大于霍尔电场力，使其偏向下方运动；相反，对于运动速度慢的载流子，其受到的洛伦兹力会小于霍尔电场力，使其偏向上方运动。这样也就使得正常流出半导体的载流子较未加磁场时明显减少，导致沿外加电流方向的电流密度有所降低。运动方向的偏转是导致电阻增加的一个因素。这类现象称为物理磁阻效应。理论计算表明，若不考虑速度分布，这类效应所引起的电阻率变化非常小，可以忽略不计。但物理磁阻效应确实存在，而且对于很多半导体都非常明显，这也说明载流子速度的统计分布对于半导体的物理磁阻效应计算是非常重要的。

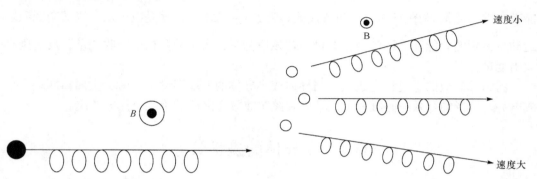

图 11.12　载流子在磁场中运动的轨迹图　　图 11.13　不同速度的载流子在磁场中运动的轨迹图

纵向磁阻效应也具有重要的作用。对于等能面为球形的半导体，外加电场方向与载流子加速度方向平行，当电流方向与磁场方向平行时，磁场不会引起载流子漂移运动的偏转，即纵向磁阻为零。而对于锗和硅等半导体的导带，其等能面为椭球，外加电场与各能谷中电子的加速度方向不平行，从而出现垂直于外加电场方向的速度分量，产生较大的纵向磁阻。所以纵向磁阻效应的测量可以用来探究半导体的能带结构特点。

另外，材料在磁场下几何形状发生改变也可能是电阻发生改变的一个因素。磁阻效应与样品的形状有关，不同几何形状的样品，在同样大小的磁场作用下，其电阻改变会有所不同，即半导体材料在磁场作用下的电阻率增加与该样品的形状有关。磁场会延长载流子在两电极间的运行路程或缩小电流通过的横截面积，而不同形状的样品在相同磁场下的路程与截面积的改变均有不同。与其相关的理论分析较为复杂，这里就不详细介绍了。

利用半导体的磁阻效应，可以制作半导体磁敏电阻。考虑到半导体的物理磁阻效应与几何磁阻效应均与霍尔角有关，霍尔角越大，磁阻效应越显著。而迁移率大的材料，霍尔角大，所以常选用 InSb 与 InAs 等高迁移率的材料制造磁敏电阻。

11.2.2　磁光效应

实验发现，如果对半导体材料施加磁场，会使得半导体的禁带宽度增大，在光的吸收谱中表现为蓝移，即光的吸收边向短波长方向移动，这种现象称为半导体的磁光效应。导致该现象的主要原因是载流子在磁场中的回旋运动。载流子在磁场中做回旋运动时，其频率为 $\omega = \dfrac{qB}{m^*}$。这种回旋运动在量子力学中可以等价为谐振子，所以其对应的能量应该是分立的，即 $E=\left(n+\dfrac{1}{2}\right)\hbar\omega_n$，其中 $n=1$，2，$\cdots$。

所以，在 z 方向的磁场作用下，载流子在 x-y 平面内将发生量子化，相应的能带转化为几个子能带。这些子能带统称为朗道(Landau)能级。因此，导带底和价带顶的能量应为

$$E_{\mathrm{c,n}}=E_{\mathrm{c0}}+\left(n+\frac{1}{2}\right)\hbar\omega_{\mathrm{n}} \tag{11.8}$$

$$E_{\mathrm{y,m}}=E_{\mathrm{v0}}-\left(m+\frac{1}{2}\right)\hbar\omega_{\mathrm{p}} \tag{11.9}$$

式中，$E_{\mathrm{c,n}}$ 和 $E_{\mathrm{y,m}}$ 分别为有磁场时导带底和价带顶的位置；E_{c0} 和 E_{v0} 表示没有磁场时导带底和价带顶的位置；ω_{n} 和 ω_{p} 分别为导带电子和价带空穴对应的回旋频率；n 和 m 为大于等于 0 的任意整数。由式(11.8)与式(11.9)可以发现，导带和价带分裂成为几个子能带，如图 11.14 所示。由于子能带的存在，材料的禁带宽度在磁场中将变宽，即

$$E_{\mathrm{g}}=E_{\mathrm{c,n}}-E_{\mathrm{v,m}}=E_{\mathrm{g}}^{0}+\frac{1}{2}\hbar\omega_{\mathrm{n}}+\frac{1}{2}\hbar\omega_{\mathrm{p}}>E_{\mathrm{g}}' \tag{11.10}$$

随着激光和光电子学等新的科学技术的出现和发展，磁光效应越来越受到重视，在研究的广度和深度上也都有了极大的提升。

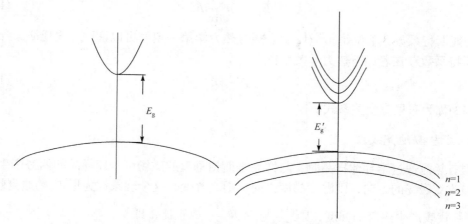

图 11.14　半导体的导带与价带的分裂情况

11.2.3　热磁效应

本节将讨论在电场和温度梯度两者同时存在时，对半导体加入磁场后产生的一些现象，这些现象统称为热磁效应。

1. 埃廷斯豪森效应

当电流 J 沿 x 方向通过一块薄片半导体时，如果存在方向与薄片表面垂直的磁场 B (沿 z 方向)，则会在薄片的两端(y 方向)产生温度梯度。温度梯度与磁感应强度 B 和电流密度 J 成正比，即

$$\frac{\partial T}{\partial y} = PJ_x B_z \tag{11.11}$$

式中，P 称为埃廷斯豪森系数，单位是 m^3K/J。埃廷斯豪森效应其实是载流子的运动速度不同所导致的。运动速度不同将导致载流子的能量不同。速度大、能量高的载流子所受的洛伦兹力较大，其轨道偏转半径也较大。所以在电场与磁场的共同作用下，能量高的载流子将被赶到样品的一边。而能量低的载流子将停留在样品的另一边，从而导致样品中温度梯度的产生。例如，N 型半导体带负电的面温度较高；P 型半导体带正电的面温度较高。

2. 能斯特效应

当有热流通过半导体样品时，如果外加与样品表面垂直的磁场，将在与热能流和磁场垂直的方向产生电动势，如果改变热流或磁场的方向，电动势的方向也将改变，这个现象称为能斯特效应。通过观察可以发现，能斯特效应与霍尔效应很相似，只是用热流代替了霍尔效应中的电流密度。假设热能流沿 x 方向，则沿 x 方向的温度梯度为 $\frac{\partial T}{\partial x}$，磁场沿 z 方向，则 E_y 与 $\frac{\partial T}{\partial x}$ 和 B 成正比，即

$$E_y = -\eta \frac{\partial T}{\partial x} B_z \tag{11.12}$$

η 称为能斯特系数，单位是 $m^2/(K \cdot s)$。通过热力学第一定律可以证明，埃廷斯豪森系数与能斯特系数存在着如下热力学关系：

$$P = \eta T \tag{11.13}$$

式(11.13)称为布里奇曼关系式。

3. 里吉-勒迪克效应

当有热流通过半导体样品时，与样品表面相垂直的磁场可以使样品的两旁产生温度差，如改变磁场的方向，则温度梯度方向也随之改变，这个现象称为里吉-勒迪克效应。如果 $\frac{\partial T}{\partial x}$ 代表产生热流的梯度，则 $\frac{\partial T}{\partial y}$ 与 B_z 及 $\frac{\partial T}{\partial x}$ 成正比，即

$$\frac{\partial T}{\partial y} = S \frac{\partial T}{\partial x} B_z \tag{11.14}$$

式中，S 称为里吉-勒迪克系数，单位是 $m^2/(V \cdot s)$。这个效应和埃廷斯豪森效应相似，只不过前者的 y 方向的温度梯度是由 x 方向的热能流和 z 方向的磁场引起的，后者是由电流和磁场引起的。

上述的三个热磁效应在测量霍尔效应时也会同时出现，会对霍尔测量的结果产生干扰，所以在进行霍尔测试时一般采用分别改变注入电流与外加磁场的方向的对称测量法，以消除它们对测量结果的影响，以减小误差。

半导体的磁学效应的分类较为广泛，与半导体中的电能、光能和热能均存在转换关

系，所以这类效应在半导体中是普遍存在的，虽然很多磁学效应并不明显，但在很多具体的问题中，是不能够忽略的。

11.3　半导体的力学效应

教学要求

1. 半导体的压电与压阻效应。
2. 半导体的压电与压阻效应的主要应用。

半导体中的力学效应主要指半导体的压电效应与压阻效应。

11.3.1　压电效应

当沿着一定方向对半导体施力而使它变形时，内部就产生极化现象，同时在它的两个表面上产生符号相反的电荷，当外力去掉后，又重新恢复不带电状态，这种现象称为压电效应。利用这种效应可以把机械应力量转换成电量。压电半导体是兼有压电性质的半导体材料。CdS、CdSe、ZnO、ZnS、CdTe、ZnTe 等 Ⅱ-Ⅵ 族化合物，GaAs、GaSb、InAs、InSb、AIN 等 Ⅲ-Ⅴ 族化合物都属于压电半导体。它们具有一定的离子性。当施以应变时，正负离子会分开一定的距离，产生电极化，形成电场，发生压电效应。声波在这些压电材料中传播时也会产生压电电场，载流子便会受到该电场的作用。压电半导体兼有半导体和压电两种物理性能，因此，既可用它的压电性能研制压电式力敏传感器，又可利用其半导体性能加工成电子器件；将两者结合起来，就可研制出传感器与电子线路一体化的新型压电传感测试系统。

压电效应是可逆的，在压电材料的一定方向施加电场，它就会产生变形。用逆压电效应制造的变送器可用于电声和超声工程。压电敏感元件的受力变形有厚度变形型、长度变形型、体积变形型、厚度切变型、平面切变型 5 种基本形式。

11.3.2　压阻效应

压阻效应是史密斯在 1954 年对硅和锗的电阻率与应力变化特性测试中发现的。经研究发现，若对半导体施加压力时，半导体的电阻率会发生变化，这种现象称为压阻效应。该现象产生的根本原因为半导体的禁带宽度是压力的函数，同时，应力能够引起晶格畸变，形成散射中心，从而降低载流子的迁移率。这些因素都可以改变半导体的电阻率。因此，压阻效应的机理是很复杂的。

对晶体施加压力的方法可以分为两种，一种是将晶体置于流体中，对流体施加压力，使晶格各项均匀地承受流体的静压力；另一种则是在某一方向对晶体施加压力或拉力。

1. 流体静压力下的压阻效应

在流体静压力下，半导体由于各向受压均匀，其晶格间距虽然缩小，但是并不改变其晶体的整体对称性。根据能带理论，半导体在这种情况下只会发生能带极值的相对移动，即禁带宽度发生改变。通过理论分析表明，如果流体静压力只能改变半导体的禁带宽度，那么只有本征半导体才能在流体静压力下发生电导率改变，从而表现出压阻效应。而对于掺杂半导体，在进入本征激发的高温状态之前，不会在流体静压力下发生电导率的改变。但是，仍存在一些特例，如掺杂的半导体材料 Si 和 Ge，它们在流体静压力的作用下，电导率仍然会发生改变。这说明这些材料在流体静压力作用下，不仅有禁带宽度发生改变，其载流子的迁移率也随晶格常数的改变而发生变化。

2. 单轴应力下的压阻效应

相比于流体的静压力，半导体材料更容易受到的应力，是沿着某一个特定方向的单向拉伸力或压缩力，统称为单轴应力。该应力将使得半导体沿着受力方向伸长或缩短，同时会在垂直力的方向变窄或变宽，从而改变晶体的对称性，并使半导体能带结构发生改变。对于导带为多能谷的半导体材料(如 Si 和 Ge 的导带，极值点分别在<100>和<111>的多个对称方向上，极值附近的等能面为多个旋转椭球面)，单轴应力引起各向异性变化，使导带中各个等同能带的位置发生改变，引起电子的重新分布，从而改变载流子的迁移率，即改变半导体的电阻率。因此，这类材料具有很强的各向异性的压阻效应。

P 型 Si 中的压阻效应较为明显，是由于各向异性应力解除了能带简并，使轻、重空穴带中载流子重新分布。由于轻、重空穴带的迁移率不同，重新分布后的总迁移率发生变化，即使空穴总数保持不变，也会使电阻率发生变化。

压阻效应被用来制成各种压力、应力、应变、速度、加速度传感器，把力学量转换成电信号。目前半导体压阻传感器已经广泛地应用于航空、化工、航海、动力和医疗等部门。该类传感器具有灵敏度与精度高、易于小型化和集成化、结构简单、工作可靠、动态特性好等优点。

习　题

1. 请以金属与 N 型半导体接触为例，说明佩尔捷效应产生的机理。

2. 为确定一个 Ge 单晶样品的导电类型，测量了它的霍尔系数和热电动势。得出霍尔系数为负，热电动势为正。试根据该结果判定样品的导电类型，并说明理由。

3. 试证明，在测量霍尔系数的实验中，分别改变电流和磁场的方向测量 4 次横向电压，就能消除埃廷斯豪森效应以外的其他热磁效应引起的误差。

4. 如题图 11.1 所示，向半导体施加磁场 B，并在垂直于 B 的方向以 $h\nu \geqslant E_g$ 的光(其光强为 I)入射半导体，

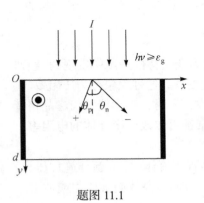

题图 11.1

在半导体的表面附近产生电子-空穴对，电子与空穴在扩散过程中受到洛伦兹力的作用而发生分离，在 x 轴方向产生电流或电场，即光磁效应。假设半导体的表面复合速度为零，求短路电流。

附录1　重要符号表

A	PN 结面积		E_i	①本征费米能级
a	①晶格常数			②内建电场
	②加速度		E_I	杂质电离能
a_p	空穴加速度		E_P	声子能量
B	磁感应强度		E_S	表面电场
b	电子与空穴迁移率之比		E_t	复合中心能级
C	电容		E_v	①价带顶能量
C_{FB}	MIS 结构平带总电容			②非晶半导体价带顶迁移率
C_{FBS}	MIS 结构平带半导体表面电容		E_0	真空电子能级
c_n	电子俘获系数		F	①自由能
C_0	氧化层电容			②力
c_p	空穴俘获系数		f_A	受主杂质占据概率
C_s	半导体表面微分电容		f_D	施主杂质占据概率
c	真空光速		$f(E)$	费米分布函数
D	①电位移		G	①载流子产生率
	②双极扩散系数			②电导
D_n	电子扩散系数		$G(E)$	量子态分布函数
D_p	空穴扩散系数		g_D	施主自旋简并度
d	厚度		g_A	受主自旋简并度
E	①电场强度		h	普朗克常量
	②电子能量		$\hbar$	$h/2\pi$
E_A	受主能级		I	①电流
E_c	导带底能级			②发光强度
E_D	施主能级		I_L	光生电流
E_F	费米能级		I_{SC}	短路电流
E_{FN}	N 型半导体费米能级		J	电流密度
E_{FP}	P 型半导体费米能级		J_n	电子电流密度
E_{Fn}	电子准费米能级		J_p	空穴电流密度
E_{Fp}	空穴准费米能级		J_s	反向饱和电流密度

$\boldsymbol{k}$	波矢量	$N_v(E)$	价带状态密度
κ	消光系数	n	①电子浓度
K	玻尔兹曼常量		②折射率
L_D	德拜屏蔽长度	n_0	平衡电子浓度
L_d	顺流扩散长度	Δn	非平衡电子浓度
L_e	牵引长度	n_D	中性施主浓度
L_n	电子扩散长度	n_D^+	电离施主浓度
L_p	空穴扩散长度	n_i	本征载流子浓度
$L_p(\xi)$	空穴牵引长度	$\bar{n}$	平均声子数
L_u	逆流扩散长度	n_s	表面载流子浓度
$L(\alpha)$	朗之万函数	n_t	复合中心能级上电子浓度
l	① 长度	P	①散射概率
	② 平均自由程		②隧道概率
m	电子惯性质量		③埃廷斯豪森系数
m_0	电子惯性质量		④电极化强度
m_c	电导有效质量	p	①空穴浓度
m_{dn}	电子状态密度有效质量		②动量
m_{dp}	空穴状态密度有效质量	$P(\theta)$	散射概率
m_l	纵向有效质量	p_0	平衡空穴浓度
m^*	有效质量	Δp	非平衡空穴浓度
m_n^*	电子有效质量	p_A	中性受主浓度
m_p^*	空穴有效质量	p_A^-	电离受主浓度
$(m_p)_h$	重空穴有效质量	Q	①光生载流子产生率
$(m_p)_l$	轻空穴有效质量		②吸收热量
m_t	横向有效质量		③电荷面密度
N	①原胞数	Q_A	电离受主面电荷密度
	②复折射率	Q_D	电离施主面电荷密度
N_A	受主浓度	Q_B	强反型时电离受主负电荷面密度
N_c	导带有效状态密度	Q_M	表面金属栅电荷面密度
$N_c(E)$	导带状态密度	Q_n	反型层中电子积累的电荷面密度
N_D	施主浓度	Q_p	反型层中空穴积累的电荷面密度
N_i	电离杂质浓度	Q_S	表面电荷面密度
N_S	单位面积界面态数	$\boldsymbol{q}$	格波波矢
N_t	复合中心浓度	q	电子电荷
N_v	价带有效状态密度	qV_D	势垒高度
		R	①电阻
			②反射系数

③复合率

④霍尔系数

R_p　　P 型半导体霍尔系数

R_n　　N 型半导体霍尔系数

r　　①复合概率

②俘获系数

③霍尔因子

S　　里吉-勒迪克系数

S_n　　电子扩散流密度

S_p　　空穴扩散流密度

s　　①截面积

②表面复合速度

s_n　　电子激发概率

s_p　　空穴激发概率

T　　①透射率

②热力学温度

T_e　　热电子温度

T_L　　晶格温度

U　　①非平衡载流子复合率

②电子能量变化量

u_k　　布洛赫波振幅

V　　①电压

②电势

③体积

$V(x)$　　①电势

②电势差

③势场势函数

V_B　　$(E_i - E_F)/q$ 费米势

V_D　　PN 结接触电势差

V_F　　正向偏压

V_{FB}　　平带电压

V_G　　MOS 栅压

V_{ms}　　金属-半导体接触电势差

V_{OC}　　开路电压

V_s　　表面势

V_T　　开启/阈值电压

v　　运动速度

$\bar{v}_d$　　平均漂移速度

v_T　　热运动速度

W　　电子功函数

W_M　　金属功函数

W_S　　半导体功函数

x_0　　PN 结耗尽层宽度

x_d　　表面耗尽层宽度

x_{dm}　　表面耗尽层宽度极大值

α　　①吸收系数

②极化率

α_n　　N 型材料泽贝克系数

α_p　　P 型材料泽贝克系数

α_T　　汤姆孙系数

β　　量子产额

γ　　复合系数

ε　　介电常数

ε_r　　相对介电常数

ε_{ro}　　氧化层相对介电常数

ε_{rs}　　半导体相对介电常数

ε_0　　真空介电常数

η　　①简约费米能级

②效率

③能斯托系数

θ　　霍尔角

λ　　①波长

②弹性系数

μ　　①迁移率

②化学势

μ_H　　霍尔迁移率

μ_n　　电子迁移率

μ_p　　空穴迁移率

μ_l　　纵向迁移率

μ_t　　横向迁移率

ν　　频率

Π　　佩尔捷系数

ρ　　①电阻率

②电荷体密度

ρ_i	本征电阻率		τ_s	表面复合寿命
ρ_n	N 型电导率		τ_V	体内复合寿命
ρ_p	P 型电阻率		$\dfrac{1}{\tau_{ac}}$	声学波散射概率
σ	①电导率 ②俘获截面		$\dfrac{1}{\tau_{opt}}$	光学波散射概率
σ_i	本征电导率		$\dfrac{1}{\tau_i}$	电离杂质散射概率
σ_n	电子电导率		χ	①电子亲和能 ②电极化率
σ_p	空穴电导率		ψ	电子波函数
τ	①散射弛豫时间 ②寿命		ω	①交变电磁场频率 ②角频率
τ_a	平均自由时间		ω_a	格波角频率
τ_d	介电弛豫时间			
τ_n	电子寿命			
τ_p	空穴寿命			

附录 2 物 理 常 数

电子电荷 q	1.60218×10^{-19}C
电子静止质量 m_0	0.91095×10^{-30}kg
电子伏特 eV	$1\text{eV} = 1.60218 \times 10^{-19}$J
真空光速 c	2.99792×10^{8}m/s
普朗克常量 h	6.62617×10^{-34}J·s
$\hbar = h/2\pi$	1.05458×10^{-34}J·s
玻尔兹曼常量 K	1.38066×10^{-23}J/K
阿伏伽德罗常数 N	6.02204×10^{23}/mol
玻尔半径 a_0	0.52917Å
真空介电常数 ε_0	8.85418×10^{-12}F/m
真空磁导率 μ_0	1.25663×10^{-6}H/m
室温(300K)的 KT 值	0.0259eV

参 考 文 献

[1] 孟宪章, 康昌鹤. 半导体物理学 [M]. 长春: 吉林大学出版社, 1993.

[2] 刘恩科, 朱秉升, 罗晋生. 半导体物理学 [M]. 北京: 电子工业出版社, 2011.

[3] 叶良修. 半导体物理学 [M]. 北京: 高等教育出版社, 2007.

[4] NEAMEN D A. 半导体物理与器件——基本原理（影印版）[M].3 版. 北京: 清华大学出版社, 2003.

[5] SZE S M, NG K K. Physics of semiconductor devices [M]. New Jersey: John Wiley and Sons, Inc, 2007.

[6] 黄昆, 谢希德. 半导体物理学 [M]. 北京: 科学出版社, 1958.

[7] 刘文明. 半导体物理学 [M]. 长春: 吉林人民出版社, 1982.

[8] 孟庆巨, 胡云峰, 敬守勇. 半导体物理学简明教程[M]. 北京: 电子工业出版社, 2014.

[9] Yu P Y, Cardona M. Fundamentals of semiconductors: Physics and materials properties [M]. Berlin: Springer, 2010.

[10] 杨树人, 王宗昌, 王兢. 半导体材料 [M].3 版. 北京: 科学出版社, 2015.

[11] DATTA S, DAS B. Electronic analog of the electro-optic modulator [J]. Applied Physics Letters, 1990, 56: 665.

[12] XIA F, WANG H, XIAO D, et al. Two-dimensional material nanophotonics [J]. Nature Photonics, 2014, 8: 899.

[13] CASTRO NETO A H, GUINE A F, PERES N, et al.The electronic properties of graphene [J]. Reviews of Modern. Physics,2009, 81: 109.

[14] LI L L, YU Y, YE G J, et al. Black phosphorus field-effect transistors [J]. Nature Nanotechnology, 2014, 9: 372.

[15] OVSHINSKY S R. Reversible electrical switching phenomena in disordered structures [J]. Physical Review Letters. 1968, 21: 1450.

[16] ZHU M, XIA M, RAO F, et al. One order of magnitude faster phase change at reduced power in Ti-Sb-Te [J]. Nature Communications, 2014, 5: 4086.

[17] LINDSAY L, BROIDO D A, REINECKE T L. Ab initio thermal transport in compound semiconductors [J]. Physical Review B, 2013, 87(16):165201.

[18] BARDEEN J, SCHOKLEY W. Deformation potentials and mobilities in non-polar crystals [J]. Physical Review, 1950, 80: 72-80.

[19] PETRITZ R L, SCANLON W W. Mobility of electrons and holes in the polar crystals, PbS [J]. Physical Review, 1950, 97: 1620-1626.

[20] 周世勋. 量子力学 [M].北京: 高等教育出版社, 2003.

[21] HROSTOWSKI H J, MORIN F J, GEBALLE T H, et al. Hall effect and conductivity of InSb [J]. Physical Review, 1955, 100: 1672-1676.

[22] GUNN J B. Microwave oscillations of current in III-V semiconductors [J]. Solid State Communications, 1963, 1: 88-91.

[23] KROEMER H. Theory of the gunn effect [J]. Proceedings of the IEEE, 1964, 52: 1736.

[24] SEEGER K. Semiconductor physics [M]. New York: Springer, 1973.

[25] APPELS J A, KALTER H, KOOL E. Some problems of MOS technology [J]. Philips Technical Review, 1970, 31(7-9): 225-236.

[26] BROMMER K D, NEEDELS M, LARSON B E, et al. Ab initio theory of the Si (111)-(7×7) surface reconstruction: A challenge for massively parallel computation [J]. Physical Review Letters, 1992, 68: 1355-1359.

[27] KINGSTON R H, NEUSTADER S F. Calculation of the space charge, electrical field and free carrier

concentration at the surface of a semiconductor [J]. Journal of Applied Physics, 1995, 26(6): 718-720.

[28] GROVE A S. Physics and technology of semiconductor devices [M]. New York: John Wiley and Sons, 1976.

[29] VON KLITZING K, DORDA G, PEPPER M. New method for high-accuracy determination of the fine-structure constant based on quantized Hall resistance [J]. Physical Review Letters, 1980, 45: 494-497.

[30] TSUI D C, STORMER H L, GOSSARD A C. Two-dimensional magnetotransport in the extreme quantum limit [J]. Physical Review Letters, 1982, 48: 1559-1562.